高层建筑施工

主　编　梁晓丹　戚甘红　刘亚龙
副主编　王竹君　平洁静　卜　伟　奚元嶂
参　编　黄天荣　付　弈　陈士达　陈　蓉

北京理工大学出版社
BEIJING INSTITUTE OF TECHNOLOGY PRESS

内容提要

本书依据高层建筑施工相关规范和标准编写而成，共分为7个模块，主要内容包括概论、高层建筑深基坑工程施工、桩基础施工、高层建筑起重及运输机械、高层建筑施工用脚手架、高层建筑主体结构施工、高层建筑防水工程施工等。

本书可作为高等院校土木工程类相关专业的教材，也可作为高层建筑工程施工技术及管理人员的参考用书。

图书在版编目（CIP）数据

高层建筑施工 / 梁晓丹，戚甘红，刘亚龙主编. -- 北京：北京理工大学出版社，2023.4

ISBN 978-7-5763-0661-3

Ⅰ.①高…　Ⅱ.①梁… ②戚… ③刘…　Ⅲ.①高层建筑—建筑施工—高等学校—教材　Ⅳ.①TU974

中国版本图书馆CIP数据核字（2021）第261099号

出版发行 / 北京理工大学出版社有限责任公司
社　　址 / 北京市海淀区中关村南大街5号
邮　　编 / 100081
电　　话 /（010）68914775（总编室）
（010）82562903（教材售后服务热线）
（010）68944723（其他图书服务热线）
网　　址 / http://www.bitpress.com.cn
经　　销 / 全国各地新华书店
印　　刷 / 北京紫瑞利印刷有限公司
开　　本 / 787毫米 ×1092毫米　1/16
印　　张 / 16
字　　数 / 365千字
版　　次 / 2023年4月第1版　2023年4月第1次印刷
定　　价 / 89.00元

责任编辑 / 钟　博
文案编辑 / 钟　博
责任校对 / 周瑞红
责任印制 / 王美丽

前 言

随着社会的进步，城市工业和商业的迅速发展促进了高层建筑的快速发展。同时，建筑领域的新结构、新材料、新工艺的出现也为高层建筑的发展提供了条件。高层建筑不仅解决了日益增多的人口和有限的用地之间的矛盾，还丰富了城市的面貌，成为城市实力的象征和现代化的标志。

我国从20世纪80年代开始通过大量的工程实践，使高层建筑施工技术得到迅速发展，并达到世界先进水平。如在基础工程方面，混凝土方桩、预应力混凝土管桩、钢桩等预制打入桩皆有应用，有的桩长已达到70 m以上。在结构方面，已形成组合模板、大模板、爬升模板和滑升模板的成套工艺，使钢结构超高层建筑施工技术取得了长足进步。在钢筋技术方面，推广了钢筋对焊、电渣压力焊、气压焊及机械连接。同时，预拌混凝土和泵送技术的推广大大提高了大体积混凝土浇筑速度。在超高层钢结构施工方面，厚钢板焊接技术、高强度螺栓和安装工艺日益完善，国产H型钢钢结构也已成功应用于高层建筑。

我们结合高层建筑施工实践，根据高等院校土建专业教学要求，联合企业导师，以提高应用能力为基础组织编写了本书。本书系统介绍了高层建筑工程的施工技术和施工工艺方法，全书讲求适应课程的综合化和模块化，共分为7个模块，内容包括概论、高层建筑深基坑工程施工、桩基础施工、高层建筑起重及运输机械、高层建筑施工用脚手架、高层建筑主体结构施工、高层建筑防水工程施工等。

本书按照“必需、够用”的基本要求，本着“讲清概念、强化应用”的原则进行编写。为适合教学使用，各模块前均设置了“知识目标”“能力目标”“素质目标”“模块导学”等，对本模块内容进行重点提示和教学引导；把“岗位典型工作任务或工作过程知识”作为教材主体内容；各模块后均设置了“模块小结”和“复习与提高”，从深层次给学生以思考、复习的切入点，由此构建了“引导—学习—总结—练习”的教学模式。

本书由上海城建职业学院梁晓丹、浙江太学科技集团有限公司戚甘红、上海城建职业学院刘亚龙担任主编，由上海建工二建集团有限公司王竹君、上海建科建筑设计院平洁静、杨凌职业技术学院卜伟、吉林省经济管理干部学院奚元嶂担任副主编，上海城建职业学院黄天荣、付弈、陈士达、陈蓉参与了本书的编写工作。本书在编写过程中，参阅了国内同行的相关书籍和资料，并得到部分高校教师的大力支持，在此一并表示衷心的感谢。

限于编者水平，书中的疏漏或不妥之处在所难免，敬请广大读者指正。

编 者

Contents

目 录

模块一　概论

知识目标

1. 了解高层建筑的定义、特点；熟悉我国高层建筑的发展。

2. 熟悉高层建筑基础形式、基础埋深、高层建筑结构材料；掌握高层建筑主要结构体系及特点。

3. 熟悉高层建筑施工的特点、高层建筑施工技术的发展、高层建筑施工管理。

能力目标

能分析高层建筑的主要结构体系。

素质目标

1. 对自己的言行负责，高标准要求自我。

2. 学以致用，把知识转化为职业能力。

3. 加强沟通，重视职业中的每一个细节。

模块导学

为了解决人口密集和城市建设用地有限的矛盾，高层建筑出现了。国际交往的日益频繁和世界各国旅游事业的发展，更促进了高层建筑的蓬勃发展。同时，随着建筑科学技术的不断进步，建筑领域出现了很多新结构、新材料和新工艺，它们又为现代高层建筑的发展创造了新的条件。

高层建筑能够节约城市土地，缩短公用设施和市政管网的开发周期，加快城市建设，这些优点已经逐渐得到公认。世界各城市的生产和消费发展达到一定程度后，无不积极致力于高层建筑的建设。实践证明，高层建筑可以带来明显的社会经济效益：第一，使人口集中，可利用建筑内部的竖向和横向交通缩短部门之间的联系距离，从而提高效率；第二，能使建筑用地大幅度缩小，使在城市中心地段选址成为可能；第三，可以减少市政建设投资和缩短建筑工期。

单元一　高层建筑发展概述

一、高层建筑的定义

随着我国城市化进程的加速，土地资源稀缺矛盾日益突发，高层及超高层建筑已成为城市发展的必然趋势。我国《民用建筑设计统一标准》(GB 50352—2019)规定：建筑高度大于 27.0 m 的住宅建筑和建筑高度大于 24.0 m 的非单层公共建筑，且高度不大于 100.0 m 的为高层民用建筑；建筑高度大于 100.0 m 为超高层建筑。2010 年颁布的《高层建筑混凝土结构技术规程》(JGJ 3—2010)规定：10 层及 10 层以上或房屋高度大于 28 m 的住宅建筑和房屋高度大于 24 m 的其他高层民用建筑为高层建筑。

二、高层建筑的特点

知识拓展：高层建筑施工的特点与发展

1. 结构复杂

高层建筑结构复杂，主要体现如下：

(1)高层建筑主体建筑高、层数多，如深圳国际贸易中心大楼，主体建筑高 155 m，共 55 层。

(2)周围有裙房。按规定主体建筑至少留有 1/4 边，不设裙房，裙房内设有锅炉房、变压器室、配电间、厨房、餐厅、仓库等。

(3)形式与结构多样。形式有四方形、塔形、阶梯形、凹形、人形等。结构体系有框架、剪力墙、筒体等。

(4)竖井、管道多。竖井有电梯井、电缆井、楼梯井、管理井等，管道有排风管、水管、电线管道等。竖井、管道是火灾蔓延的重要途径。

(5)用电设备多。如各种照明灯具、电冰箱、电视机、电梯、自动空调、自动窗帘等。

2. 功能复杂，人员密集

高层建筑功能复杂，人员密集的特点主要体现如下：

(1)高层建筑用途广泛。高层建筑分为住宅楼、宾馆、办公楼、百货楼等。经常聚集较多的人员。

(2)功能多样。有些高层建筑，同一幢大楼有多种功能，有办公室、会议室、卧室、文娱室、图书室、小卖部、维修室、变(配)电室、锅炉房、厨房、餐厅、机房、仓库、车库等。一些高级宾馆还有宴会厅、歌舞厅、咖啡厅、酒吧间、展览厅等。人员密集，火灾时更容易导致伤亡。

3. 可燃物多，火灾荷载大

高层建筑可燃物多、火灾荷载大的特点主要体现如下：

(1)高层建筑内可燃装饰材料多，如可燃材料吊顶、塑料墙布、墙纸、窗帘等，有些管道、电缆的隔热材料也是可燃材料。这些材料在燃烧过程中能放出大量的热和可燃气体，以及带有毒性的烟气，威胁人员安全，同时能加快燃烧速度，发生爆燃。

(2)室内陈设的可燃物品多。如化纤地毯、壁毯、挂画及床、沙发、桌椅等生活用品。一般住宅楼的火灾荷载密度为 35～60 kg/m^2，高级旅馆达 45～60 kg/m^2。

4. 消防设施完善

高层建筑内一般都设有较完善的消防设施，如防火分隔设施、安全疏散设施、火灾自动报警系统和自动灭火系统、消防给水系统、防排烟设施等，为扑救高层建筑火灾提供了许多有利条件。

三、我国高层建筑的发展

我国现代意义上的高层建筑起源于 20 世纪初的上海，虽然相对于国外发达国家我国的高层建筑发展起步较晚，但发展非常迅速。

1923 年，在上海建成的字林西报大楼(高 10 层)是我国第一栋现代意义的高层建筑。

1934 年，建成的上海国际饭店(高 83.8 m，24 层)为当时亚洲第一高楼，且保持了全国最高建筑记录达 34 年之久，上海的高层建筑建造技术在较短的时间内达到了亚洲先进水平。

中华人民共和国成立后，我国高层建筑的发展主要分为三个阶段：

起步阶段：中华人民共和国成立到 20 世纪 60 年代末期。这个阶段的建筑主要是在 20 层楼以下，建筑的结构主要是框架形式。

兴盛阶段：20 世纪 70 年代到 80 年代是我国高层建筑技术发展的兴盛阶段。1976 年建成的广州白云宾馆为 33 层，是国内首栋百米高层建筑。20 世纪 80 年代，我国高层建筑发展进入兴盛时期，1980—1983 年三年的时间就建成了自 1949 年以来三十多年中所有高层建筑的总和。

飞跃阶段：从 20 世纪 90 年代初开始，我国高层建筑进入飞跃发展的阶段。目前，我国已成为世界上建筑业最活跃与最繁荣的地区。截至 2014 年年底，我国已建有 100 m 及以上的超高层建筑 7 000 余座，占世界总量的 77.76%，是世界上高层建筑数量最多、分布最广的国家。在建筑高度大于 250 m 的超高层民用建筑之中，我国也占到世界总量近一半，达 45.7%。到了 2017 年，我国共建成高度超过 200 m 的超高层建筑 870 幢，其中高度在 200～300 m 的超高层建筑共计 777 栋；300～400 m 的建筑有 76 栋；500～600 m 超高层建筑有 6 栋。由此可见，我国是名副其实的超高层建筑大国。

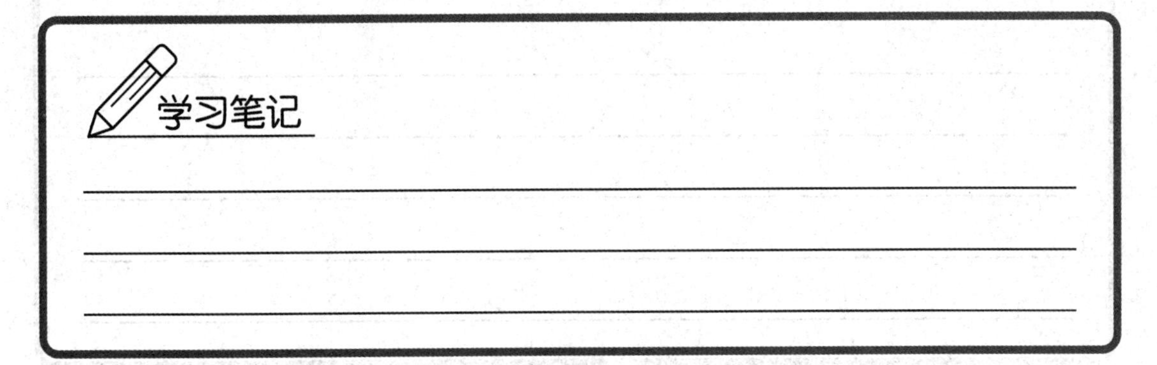

单元二 高层建筑基础与结构体系

一、高层建筑基础

1. 基础形式

高层建筑形高、体重，基础工程不但要承受很大的垂直荷载，还要承受强大的水平荷载作用下产生的倾覆力矩及剪力。因此，高层建筑对地基及基础的要求比较高，具体包括：要求有承载力较大的、沉降量较小的、稳定的地基；要求有稳定的、刚度大而变形小的基础；既要防止倾覆和滑移，也要尽量避免由地基不均匀沉降引起的倾斜。

基础形式的确定必须综合考虑地基条件、结构体系、荷载分布、使用要求、施工技术和经济性能。目前，高层建筑采用的基础形式主要有箱形基础、筏形基础、桩基及桩-筏基础、桩-箱基础。箱形基础和筏形基础整体刚度比较大，结构体系的适应性强，但是对地基的要求高，因此适合于地表浅部地基承载力比较高的地区，如北京地区高层建筑一般多采用箱形基础或筏形基础。桩-筏基础和桩-箱基础由于可以通过桩基将荷载传递至地下深处，不但具有整体刚度比较大、结构体系适应性强的优点，而且适用于多种地基条件的地区，因此在高层建筑工程中应用非常广泛。在高层建筑基础工程中，桩-筏基础应用最广，近年来建设的世界著名超高层建筑大都采用了桩-筏基础。

在高层建筑基础工程中，桩基础占有相当重要的地位，桩基不但是荷载传递非常重要的环节，而且是设计和施工难度比较大的基础部位。目前，高层建筑采用的桩基础主要有钢筋混凝土灌注桩、预应力混凝土管桩和钢管桩。三者之中，钢筋混凝土灌注桩具有地层适应性强、施工设备投入小、成本低廉、承载力大和环境影响小等优点，因此，在高层建筑中应用非常广泛。预应力混凝土管桩具有成本比较低、施工高效和质量易控等优点，但是也存在挤土效应强烈、承载力有限等缺陷，因此仅在施工环境比较宽松、承载力要求比较低的高层建筑中应用。钢管桩具有质量易控、承载力大、施工高效等优点；但是存在成本较高、施工环境影响大等缺陷，因此在高层建筑中应用不多，只有特别重要的、规模巨大的超高层建筑采用钢管桩作桩基础，如上海环球金融中心、金茂大厦等。

2. 基础深埋

由于高层建筑结构高，承受巨大的侧向荷载作用，因此，为了提高建筑稳定性，高层建筑的基础埋深都比较大。在确定高层建筑的基础埋置深度时，应考虑建筑物的高度、体形、地基土质、抗震设防烈度等因素，并应满足抗倾覆和抗滑移的要求。我国《高层建筑筏形与箱形基础技术规范》(JGJ 6—2011)对基础埋深作了详细的规定：箱形和筏形基础的地基应进行承载力的变形计算，必要时应验算地基的稳定性；高层建筑筏形和箱形基础的埋置深度应满足地基承载力、变形和稳定性要求。在抗震设防区，除岩石地基外，天然地基上的箱形和筏形基础其埋置深度不宜小于建筑物高度的1/15；当桩与箱基底板或筏基底板连接的构造符合规范有关规定时，桩-箱或桩-筏基础的埋置深度(不计桩长)不宜小于建筑物高度的1/18。高层建筑基础工程造价占土建工程总造价的25%~40%，施工工期占总工期的1/3左右。在高层建筑施工中，基础工程已经成为影响建筑施工总工期和总造价的重要因素之一，在软土地基地区尤其如此。同时，深基础施工也是一项风险极大的任务，深基坑稳定和环境保护的难度日益增大，深基础工程施工技术已经成为高层及超高层建筑建造技术研究的重要内容之一。

二、高层建筑主要结构体系及其特点

高层建筑所采用的结构材料、结构类型和施工方法与多层建筑有很多共同之处，但高层建筑不仅要承受较大的垂直荷载，还要承受较大的水平荷载，而且高度越高相应的荷载越大，因此，高层建筑所采用的结构材料、结构类型和施工方法又有一些特别之处。

(1)框架结构。如图1-1(a)所示，框架结构由梁、柱构件通过节点连接构成，是我国采用较早的一种梁、板、柱结构体系。框架结构的优点是建筑平面布置灵活，可形成较大的空间，有利于布置餐厅、会议厅、休息厅等，因此，在公共建筑中的应用较多。其建筑高度一般不宜超过60 m。框架结构由于侧向刚度差，在高烈度地震区不宜采用。

(2)剪力墙结构。剪力墙结构是利用建筑物的内外墙作为承重骨架的结构体系，如图1-1(b)所示。与一般房屋的墙体受力不同，这类墙体除承受竖向压力外，还要承受由水平荷载所引起的弯矩。由于其承受水平荷载的能力较框架结构强、刚度大、水平位移小，现已成为高层住宅建筑的主体，建筑高度可达150 m。但由于承重墙过多，限制了建筑平面的灵活布置。

(3)框架-剪力墙结构。在框架结构平面中的适当部位设置钢筋混凝土剪力墙，也可以利用楼梯间、电梯间墙体作为剪力墙，使其形成框架-剪力墙结构，如图1-1(c)所示。框架-剪力墙结构既有框架平面布置灵活的优点，又能较好地承受水平荷载，并且抗震性能良好，是目前高层建筑中经常采用的一种结构体系，适用于15~20层的高层建筑，一般不超过120 m。

(4)筒体结构。筒体结构由框架和剪力墙结构发展而成，是由若干片纵横交错的框架或剪力墙与楼板连接围成的空间体系。筒体体系在抵抗水平力方面具有良好的刚度，且建筑平面布置灵活，能满足建筑上需要较大的开间和空间的要求。根据筒体平面布置、组成数量的不同，又可分为框架-筒体、筒中筒和组合筒三种体系，分别如图1-1(d)、(e)、(f)所示。

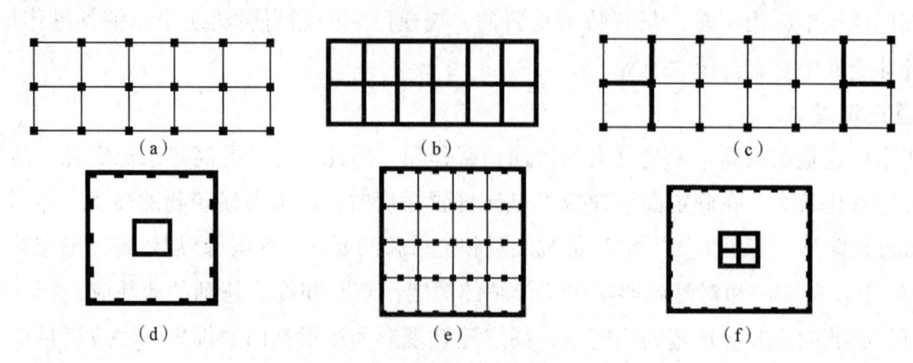

图1-1　高层建筑结构体系

(a)框架；(b)剪力墙；(c)框架-剪力墙；(d)框架-筒体；(e)筒中筒；(f)组合筒

三、高层建筑结构材料

高层建筑按照结构材料不同，分为钢筋混凝土结构、钢结构、钢-混凝土组合结构(如型钢混凝土结构、钢管混凝土结构等)和混合结构(如钢框架与混凝土核心筒组成的框筒结构体系等)。

1. 钢筋混凝土结构

钢筋混凝土结构充分发挥了混凝土受压和钢筋受拉性能优良的特性，是一种广泛应用的高层建筑结构类型。钢筋混凝土结构具有原材料来源广、钢材消耗量小、建造成本低、结构抗侧向荷载刚度大、体形适应性强、防火性能优越、施工技术和装备要求比较低等优点，但是也存在自重比较大、现场作业多、施工工期比较长的缺陷。因此，钢筋混凝土结构超高层建筑首先在工业化发展水平比较低的发展中国家得到广泛应用。

2. 钢结构

钢结构充分利用了钢材抗拉、抗压、抗弯和抗剪强度高的优良特性，是一种历史悠久、应用广泛的超高层建筑结构类型。钢结构具有自重轻、抗震性能好、工业化程度高、施工速度快和工期比较短等优点；但是也存在钢材消耗量大、建造成本高、抗侧力结构侧向刚度小、体形适应性弱、防火性能差、施工技术和装备要求比较高等缺陷。因此，钢结构高层建筑主要在工业化发展水平比较高的发达国家得到广泛应用。

3. 钢-混凝土组合结构和混合结构

钢结构和钢筋混凝土结构各有其优点及缺点，可以取长补短。在高层建筑不同部位可以采用不同的结构材料形成混合结构，在同一个结构部位也可以用不同的结构材料形成组合(复合)结构。钢与钢筋混凝土组合方式多种多样，可形成组合梁、钢骨梁、钢骨柱、钢管混凝土柱、组合墙、组合板和组合薄壳等。这些组合构件充分发挥了钢和钢筋混凝土两种材料的优势，性能优异，性价比高，已经广泛应用于高层及超高层建筑工程中，上海环球金融中心、台北 101 大厦、天津 117 大厦、广州东塔等超高层就是典型的组合结构。

知识小贴士

超高层建筑存在的问题

毋庸置疑，高层建筑给人们的生活带来了巨大的变化，它在人类的建筑发展史中占有重要的地位。随着设计理念的不断完善，新型结构材料的不断涌现，新型施工技术的不断进步，将会出现越来越高的建筑。

超高层建筑在节约城市用地，迅速提高城市知名度方面起到了巨大的作用。但是，应清醒地认识到在超高层建筑的应用中还存在许多问题，这些问题将成为高层建筑发展的瓶颈。

1. 安全防火问题

如果大楼突然发生火灾，应该怎么办？这是每个人都应该思考的问题。城市安全部门曾经做过一个试验，让一名身强力壮的消防员从第 33 层跑到第 1 层，用了35 min。如果是一名身体素质一般的人员或老人、小孩，所需时间肯定会更多，因此，高层建筑安全防火问题至关重要。

2. 交通、生态环境问题

超高层建筑中工作人员很多，必须乘坐电梯，有的超高层建筑甚至还需中途换乘电梯。如果电梯出现故障，将给使用者带来较大的麻烦。另外，上下班的人流高峰，将造成楼层拥挤，超高层建筑周围也会出现人流高峰和车流高峰。

超高层建筑阻挡阳光，总平面布局必须考虑日照间距。同时，高层建筑会将高空强风引至地面，造成高楼附近局部强风，影响行人的安全。

除局部强风外，高层建筑还会加剧城市热岛现象。由于空调、照明等设备均需较大的能量供应，产生的大量热能会改变城市原有的热平衡，导致城市热岛现象加剧。

3. 经济成本问题

由于超高层建筑具有设计特殊、技术先进、施工复杂、材料耗费巨大的特点，所以建造一座摩天大楼一般要耗费大量的资金。资料显示，一座 200 m 高的建筑，其成本远高于两座 100 m 高的建筑；330 m 高的超高层建筑，其成本远超过 3 座 100 m 高的建筑。

超高层建筑的运营成本巨大，如果超高层建筑的使用寿命以 65 年计算，它的维护费用将是一般建筑的 3 倍，因此，目前建筑界的共识是，高度超过 300 m 的摩天大楼已经失去了节约用地的经济意义。

学习笔记

➤模块小结

高层建筑的发展是人类生存的需求，是社会进步的标志，也是一个国家施工水平的体现。高层建筑不是多层建筑的简单叠加，其独有的施工特点对施工技术和施工管理都提出了更高的要求。本模块主要介绍了高层建筑的定义、高层建筑基础与结构体系。

➤复习与提高

一、单项选择题

1. 某高层建筑要求底部几层为大空间，此时应采用(　　)体系。

A. 框架结构　　B. 板柱结构

C. 剪力墙结构　　D. 框支剪力墙

2. 下列结构类型中，抗震性最好的是(　　)。

A. 框架结构　　B. 框架-剪力墙结构

C. 剪力墙结构　　D. 筒体结构

3. 下列叙述满足高层建筑规则结构要求的是(　　)。

A. 结构有较多错层　　B. 质量分布不均匀

C. 抗扭刚度低　　D. 刚度、承载力、质量分布均匀、无突变

4. 设防烈度为7度，高度为40 m的高层建筑，(　　)类型的防震缝最大。

A. 框架结构　　B. 框架-剪力墙结构

C. 剪力墙结构　　D. 三种类型结构一样大

二、简答题

1. 高层建筑的特点主要体现在哪些方面？

2. 高层建筑采用的基础形式主要有哪些？

3. 高层建筑按照结构材料不同分为哪些类型？

模块二　高层建筑深基坑工程施工

知识目标

1. 掌握放坡开挖、有围护无支撑开挖、有支护分层开挖、中心岛式开挖、盆式开挖施工及施工注意事项。

2. 熟悉深基坑支护结构的类型；掌握围护(挡土)墙制作、土层锚杆支护施工方法、土层锚杆支护施工方法、钢管、型钢内撑式支护施工方法。

3. 熟悉地下水控制方法的选择；掌握井点降水、集水明排、截水、回灌施工方法。

能力目标

1. 能进行深基坑土方开挖。

2. 能进行基坑支护结构类型的分类。

3. 能进行围护(挡土)墙、土层锚杆支护、钢管、型钢内撑式支护施工。

4. 能进行深基坑地下水控制的施工。

素质目标

1. 具有与时俱进的精神和爱岗敬业、奉献社会的道德风尚。

2. 要善于应变、善于预测、处事果断，能对实施进行决策。

3. 要尊贤爱才、宽容大度，善于组织，充分发挥每个人的才能。

模块导学

一、核心知识点及概念

基坑工程是为挖除建(构)筑物地下结构处的土方，保证主体地下结构的安全施工及保护基坑周边环境而采取的围护、支撑、降水、加固、挖土和回填等工程措施的总称，其包括勘察、设计、施工。

基坑工程是一门综合性很强的学科，涉及的学科较多，如工程地质学、土力学、基础工程学、结构力学、材料力学、工程结构、工程施工等，它所包含的内容基本涵盖了勘测、基坑支护结构的设计和施工、地下水控制、基坑土方的开挖、土体加工、工程检测和周围环境的保护等多个领域。

深基础的种类很多，目前高层建筑常见的深基础形式有桩基、沉井、沉箱、地下连续墙和墩基础等。深基础的主要特点在于需要采用特殊的施工方法，以便能最经济有效地解决深开挖边坡的稳定性及排水问题，减少对邻近建筑物的影响。

沉井是由混凝土或钢筋混凝土做成的竖向筒形结构物。沉井由于断面尺寸大、承载力很高而多作为大、重型结构物的基础，在桥梁、水闸及港口等工程中应用广泛，同时以其施工方便、对邻建筑物影响较小、内部空间可资利用等特点，已成为工业建筑的主要尤其是软土中地下建筑物的主要基础类型之一。

沉箱基础是一种较好的施工方法和基础形式。沉箱基础是有顶无底或有底无顶的箱形结构。无压沉箱一般是有底无盖的钢筋混凝土箱子，因其不用压缩空气，故可称为无压沉箱。气压沉箱是一种无底的箱形结构，形似有顶盖的沉井，因为需要输入压缩空气来提供工作条件，故称为气压沉箱。

地下连续墙的开挖技术起源于欧洲，经过不断地发展，地下连续墙技术已经相当成熟。

墩基础是一种常用的深基础，是在人工或机械成孔的大直径孔中浇筑混凝土(钢筋混凝土)而形成的长径比较小的大直径桩基础。

二、训练准备

(1)准备全套工程图纸和各种有关基础工程的技术资料，进行现场实地调查与勘测。由建设单位提供工程图纸、施工现场实测地形图及原地下管线或构筑物竣工图、有关工程地质、水文和气象资料，并有规划部门签发的施工许可证。

(2)根据施工组织设计规定和现场实际条件，制订基础工程施工方案。落实施工机械设备和主要材料，进行劳动力的组织准备。尤应做好土方的平衡计算，决定土方处理方案。

(3)在场地平整施工前，应利用原场地上已有各类控制点，或已有建筑物、构筑物的位置、标高，测设场地平整范围线和标高。

(4)平整场地，处理地下地上一切障碍物，完成“三通一平”。施工区域内有碍施工的地上地下物，建设单位应与有关主管部门协商，妥善处理。对施工地段的地下管道、电缆应采取加固和防护措施。

(5)测量放线，设立控制轴线桩和水准点。基础土方工程，是根据城市规划部门测设的建筑平面控制桩和水准点，进行基坑、基槽抄平放线的。定位放线时应注意控制桩和水准点的保护。开挖土方如影响近旁建筑时，也应采取防止变形下沉的措施，并设观测点。

(6)尽可能利用自然地形和永久性排水设施，采用排水沟、截水沟或挡水坝措施，把施工区域内的雨雪自然水、低洼地区的积水及时排除，使场地保持干燥，便于土方工程施工。如需夜间施工，应按需要数量准备照明设施，在危险地段设明显标志。夜间施工应严防超挖或回填超厚的发生。

(7)修好临时道路、电力、通信及供水设施，以及生活和生产用临时房屋。

单元一 深基坑土方开挖

一、放坡开挖

放坡开挖指的是基坑土方无支撑放坡开挖的施工方法，适用于浅基坑，施工场地较为空旷的情况。此法的优点是施工主体工程作业空间宽余、工期短、较经济；缺点是软弱地基不宜挖深过大。

放坡开挖应注意以下几点：

(1)边坡土质为砂土、黏性土、粉土等，放坡开挖又不会对邻近建筑物产生不利影响时，可采用局部或全深度的基坑放坡开挖方法。当基坑周围为密实的碎石土、黏性土、风化岩石或其他良好土质时，也可不放坡竖直开挖或接近竖直开挖。一般放坡开挖的坡度允许值参考表 2-1。

表 2-1 一般放坡开挖的坡度允许值

土的类型	密实度或状态	坡度容许值(高宽比)	
		坡高在 5 m 以内	坡高 5～10 m
碎石土	密实 中密 稍密	1∶0.35～1∶0.5 1∶0.5～1∶0.75 1∶0.75～1∶1.0	1∶0.5～1∶0.75 1∶0.75～1∶1.00 1∶1.00～1∶1.25
粉土	$S_r \leqslant 0.5$	1∶1.00～1∶1.25	1∶1.25～1∶1.50
粉质黏土	坚硬 硬塑 可塑	1∶0.75 1∶1.00～1∶1.25 1∶1.25～1∶1.50	—
黏性土	坚硬 硬塑	1∶0.75～1∶1.00 1∶1.00～1∶1.25	1∶1.00～1∶1.25 1∶1.25～1∶1.50
杂填土	中密或密实的建筑垃圾	1∶0.75～1∶1.00	—
砂土		1∶1.00(或自然休止角)	—
注：表中碎石土的充填物为坚硬或硬塑状态的黏性土。			

(2)对深度大于 5 m 的土质边坡，应分级放坡开挖(图 2-1)，设置分级过渡平台，各级过渡平台的宽度为 1.0～1.5 m，必要时台宽可选 0.6～1.0 m，小于 5 m 的土质边坡可不设过渡平台。岩石边坡过渡平台的宽度不小于 0.6 m，施工时应按上陡下缓的原则开挖，坡度不宜超过 1∶0.75。

(3)放坡开挖应进行边坡整体稳定性验算。在遇下列现象时尤应重视，必要时应采取有效加固及支护处理措施：

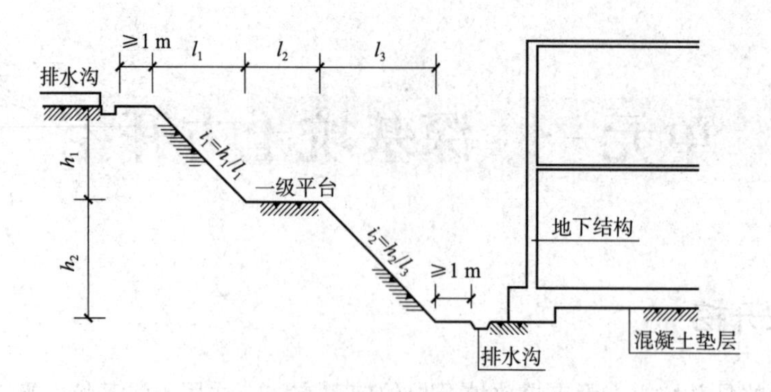

图 2-1　土方开挖二级放坡

1)坡高度大于 5 m；

2)土质与岩层具有与边坡开挖方向一致的斜向界面易向坑内滑落；

3)有可能发生土体滑移的软弱淤泥或含水量丰富夹层；

4)坡顶堆料、堆物；

5)其他及各种易使边坡失稳的不利情况。

(4)对于土质边坡或易于风化的岩质边坡，在开挖时应采取相应的排水和坡脚、坡面保护措施，基坑周围地面也应采用抹砂浆、设排水沟等地面防护措施，防止雨水渗入，并不得在影响边坡稳定的范围内积水。

(5)当基坑不具备全深度或分级放坡开挖时，上段可自然放坡或对坡面进行保护处理，以防止渗水或风化碎石土的剥落。保护处理的方法有水泥抹面、铺塑料布或土工布、挂网喷水泥浆、喷射混凝土护面及浆砌片石等。

二、有围护无支撑开挖

有围护无支撑开挖，即基坑周边采用围护墙、挡墙及土锚支护、水泥土重力式围护墙等，但基坑内无支撑的支护方式下进行土方开挖的方法。此法的优点是基坑挖土及基础施工工作面大，施工进度快、较为经济等；缺点是此方法比较适合较浅基坑，对于环境要求高、地层较软弱基坑不太适合。

有围护无支撑开挖应注意以下几项：

(1)对于在土钉墙、土钉式桩锚等支护下进行基坑开挖，基坑开挖应与土钉或土钉式桩锚施工分层交替进行，缩短无支护暴露时间；面积较大的基坑可采用岛式开挖，先挖除距基坑边 8～10 m 的土方，再挖除基坑中部的土方；施工时应采用分层分段方法进行土方开挖，每层土方开挖的底标高应低于相应土钉位置，且距离不宜大于 200 mm，每层分段长度不应大于 30 m；应在土钉养护时间达到设计要求后开挖下一层土方。复合土钉墙应考虑隔水帷幕的强度和龄期，达到设计要求后方可进行土方开挖。

(2)对于在挡墙及土锚支护下开挖，基坑开挖与土锚支护应交替进行，土锚养护并封锚后才可进行下一层开挖。

(3)对于采用水泥土重力式围护墙的基坑开挖，围护墙的强度和龄期应达到设计要求后方可进行土方开挖；开挖深度超过 4 m 的基坑应采用分层开挖的方法；边长超过 50 m 的基坑应采用分段开挖的方法；面积较大的基坑宜采用盆式开挖方式，盆边留土平台宽度不应小于 8 m；土方开挖至坑底后应及时浇筑垫层；围护墙无垫层暴露长度不宜大于 25 m。

三、有支护分层开挖

有支护分层开挖，即在基坑内有支撑梁、立柱等支护构件的条件下进行土方分层开挖的方法。此法的优点是适用于软弱地基，可有效控制围护结构的变形，土方开挖时坑内安全性高；缺点是坑内支撑的干扰使得挖土效率下降，部分支撑与部分基础交叉，经济性较差。

有支护分层开挖应注意以下问题：

(1)基坑开挖应按照“先撑后挖、限时支撑、分层开挖、严禁超挖”的方法确定开挖顺序，减小基坑无支撑暴露时间和空间。

(2)混凝土支撑应在达到设计要求的强度后进行下层土方开挖，钢支撑应在质量验收合格并施加预应力后进行下层土方开挖；挖土机械和运输车辆不得直接在支撑上行走或作业；支撑系统设计未考虑施工机械作业荷载时，严禁在底部已经挖空的支撑上行走或作业。

(3)土方开挖过程中应对临时边坡范围内的立柱与降水井管采取保护措施，应均匀挖去其周围土体。

(4)面积较大或周边环境保护要求较高的基坑，应采用分块开挖的方法；分块大小和开挖顺序应根据基坑工程环境保护等级、支撑形式、场地条件等因素确定，应结合分块开挖方法和顺序及时形成支撑或水平结构。

四、中心岛式开挖

岛(墩)式挖土(图 2-2)，应保留基坑中心土体，先挖除挡墙内四周土方的开挖方式。宜用于大型基筑及支护结构的支撑形式为角撑、环梁式或边桁(框)架式，中间具有较大空间的情况。此法的优点是可利用中间的土墩作为支点搭设栈桥；挖土机可利用栈桥下到基坑挖土，运土的汽车也可利用栈桥进入基坑运土；可以加快挖土和运土的速度。缺点是由于先挖挡土墙四周的土方，挡墙的受荷时间长，在软黏土中时间效应显著，有可能增大支护结构的变形量。

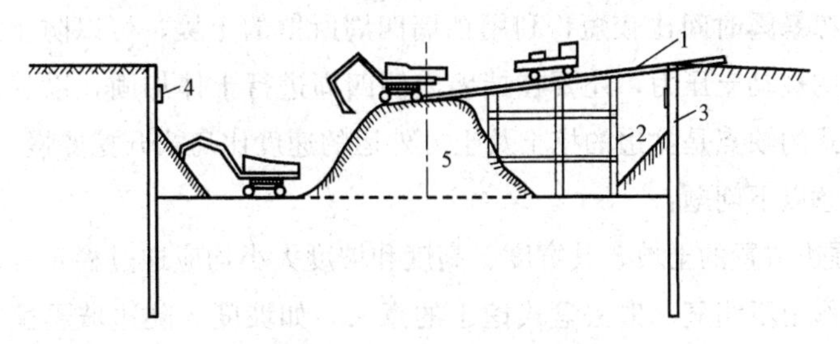

图 2-2　岛(墩)式挖土示意

1—栈桥；2—支架；3—围护墙；4—腰梁；5—中心岛

中心岛式开挖应注意以下几项：

(1)岛(墩)式挖土，中间土墩的留土高度、边坡的坡度、挖土层次与高差都要经过计算确定。由于在雨季遇有大雨土墩边坡易滑坡，必要时对边坡尚需加固。

(2)挖土也分层开挖，多数是先全面挖去第一层，然后中间部分留置土墩，周围部分分层开挖；开挖多用反铲挖土机，如基坑深度大则用向上逐级传递方式进行装车外运。

(3)整个土方开挖顺序，必须与支护结构的设计工况严格一致。要遵循开槽支撑、先撑后挖、分层开挖、严禁超挖的原则。

(4)挖土时，除支护结构设计允许外，挖土机和运土车辆不得直接在支撑上行走与操作。

(5)为减少时间效应的影响，挖土时应尽量缩短围护墙无支撑的暴露时间。一般对一、二级基坑，每一工况挖至规定标高后，钢支撑的安装周期不宜超过一昼夜，混凝土支撑的完成时间不宜超过两昼夜。

(6)对面积较大的基坑，为减少空间效应的影响，基坑土方宜分层、分块、对称、限时进行开挖，土方开挖顺序要为尽可能早地安装支撑创造条件。

(7)土方挖至设计标高后，尽可能早一些浇筑垫层，以便利用垫层(必要时可加厚作配筋垫层)对围护墙起支撑作用，以减少围护墙的变形。

(8)挖土机挖土时严禁碰撞工程桩、支撑、立柱和降水的井点管。分层挖土时，层高不宜过大，以免土方侧压力过大使工程桩变形倾斜，在软土地区尤为重要。

(9)同一基坑内当深浅不同时，土方开挖宜先从浅基坑处开始，如条件允许可待浅基坑处底板浇筑后，再挖基坑较深处的土方。

(10)如两个深浅不同的基坑同时挖土时，土方开挖宜先从较深基坑开始，待较深基坑底板浇筑后，再开始开挖较浅基坑的土方。

(11)如基坑底部有局部加深的电梯井、水池等，如深度较大宜先对其边坡进行加固处理后再进行开挖。

五、盆式开挖

盆式开挖即先挖除基坑中间部分的土方，完成中间部分的主体结构后挖除挡墙四周土方的一种开挖方式。盆式开挖的支撑可利用中央主体结构，故用量小、费用低、盆式部位土方开挖方便，适用于基坑面积大、无法放坡的大面积基坑开挖及较密支撑下的开挖。盆式开挖方式的优点是挡墙的无支撑暴露时间比较短，利用挡墙四周所留的土堤，可以防止挡墙的变形。有时为了提高所留土堤的被动土压力，还要在挡墙内侧四周进行土体加固，以满足控制挡墙变形的要求。盆式开挖方式的缺点是盆边的挖土及土方外运的速度比岛式开挖要慢。

盆式开挖应注意以下问题：

(1)盆式挖土周边留置的土坡，其宽度、高度和坡度大小均应通过稳定验算确定。如留得过小，对围护墙支撑作用不明显，失去盆式挖土的意义。如坡度太陡边坡不稳定，在挖土过程中可能失稳滑动，不但失去对围护墙的支撑作用，影响施工，而且易造成工程桩的倾斜。

(2)盆式挖土需设法提高盆边土方开挖的速度，这是加速基坑开挖的关键。它的开挖过程是先开挖基坑中央部分，形成盆式[图 2-3(a)]，此时可利用留位的土坡来保证支护结构的稳定，此时的土坡相当于“土支撑”。随后再施工中央区域内的基础底板及地下结构[图 2-3(b)]。在地下结构达到一定强度后开挖留坡部位的土方，并按“随挖随撑，先撑后挖”的原则，在支护结构与主体结构之间设置支撑[图 2-3(c)]，开挖盆边土方最后再施工边缘部位的地下结构[图 2-3(d)]。但这种施工方法需再对地下结构设置后浇带或在施工中留设施工缝，将地下结构分两阶段施工，对结构整体性及防水性也有一定的影响。

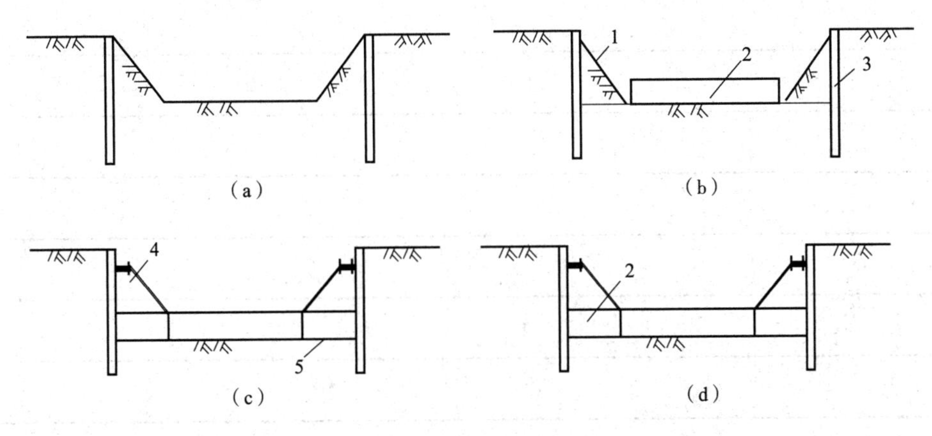

图 2-3 盆式开挖

(a)中心开挖；(b)中心地下结构施工；(c)边缘土方开挖及支撑设置；(d)边缘地下结构施工

1—边坡流土；2—基础底板；3—支护墙；4—支撑；5—坑底

学习笔记

单元二　深基坑支护施工

深基坑支护的目的是要保证相邻建(构)筑物、地下管线及道路的安全，防止坑外土方深陷、坍塌，保证基坑内土方挖到预定标高，确保基础和地下室工程顺利施工。

一、深基坑支护结构的选型

支护结构形式的选择应综合工程地质与水文地质条件、地下结构设计、基坑平面及开挖深度、周边环境和坑边荷载、场地条件、施工季节、支护结构使用期限等因素，选型时应考虑空间效应和受力条件的改善，采用有利于支护结构材料受力的形式。在软土场地可局部或整体加固坑底土体，或在不影响基坑周边环境的情况下，采用降水措施提高土的抗剪强度和减小水土压力。常用的几种支护结构如图 2-4 所示。设计时可按表 2-2 选用支挡式结构、土钉墙、重力式水泥土墙，或采用上述形式的组合。

支护结构选型应注意不同支护形式的结合处，应考虑相邻支护结构的相互影响，其过渡段应有可靠的连接措施；支护结构上部采用土钉墙或放坡、下部采用支挡式结构时，上部土钉墙或放坡应符合相关规程要求，支挡式结构应按整体结构考虑；当坑底以下为软土时，可采用水泥土搅拌桩、高压喷射注浆等方法对坑底土体进行局部或整体加固，水泥土搅拌桩、高压喷射注浆加固体宜采用格栅或实体形式；基坑开挖采用放坡或支护结构上部采用放坡时，应对基坑开挖的各工况进行整体滑动稳定性验算，边坡的圆弧滑动稳定安全系数 K 不应小于 1.2，放坡坡面应设置防护层。

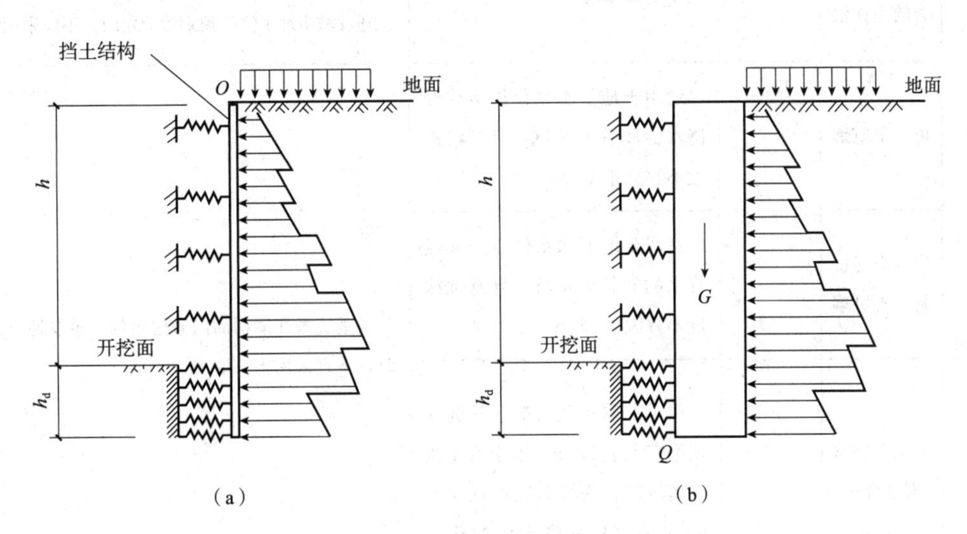

图 2-4　支护结构常见类型

(a)桩墙结构；(b)重力式结构

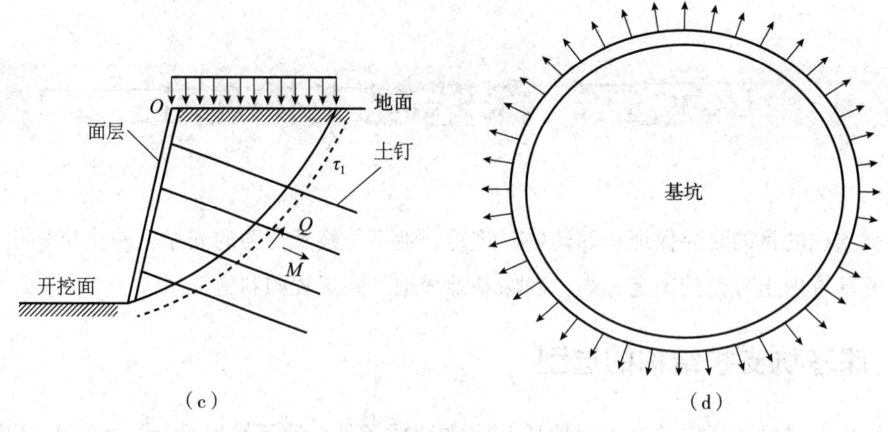

图 2-4　支护结构常见类型(续)

(c)土钉墙结构；(d)拱墙结构

表 2-2　各类支护结构的适用条件

<table>
<tr><th colspan="2" rowspan="2">结构类型</th><th colspan="3">适用条件</th></tr>
<tr><th>安全等级</th><th colspan="2">基坑深度、环境条件、土类和地下水条件</th></tr>
<tr><td rowspan="5">支挡式结构</td><td>锚拉式结构</td><td rowspan="5">一级、二级、三级</td><td>适用于较深的基坑</td><td rowspan="5">1. 排桩适用于可采用降水或截水帷幕的基坑；
2. 地下连续墙宜同时用作主体地下结构外墙，可同时用于截水；
3. 锚杆不宜用在软土层和高水位的碎石土、砂土层中；
4. 当邻近基坑有建筑物地下室、地下构筑物等，锚杆的有效锚固长度不足时，不应采用锚杆；
5. 当锚杆施工会造成基坑周边建(构)筑物损害或违反城市地下空间规划等规定时，不应采用锚杆</td></tr>
<tr><td>支撑式结构</td><td>适用于较深的基坑</td></tr>
<tr><td>悬臂式结构</td><td>适用于较浅的基坑</td></tr>
<tr><td>双排桩</td><td>当锚拉式、支撑式和悬臂式结构不适用时，可考虑采用双排桩</td></tr>
<tr><td>支护结构与主体结构结合的逆作法</td><td>适用于基坑周边环境条件很复杂的深基坑</td></tr>
<tr><td rowspan="3">土钉墙</td><td>单一土钉墙</td><td rowspan="3">二级、三级</td><td>适用于地下水水位以上或经降水的非软土基坑，且基坑深度不宜大于 12 m</td><td rowspan="3">当基坑潜在滑动面内有建筑物、重要地下管线时，不宜采用土钉墙</td></tr>
<tr><td>预应力锚杆复合土钉墙</td><td>适用于地下水水位以上或经降水的非软土基坑，且基坑深度不宜大于 15 m</td></tr>
<tr><td>水泥土桩垂直复合土钉墙</td><td>用于非软土基坑时，基坑深度不宜大于 12 m；用于淤泥质土基坑时，基坑深度不宜大于 6 m；不宜用在高水位的碎石土、砂土、粉土层中</td></tr>
</table>

续表

结构类型		适用条件		
		安全等级	基坑深度、环境条件、土类和地下水条件	
土钉墙	微型桩垂直复合土钉墙	二级、三级	适用于地下水水位以上或经降水的基坑，用于非软土基坑时，基坑深度不宜大于 12 m；用于淤泥质土基坑时，基坑深度不宜大于 6 m	当基坑潜在滑动面内有建筑物、重要地下管线时，不宜采用土钉墙
重力式水泥土墙		二级、三级	适用于淤泥质土、淤泥基坑，且基坑深度不宜大于 7 m	
放坡		三级	1. 施工场地应满足放坡条件； 2. 可与上述支护结构形式结合	
注：①当基坑不同部位的周边环境条件、土层性状、基坑深度等不同时，可在不同部位分别采用不同的支护形式； ②支护结构可采用上、下部以不同结构类型组合的形式。				

二、围护(挡土)墙制作

(一)重力式水泥土墙

重力式水泥土墙结构是在基坑侧壁形成一个具有相当厚度和质量的刚性实体结构，以其重力抵抗基坑侧壁土压力，满足抗滑移和抗倾覆要求。这类结构一般采用水泥土搅拌桩，有时也采用旋喷桩，使桩体相互搭接形成块状或格栅状等形状的重力结构。重力式水泥土墙具有挡土、隔水的双重功能，且坑内无支撑可方便机械化快速挖土。其缺点是不宜用于深基坑，一般不宜大于 6 m，位移相对较大，尤其在基坑长度较大时，一般采取中间加墩、起拱等措施以限制过大位移；且重力式水泥土墙厚度较大，需具备足够的场地条件。重力式水泥土墙宜用于基坑侧壁安全等级为二、三级者，地基土承载力不宜大于 150 kPa。

重力式水泥土墙的嵌固深度，对淤泥质土不宜小于 $1.2h$，对淤泥不宜小于 $1.3h$；重力式水泥土墙的宽度(B)，对淤泥质土不宜小于 $0.7h$，对淤泥不宜小于 $0.8h$；此处 h 为基坑深度。根据使用要求和受力特性，搅拌桩的水泥土墙挡土支护结构的断面形式如图 2-5 所示，其中(a)、(c)较为常用。

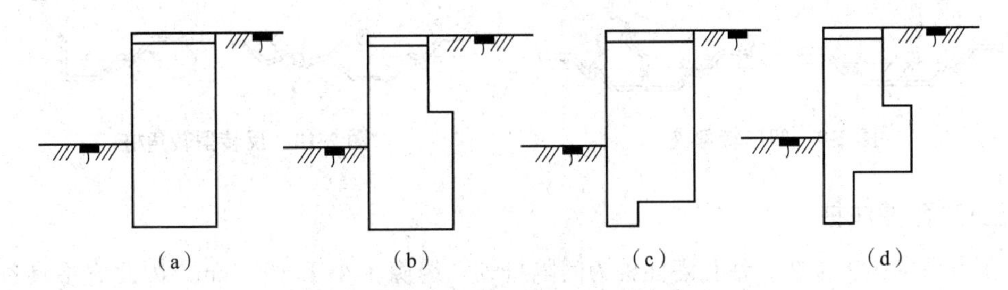

图 2-5　水泥土墙挡土支护结构断面形式

(二)钢板桩

钢板桩是带锁口或钳口的热轧型钢，钢板桩靠锁口或钳口相互连接咬合，形成连续的钢板桩墙，用来挡土和挡水。钢板桩作为建造水上、地下构筑物或基础施工中的围护结构，由于具有强度高，结合紧密、不漏水性好，施工简便、速度快，减少开挖土方量，可重复使用等特点，因此在一定条件下使用会取得较好的效益。其缺点是一般的钢板桩刚度不够大，用于较深基坑时变形较大；在透水性较好的土层中不能完全挡水；拔除时易带土，如处理不当会引起土层移动，可能危害周围环境。钢板桩在基础施工完毕后还可以拔出重复使用，较经济实用，在实际工程中应用广泛。

在钢板桩施工中，为了纠正钢板桩的轴向倾斜度等需要，必须使用异型钢板桩，异型钢板桩的形式如图 2-6～图 2-10 所示。

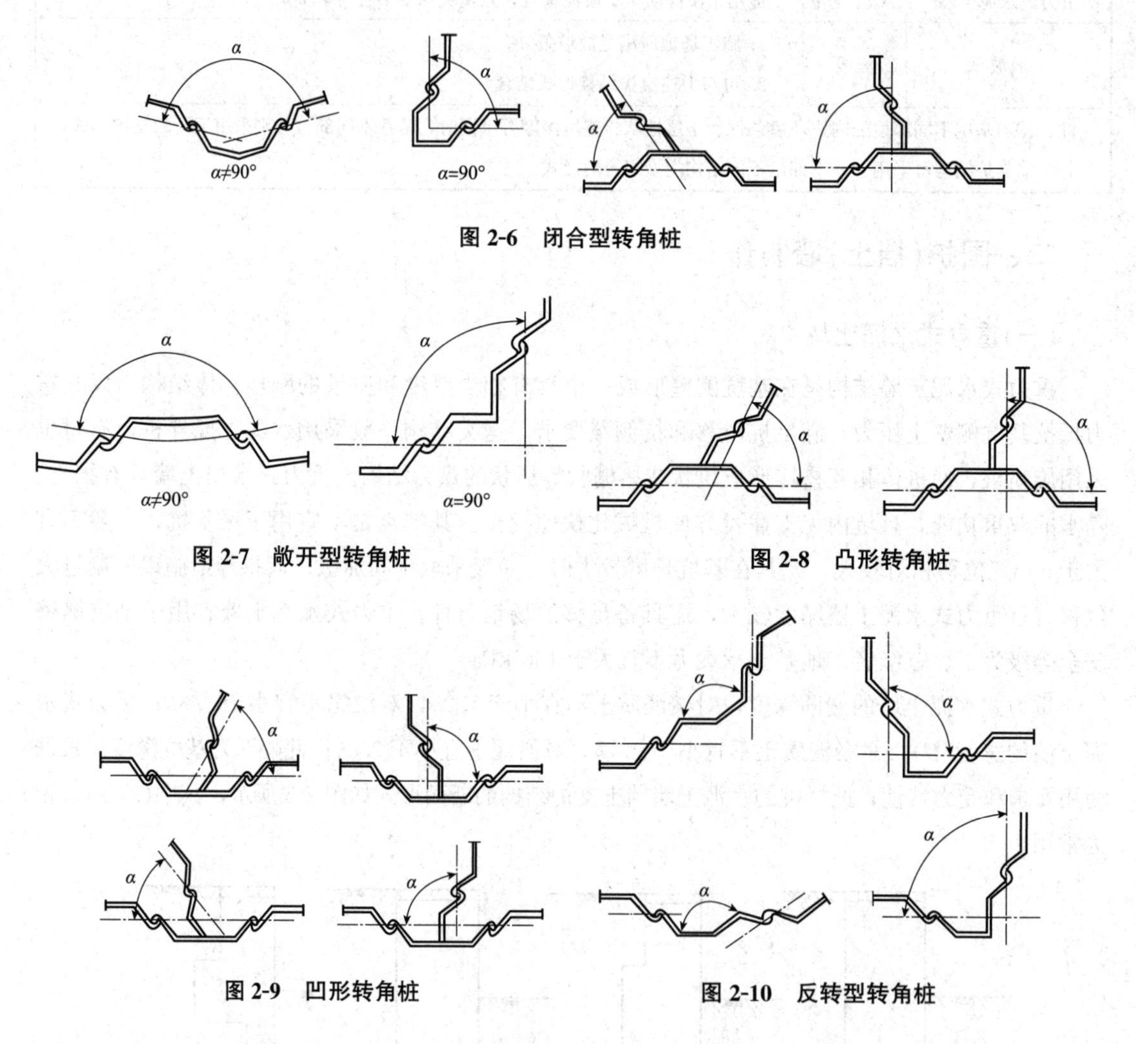

图 2-6　闭合型转角桩

图 2-7　敞开型转角桩

图 2-8　凸形转角桩

图 2-9　凹形转角桩

图 2-10　反转型转角桩

(三)钻孔灌注桩

根据目前的施工工艺，钻孔灌注桩为间隔排列，缝隙不小于 100 mm，因此它不具备挡水功能，需另做隔水帷幕。隔水帷幕应用较多的是水泥土搅拌桩[图 2-11(a)、(b)]，水泥土搅拌桩的搭接长度一般为 200 mm，也可采用高压旋喷桩作为隔水帷幕，地下水水位较低地区则不需做隔水帷幕。如基坑周围狭窄，不允许在钻孔灌注桩后再施工隔水帷幕时，可考虑在水泥土桩中套打钻孔灌注桩[图 2-11(c)]。还有一种采用全套管灌注桩机施工形成的桩与桩之间相互咬合排列的灌注桩，即咬合桩，一般不需要另做隔水帷幕，其咬合搭接量一般为 200 mm [图 2-11(d)]。

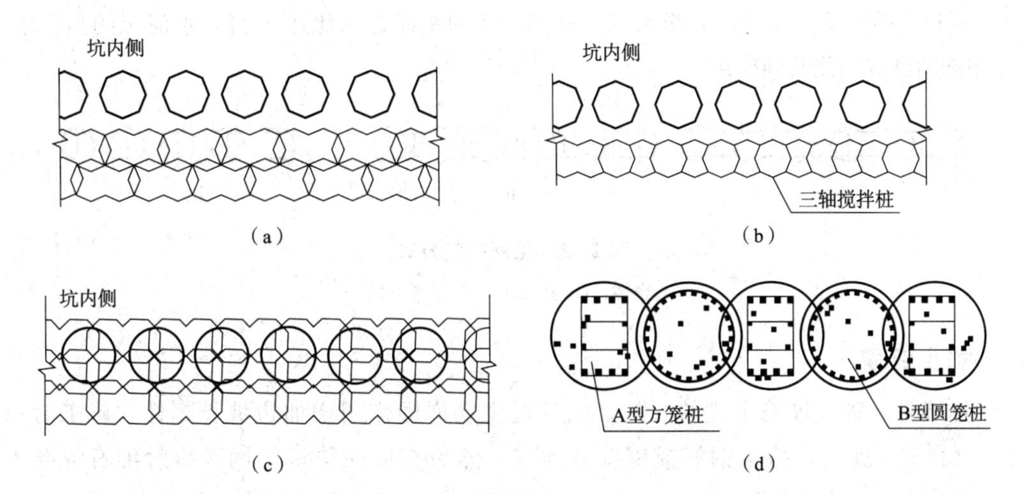

图 2-11　钻孔灌注桩布置形式

(a)双轴水泥土搅拌桩隔水帷幕；(b)三轴水泥土搅拌桩隔水帷幕；(c)套打式水泥土搅拌桩隔水帷幕；(d)咬合桩

(四)地下连续墙

地下连续墙是在基坑开挖之前，用特殊挖槽设备在泥浆护壁之下开挖深槽，然后下钢筋笼浇筑混凝土形成的地下混凝土墙。地下连续墙施工时对周围环境影响小，能紧邻建(构)筑物进行施工；其刚度大、整体性好，变形小；处理好接头能较好地抗渗止水；如用逆作法施工可实现两墙合一，能降低成本。我国一些重大、知名的高层建筑深基坑多采用地下连续墙围护。其适用于基坑侧壁安全等级为一、二、三级者，在软土中悬臂式结构不宜大于 5 m。地下连续墙如单纯用作围护墙，只为施工挖土服务，则成本较高；且施工过程中的泥浆需妥善处理，否则会影响环境。

地下连续墙按墙的用途分为临时墙、防渗墙和基础墙；按开挖情况分为地下挡土墙和地下防渗墙。

地下连续墙一般多用于施工条件较差的情况，且其施工质量在使用期间不能直接观察，在施工前应详细进行施工现场环境及水文、地质情况的调查，并制订详细的施工方案，以确保施工的顺利进行。

(五)型钢水泥土搅拌墙

型钢水泥土搅拌墙通常称为 SMW 墙(Soil Mixed Wall)，是一种在连续套接的三轴水泥土搅拌桩内插入型钢形成的复合挡土隔水结构。利用三轴搅拌桩钻机在原地层中切削土体，同时钻机前端低压注入水泥浆液，与切碎土体充分搅拌形成隔水性较高的水泥土柱列式挡墙，在水泥土浆液尚未硬化前插入型钢。型钢承受土侧压力，而水泥土则具有良好的抗渗性能，因此 SMW 墙具有挡土与止水双重作用。除插入 H 型钢外，还可插入钢管、拉森板桩等。由于插入了型钢，故也可设置支撑。

型钢的布置方式通常有密插、插二跳一和插一跳一3种(图2-12)。国外已用于坑深20 m的基坑，我国较多应用于8～12 m基坑。加筋水泥土桩的施工机械为三轴深层搅拌机，H型钢靠自重可顺利下插至设计标高。加筋水泥土桩围护墙的水泥掺入比达20%，水泥土的强度较高，与H型钢粘结好，能共同作用。

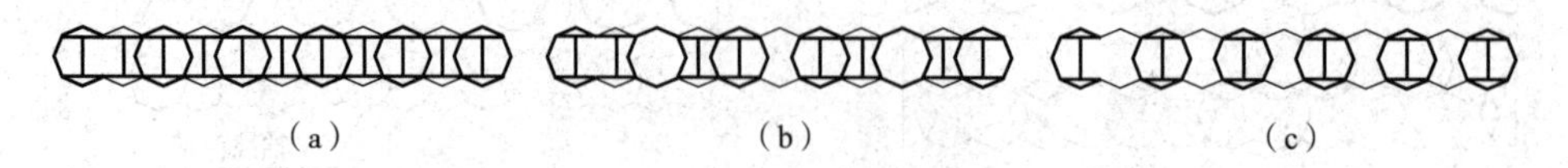

图2-12 型钢布置方式

(a)密插；(b)插二跳一；(c)插一跳一

(六)土钉墙

土钉墙是一种边坡稳定式的支护，它通过主动嵌固作用增加边坡稳定性。施工时每挖深1.0～1.5 m就钻孔插入钢筋或钢管并注浆，然后在坡面挂钢筋网，喷射细石混凝土面层，依次进行直至坑底(图2-13)。在土钉墙的基础上，又发展了复合土钉墙(即预应力锚杆隔水帷幕、微型桩与土钉墙进行组合的形式)，其组合类型如图2-14(a)～(h)所示。复合土钉墙具有土钉墙的全部优点，同时克服了较多的缺点，应用范围大大拓宽，对土层的适用性更广，整体稳定性、抗隆起及抗渗流性能大大提高，基坑风险相应降低。

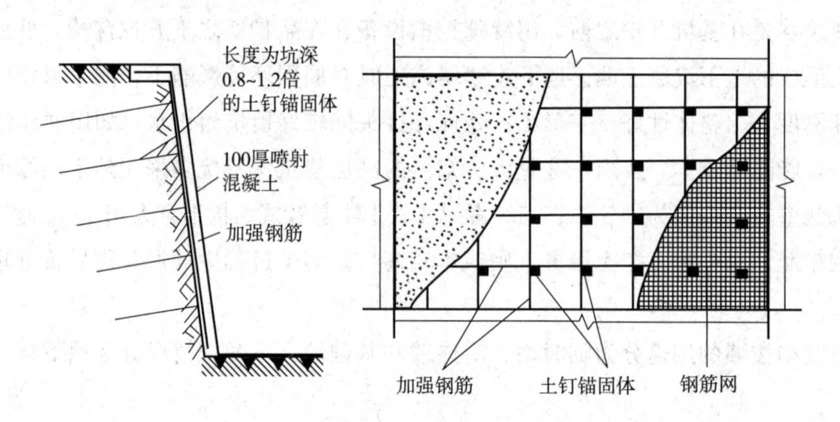

图2-13 土钉墙构造

拱墙截面宜为Z字形，拱墙的上、下端宜加肋梁[图2-15(a)]；当基坑较深且一道Z字形拱墙的支护高度不够时，可由数道拱墙叠合组成[图2-15(b)、(c)]；沿拱墙高度应设置数道肋梁，其竖向间距不宜大于2.5 m。当基坑边坡地较窄时，可不加肋梁但应加厚拱壁[图2-15(d)]。

圆形拱墙壁厚不宜小于400 mm，其他拱墙壁厚不宜小于500 mm。混凝土强度等级不宜低于C25。拱墙水平方向应通长双面配筋率不小于0.7%。拱墙在垂直方向应分道施工，每道施工高度视土层直立高度而定，并不宜超过2.5 m。待上道拱墙合拢且混凝土强度达到设计要求后，才可进行下道拱墙施工。上下两道拱墙的竖向施工缝应错开，错开距离不宜小于2 m。拱墙宜连续施工，每道拱墙施工时间不宜超过36 h。

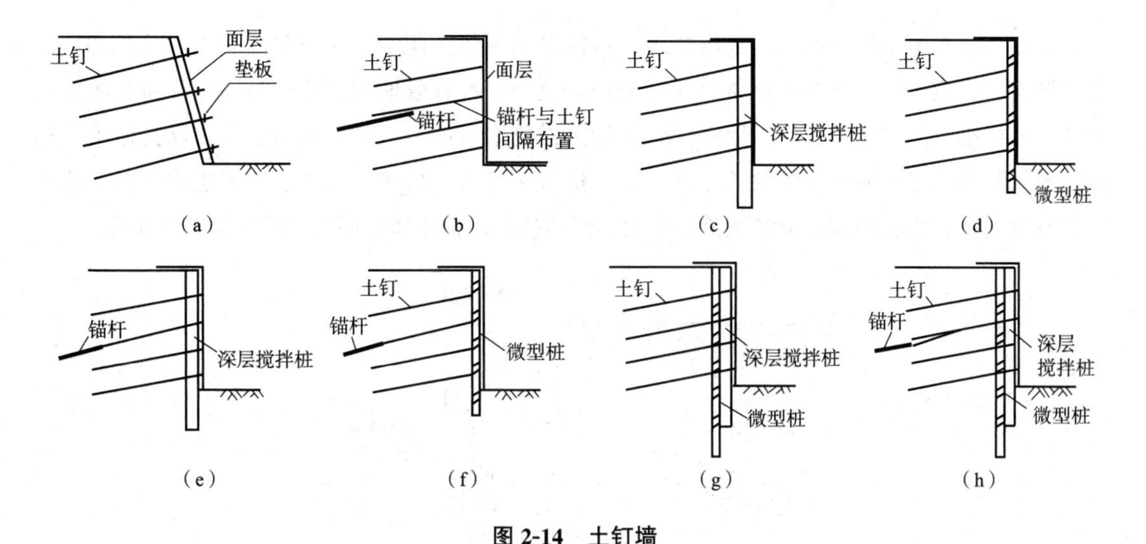

图 2-14　土钉墙

(a)土钉墙；(b)土钉＋预应力锚杆组合；(c)土钉＋隔水帷幕组合；(d)土钉＋微型桩组合；
(e)土钉＋隔水帷幕＋预应力锚杆组合；(f)土钉＋微型桩＋预应力锚杆组合；
(g)土钉＋隔水帷幕＋微型桩组合；(h)土钉＋隔水帷幕＋微型桩＋预应力锚杆组合

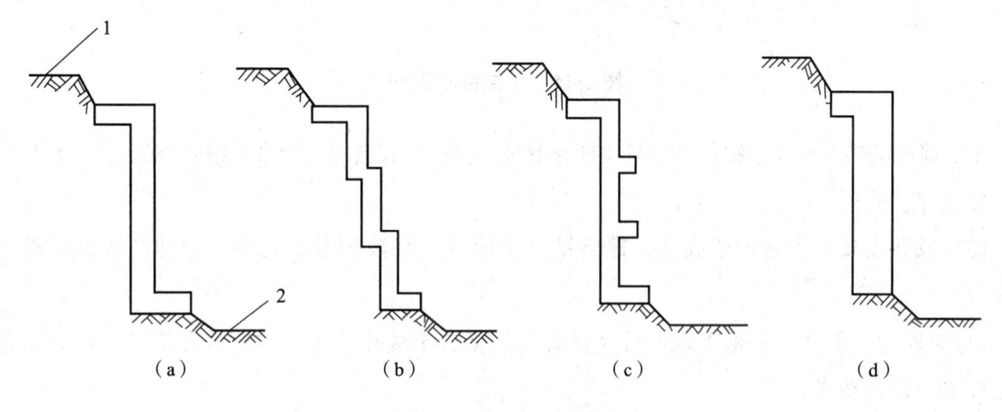

图 2-15　拱墙截面构造示意

1—地面；2—基坑底

由于土钉墙钢筋筋材不同，可分为采用钢筋、钢绞线等的成孔注浆土钉和采用钢管、型钢的打入型材土钉，它们的工艺有所不同。土钉墙还可与水泥土搅拌桩、微型桩及锚杆等进行复合形成复合土钉墙，其受力性能更好。

三、土层锚杆支护

土层锚杆简称土锚杆，是在深开挖的地下室墙面(排桩墙、地下连续墙或挡土墙)或地面，或已开挖的基坑立壁土层钻孔(或掏孔)，达到一定设计深度后再扩大孔的端部，形成柱状或其他形状，在孔内放入钢筋、钢管或钢丝束、钢绞线或其他抗拉材料，灌入水泥浆或化学浆液，使之与土层结合成为抗拉(拔)力强的锚杆(图 2-16)。锚杆是一种新型受拉杆件，它的一端与工程结构物或挡土桩墙连接，另一端锚固在地基的土层或岩层中，以承受结构物的上托力、拉拔力、倾侧力或挡土墙的土压力、水压力等。其特点是能与土体结合在一起承受很大的拉力，以保持结构的稳定；可用高强度钢材，并可施加预应力，可有效地控制建筑物的变形量；施工所需钻孔孔径小，不用大型机械；用它代替钢横撑作侧壁支护，可节省大量钢材；能为地下工程施工提供开阔的工作面；经济效益显著，可大量节省劳力，加快工程进度。土层锚杆施工适用于深基坑支护、边坡加固、滑坡整治、水池、泵站抗浮、挡土墙锚固及结构抗倾覆等工程。

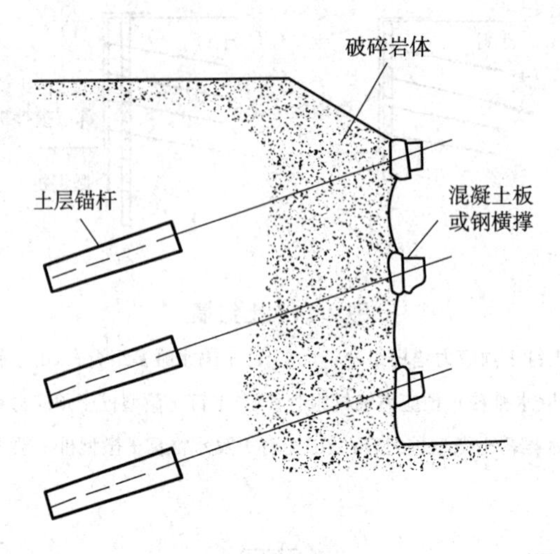

图 2-16　土层锚杆支护

土层锚杆的施工顺序：钻孔→安放拉杆→灌浆→养护→安装锚头→张拉锚固→(下层土方开挖)。

1. 钻孔

锚杆成孔主要有套管护壁成孔、螺旋钻杆干成孔、浆液护壁成孔等。锚杆的成孔应符合下列规定：

(1)应根据土层性状和地下水条件选择套管护壁、干成孔或泥浆护壁成孔工艺，成孔工艺应满足孔壁稳定性要求；

(2)对松散和稍密的砂土、粉土、卵石、填土、有机质土、高液性指数的黏性土宜采用套管护壁成孔工艺；

(3)在地下水水位以下时，不宜采用干成孔工艺；

(4)在高塑性指数的饱和黏性土层成孔时，不宜采用泥浆护壁成孔工艺；

(5)当成孔过程中遇不明障碍物时，在查明其性质前不得钻进。

2. 安放拉杆

土层锚杆用的拉杆，常用的有钢管(钻杆用作拉杆)、粗钢筋、钢丝束和钢绞线。主要根据土层锚杆的承载能力和现有材料的情况来选择。承载能力较小时，多用粗钢筋；承载能力较大时，多用钢绞线。为保证非锚固段拉杆可以自由伸长，可采取在锚固段与非锚固段之间设置堵浆器，或在非锚固段的拉杆上涂润滑油脂，以保证在该段自由变形。

采用套管护壁工艺成孔时，应在拔出套管前将杆体插入孔内；采用非套管护壁成孔时，杆体应匀速推送至孔内；成孔后应及时插入杆体及注浆。

3. 压力灌浆

压力灌浆是土锚施工中的一个重要工序。施工时，应将有关数据记录下来，以备将来查用。

(1)灌浆的作用。

1)形成锚固段，将锚杆锚固在土层中；

2)防止钢拉杆腐蚀；

3)充填土层中的孔隙和裂缝。

(2)注浆液规定。注浆液采用水泥浆时，水胶比宜取 0.50～0.55；采用水泥砂浆时，水胶比宜取 0.40～0.45，胶砂比宜取 0.5～1.0，拌和用砂宜选用中粗砂。水泥浆或水泥砂浆内可掺入能提高注浆固结体早期强度或微膨胀的外掺剂，其掺入量宜按室内试验确定。考虑钢拉杆防腐蚀问题，在水泥和水的选用上要注意尽量避免氯化物腐蚀。

(3)灌浆方法。灌浆方法有一次灌浆法和二次灌浆法两种。

1)一次灌浆法只用一根灌浆管，利用泥浆泵进行灌浆，灌浆管端距孔底 10～20 cm，待浆液流出孔口时，用水泥袋纸等捣塞入孔口，并用湿黏土封堵孔口，严密捣实，再以 2～4 MPa 的压力进行补灌，要稳压数分钟后灌浆才告结束。

2)二次灌浆法要用两根灌浆管，当采用二次压力注浆工艺时，注浆管应在锚杆末端的 $l_a/4$～$l_a/3$(l_a 为锚杆的锚固段长度)范围内设置注浆孔，孔间距宜用 500～800 mm(图 2-17)，每个截面的注浆孔宜取 2 个；二次压力注浆液宜采用水胶比为 0.50～0.55 的水泥浆；二次注浆管应固定在杆体上，注浆管的出浆口应有逆止构造；二次压力注浆应在水泥浆初凝后、终凝前进行，终止注浆的压力不应小于 1.5 MPa。当采用分段二次劈裂注浆工艺时，注浆宜在固结体强度达到 5 MPa 后进行，注浆管的出浆孔宜沿锚固段全长设置，注浆顺序应由内向外分段依次进行。

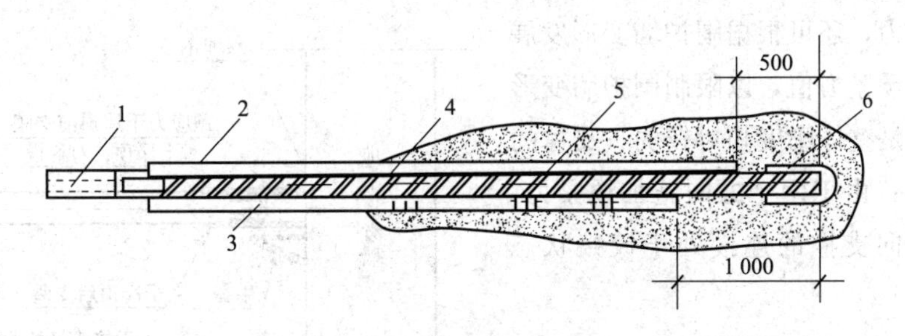

图 2-17 二次灌浆法灌浆管的布置

1—锚头；2—第一次灌浆用灌浆管；3—第二次灌浆用灌浆管；4—粗钢筋锚杆；5—定位器；6—塑料瓶

4. 养护

注浆后自然养护不少于 7 d。土锚灌浆后，待锚固体强度大于 15 MPa，并达到设计强度等级的 75%以上，便可对土锚进行张拉和锚固。在灌浆体硬化之前，不能承受外力或由外力引起的锚杆移动。

5. 安装锚头

锚头是构筑物与拉杆的连接部分，其作用是将来自构筑物的作用力有效地传递给拉杆。锚头一般由台座、承压板和锚具等部件组成。

6. 张拉和锚固

张拉前先在支护结构上安装围檩。张拉用设备与预应力结构张拉所用设备相同。

拉力型钢绞线锚杆宜采用钢绞线束整体张拉锁定的方法。锚杆锁定前，应按规范规定的张拉值进行锚杆预张拉；锚杆张拉应平缓加载；在张拉值下的锚杆位移和压力表压力应保持稳定；当锚头位移不稳定时，应判定此根锚杆不合格；锁定时的锚杆拉力应考虑锁定过程的预应力损失量；预应力损失量宜通过对锁定前、后锚杆拉力的测试确定；缺少测试数据时，锁定时的锚杆拉力可取锁定值的 1.1～1.15 倍；锚杆锁定还应考虑相邻锚杆张拉锁定引起的预应力损失，当锚杆预应力损失严重时，应进行再次锁定；锚杆出现锚头松弛、脱落、锚具失效等情况时，应及时进行修复并对其进行再次锁定；当锚杆需要再次张拉锁定时，锚具外杆体的长度和完好程度应满足张拉要求。

四、钢管、型钢内撑式支护

钢管、型钢内支撑统称为钢支撑。钢管支撑多用 609 钢管，有多种壁厚(10 mm、12 mm、14 mm)可供选择，壁厚大者承载能力高；也有用较小直径钢管者，如用 580、4406 钢管等。型钢支撑多用 H 型钢，有多种规格以适应不同的承载力。不过作为一种工具式支撑，要考虑能适应多种情况。在纵、横向支撑的交叉部位，可用上下叠交固定，也可用专门加工的“十”字形定型接头，以便连接纵、横向支撑构件。前者纵、横向支撑不在一个平面上，整体刚度差；后者则在一个平面上，刚度大，受力性能好。

钢支撑的优点是安装和拆除方便，速度快，能尽快发挥支撑的作用，减小时间效应，使围护墙因时间效应增加的变形减小；可以重复使用(钢支撑多为租赁方式)，便于专业化施工；可以施加预紧力，还可根据围护墙变形发展情况多次调整预紧力值，以限制围护墙变形发展。其缺点是整体刚度相对较弱，支撑的间距相对较小；由于两个方向施加预紧力，从而使纵、横向支撑的连接处于铰接状态(图 2-18)。

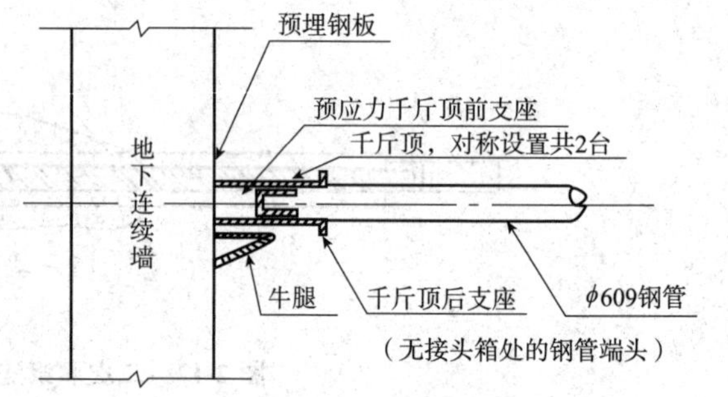

图 2-18　支撑轴力施加简图

钢支撑施工应符合下列要求：

(1)当基坑平面尺寸较大、支撑长度超过 15 m 时，需设立柱来支承水平支撑，防止支撑弯曲，缩短支撑的计算长度，防止支撑失稳破坏。

(2)钢支撑一般采用钢腰梁，钢腰梁多用 H 型钢或双拼槽钢等，通过设于围护墙上的钢牛腿或锚固于墙内的吊筋加以固定。钢腰梁拼装点要尽量靠近支撑点。

(3)钢支撑受力构件的长细比不宜大于 75，连系构件的长细比不宜大于 120。安装节点尽量设在纵、横向支撑的交汇处附近。纵向、横向支撑的交汇点尽可能在同一标高上，这样支撑体系的平面刚度大，尽量少用重叠连接。钢支撑与钢腰梁可用电焊等连接。

(4)对预加轴向压力的钢支撑，施加预压力时应符合下列要求：

1)对支撑施加压力的千斤顶应有可靠、准确的计量装置；

2)千斤顶压力的合力点应与支撑轴线重合，千斤顶应在支撑轴线两侧对称、等距放置，且应同步施加压力；

3)千斤顶的压力应分级施加，施加每级压力后应保持压力稳定，10 min后方可施加下一级压力；预压力加至设计规定值后，应在压力稳定10 min后，方可按设计预压力值进行锁定；

4)支撑施加压力过程中，当出现焊点开裂、局部压曲等异常情况时应卸除压力，在对支撑的薄弱处进行加固后，方可继续施加压力；

5)当监测的支撑压力出现损失时，应再次施加预压力。

(5)对钢支撑，当夏期施工产生较大温度应力时，应及时对支撑采取降温措施。当冬期施工降温产生的收缩使支撑端头出现空隙时，应及时用铁楔将空隙楔紧。

知识拓展：
基坑工程监测

知识小贴士

基坑工程的事故与破坏形式

基坑工程是一项风险性较大的工程，经常发生工程事故甚至导致基坑破坏。出现工程事故的原因是多方面的，地质条件复杂，对地下水处理不当，设计方案选择不当，设计计算内容漏项或出错，施工人员经验不足，工程遇险报警及应急措施不到位等综合因素，造成基坑工程的风险很大。基坑工程事故导致的破坏形式大致可分为以下几类：

(1)基坑支护结构体系的破坏。

(2)基坑内外土体的强度稳定性破坏。

(3)地下水控制不当，导致土地发生渗流破坏及突涌破坏。

(4)基坑周边的地面沉降，影响附近建(构)筑物正常使用或破坏。

基坑工程事故重在防治，除对支护体系进行精心设计外，实行信息化施工，加强监测和动态管理非常重要。事故出现前应注意：如结构发生过大的变形、裂缝；基坑周边地面出现水平位移或沉降；地面或马路出现较长、较大的裂缝；周边建筑物或构筑物出现过大的沉降变形；渗流造成的地面塌陷等事故的前兆。施工中应做到发现隐患及时处理，将事故消除在萌芽阶段。

学习笔记

单元三　深基坑地下水控制

一、地下水控制方法的选择

与深基坑工程有关的地下水一般分为上层滞水、潜水和承压水三类。

1. 上层滞水

上层滞水分布于上部松散地层的包气带之中，是深基坑降水的第一个含水层，由于其埋藏浅、水量小，采取合适的降水措施后，治水效果较好，对深基坑施工影响不大。上层滞水的特点如下：

(1)含水层多为微透水至弱透水层。

(2)无统一水面，水位随季节变化，不同场地、不同季节的地下水水位各不相同，涌水量很小，且随季节和含水层性质的变化而有较大的变化。

2. 潜水

潜水分布在松散地层、基岩裂隙破碎带及岩溶等地区，潜水对深基坑施工具有一定的影响，需要采取有效降水措施。潜水的特点如下：

(1)含水层可为弱透水层、强透水层。一般无压，局部为低压水；

(2)具有统一自由面，水位受气象因素影响变化明显，同一场地的水位在一定区域内基本相同或变化具有规律性；

(3)水量变化较大，由含水的岩性、厚度和渗透性等决定；

(4)地下水补给一般以降雨为主，同时接受上部含水层的渗入和场地外同层地下水的径流补给，当与地表水有联系时可接受地表水的补给。

3. 承压水

承压水分布于松散地层、基岩构造盆地、岩溶地区，是充满两个隔水层之间的含水层中的地下水。地下水具有承压性，一般不受当地气候因素影响，水质不易受污染。地下水的补给及水压大小和与其具有水力联系的河流、湖泊等水位高低有关。承压水对基坑底板和基坑施工的危害较大，一般由于其埋深大、水头高、水量大等原因，给深基坑的治水工作带来一定的困难，但经过精心设计和治理，仍可以保证基坑的顺利施工。

地下水控制是指在基坑工程施工过程中，地下水要满足支护结构和挖土施工的要求，并且不因地下水水位的变化，对基坑周围的环境和设施带来危害。

在基坑工程施工中，地下水控制应根据工程地质和水文地质条件、基坑周边环境要求及支护结构形式选用截水、降水、集水明排或其组合方法。当降水会对基坑周边建筑物、地下管线、道路等造成危害或对环境造成长期不利影响时，应采用截水方法控制地下水。当采用悬挂式帷幕时，应同时采用坑内降水，并宜根据水文地质条件结合坑外回灌措施。

高层建筑的深基坑降水方法主要有明沟加集水井降水和井点降水法。其中井点降水法分为轻型井点降水、喷射井点降水、电渗井点降水、管井井点降水、深井井点降水等。井点降水的适用范围大致见表 2-3，选择时根据土层情况、降水深度、周围环境、支护结构种类等综合考虑后优选。

表 2-3 各种井点降水的适用范围

井点类型	土层渗透系数/($m \cdot d^{-1}$)	降低水位深度/m	适用土质
一级轻型井点	0.1～50	3～6	粉质黏土，砂质粉土，粉砂，含薄层粉砂的粉质黏土
二级轻型井点	0.1～50	6～12	同上
喷射井点	0.1～5	8～20	同上
电渗井点	＜0.1	根据选用的井点确定	黏土，粉质黏土
管井井点	20～200	3～5	粉质黏土、粉砂、含薄层粉砂的黏质粉土，各类砂土、砂砾
深井井点	10～250	＞15	同上

二、井点降水

井点降水属于强制性降水，是应用最广泛的降水方法，是高地下水水位地区基坑工程施工的重要措施之一。井点降水主要是将带有滤管的降水工具沉设到基坑外四周或坑内的土中，利用各种抽水工具，在不扰动土体结构的情况下将地下水抽出，使地下水水位降低到坑底以下，保证基坑开挖能在较干燥的施工环境中进行。井点降水的作用如下：

(1)通过降低地下水水位，消除基坑坡面及坑底的渗水，改善施工作业条件。

(2)增加边坡稳定性，防止坡面和基底的土体流失，以避免出现流砂现象。

(3)降低承压水位，防止坑底隆起与破坏。

(4)改善基坑的砂土特性，加速土的固结。

(一)轻型井点降水

轻型井点是沿基坑四周以一定间距埋入直径较小的井点管至地下蓄水层内，井点管上端通过弯联管与集水总管相连，利用抽水设备将地下水通过井点管不断抽出，使原有地下水水位降至基底以下。施工过程中应不间断地抽水，直至基础工程施工结束回填土完成为止。轻型井点示意如图 2-19 所示。

1. 轻型井点组成

(1)管路系统。管路系统由滤管、井点管、弯联管和总管组成。

1)滤管是井点设备的重要组成部分，对抽水效果影响较大。滤管必须深入到蓄水层中，使地下水通过滤管孔进入管内，同时还要将泥砂阻隔在滤管外，以保证抽入管内的地下水的含泥砂量不超过允许值。滤管的管壁上钻直径 10～18 的孔眼，呈梅花状分布，孔隙率为 25%左右，管壁包两层滤网，内层为细滤网，采用网眼 30～60 孔/cm^2 的锦纶网或镀锌薄钢板，外层为粗滤网，采用网眼 3～10 孔/cm^2 的镀锌薄钢板或锦纶网；也可以直接包 1～2 层棕皮，用铅丝分层捆扎。因此，要求滤管滤水性良好，既能防止泥砂进入管内，又不能堵塞滤管孔隙；滤管结构强度要高，耐久性要好。

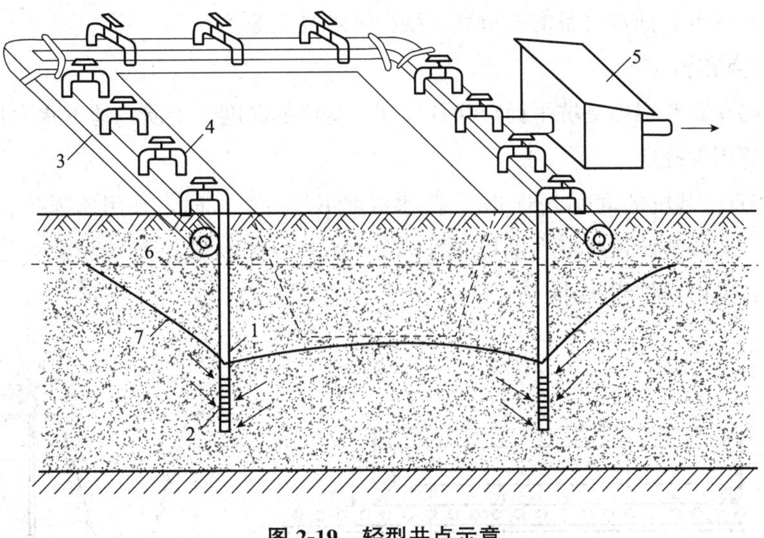

图 2-19　轻型井点示意

1—井点管；2—滤管；3—总管；4—弯联管；5—水泵房；6—原地下水水位线；7—降水后地下水水位线

2)井点管直径为 50 mm，长为 5 m、6 m 或 7 m，上端通过弯联管与总管的短接头相连接，下端用螺纹套筒与滤管上端相连接。

3)弯联管一般采用透明的硬塑料管或螺纹胶管，直径为 8～55 mm，长为 1.5～2.0 m，用来连接井点管和集水管。

4)总管采用直径为 100～127 mm，每段长为 4 m 的无缝钢管。每段间用橡胶管连接，并用钢筋箍紧，以防止漏水。总管上每隔 0.8 m 设一与井点管相连接的短接头。

(2)抽水设备。抽水设备常用的有真空泵设备、射流泵设备和隔膜泵设备。

1)干式真空泵抽水设备由 1 台真空泵、2 台离心泵和水气分离器组成，能带动 60～80 根井点，总管长度达 70～100 m。其具有安装方便、抽气能力较大、带动井点数较多、排水能力大、形成真空度较稳定等优点；但所需设备多，耗电量大，设备磨损快，维修困难。

2)射流泵抽水设备由射流器、离心泵和循环水箱组成，能带动 25～40 根井点，总管长度为 30～60 m，具有结构简单、加工容易、造价低、体积小、质量轻、耗电少、经久耐用、便于管理等优点；但排气量较小，管路系统稍有漏气，真空度容易下降，因此能带动的井点数量相对较少。

3)隔膜泵设备借助隔膜在活塞中做往复运动所获得的真空压力来吸水，所配用的电动机功率为 7.5 kW，能带动 30～50 根井点，总管长度为 30～70 m；具有构造简单、加工容易、耗能少、功效高等优点；但皮碗易磨损，修理频繁，推广受到限制。

轻型井点降水一般适用于粉、细砂，粉土，黏质粉土和粉质黏土等渗透系数较小(0.1～20 m/d)的弱含水层的降水，降水深度单层不大于 6 m，双层不大于 12 m。采用轻型井点降水，其井点间距小，能有效地截住地下水流入基坑内，尽可能地减少残留滞水层厚度，对保持边坡和桩间土的稳定有利，因此降水效果较好。但占用场地大、设备多、投资大、成本高，特别是对于狭窄建筑场地的深基坑工程，其占地和费用一般使建设单位和建筑施工单位难以接受；较长时间的降水对供电、抽水设备的要求高，维护管理复杂等。

2. 轻型井点布置

轻型井点的布置要根据基坑平面形状及尺寸、基坑的深度、土质、地下水水位高低及流向、降水深度要求等因素确定。

(1)平面布置。基坑的宽度小于 6 m，降水深度不超过 5 m 时，采用单排井点，并布置在地下水上游一侧，两端延伸长度不小于基坑的宽度，如图 2-20 所示。如基坑宽度大于 6 m 或土质排水不良时，宜采用双排线状井点。

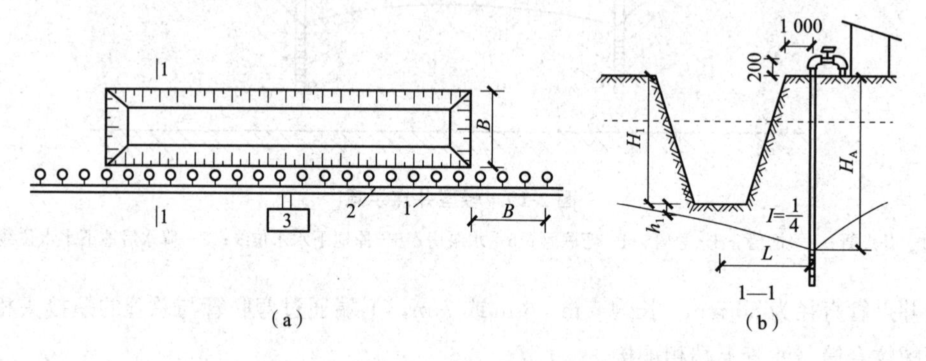

图 2-20　单排井点布置

1—总管；2—井点管；3—抽水设备

基坑面积较大时，采用环状井点，如图 2-21 所示。有时为了施工需要，可流出一段(最好在地下水下游方向)不封闭。

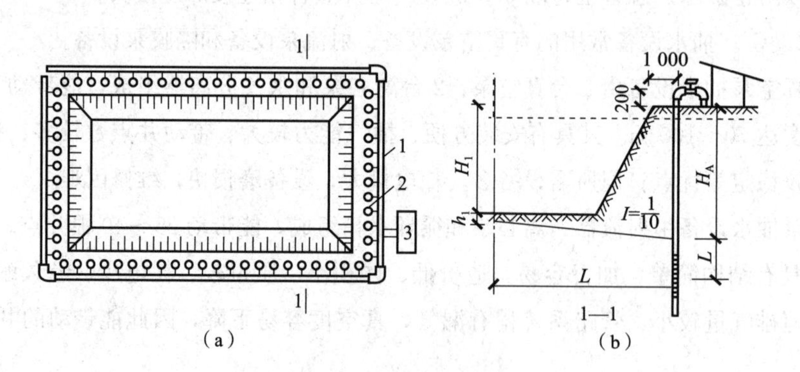

图 2-21　环状井点布置

1—总管；2—井点管；3—抽水设备

井点管距基坑壁一般不小于 1 m，以防止局部漏气。井点管间距应根据土质、降水深度、工程性质等按计算或经验确定。靠近河流处或总管四角部位，井点应适当加密。采用多套抽水设备时，井点系统应分成长度大致相等的段，分段位置宜在基坑拐弯处，各套井点总管之间应安装阀门隔开。

(2)高程布置。轻型井点的降水深度在考虑抽水设备的水头损失以后，一般不超过 6 m。在布置井点管时，应参考井点的标准长度及井点管露出地面的长度(一般为 0.2～0.3 m)，而且滤管必须在透水层内。

井点管的埋设深度 H_A(不包括滤管)，见下式：

$$H_A \geqslant H_1 + h + IL$$

式中 H_1——井点管埋置面至基坑底面的距离(m)；

h——基坑底面至降低后的地下水水位线的距离，一般取 0.5～1 m；

I——水力坡面，单排井点取 1/4，环状井点取 1/10；

L——井点管至基坑中心的水平距离(m)。

H_A 计算出后，为安全考虑，一般再增加 $l/2$ 深度(l 为滤管长度)。

当计算出的 H_A 大于降水深度 6 m 时，可采用明沟排水与井点降水相结合的方法，将总管安装在原有地下水水位线以下，以增加降水深度或采用二级轻型井点降水，即先挖去第一级井点排干的土，然后布置下一级井点。

3. 轻型井点施工

目前，轻型井点的成孔一般采用冲击式钻机、长螺旋钻机和正循环钻机进行钻进，这几种钻进方法，适用条件、成井质量、施工进度及成本费用等方面各有不同。

(1)冲击式钻进施工是靠钻具的自身重力作用冲击地层，形成井孔。常用的钻具如下：

1)钻头与抽筒为一体，在钻进的同时将泥土和泥浆抽出，具有钻进速度快、泥浆量少、成孔质量相对较好等优点；

2)钻头与抽筒分开，钻进一定深度后，再用抽筒抽出泥浆，具有钻进速度慢、泥浆量多、成孔质量相对较差等缺点；

3)冲击钻头前装有高压水喷嘴，用高压清水喷射冲击地层，边钻进边将泥浆返出地面。

采用冲击钻进，具有设备简单、适用范围广、成孔较好、成本低等优点，但也有泥浆量多、场地泥泞、施工速度慢、洗井困难等缺点。该钻进方法曾被广泛使用，现仍在应用中。

(2)长螺旋钻进施工是用动力(电动机或柴油机)转动带有螺旋叶片的钻杆，靠钻头切割地层，使被切割下的土沿螺旋叶片返出地面成孔。它可以广泛用于砂土和黏性土等细颗粒地层，钻孔深度一般可达 10～20 m，钻孔直径一般为 300～800 mm。在黏性土层中钻孔时，由于孔壁较稳定，所以孔底沉渣少，成孔速度快；但容易造成泥浆护壁，降低井孔的渗透性，洗井较困难，常常会影响降水质量。在含有砂土夹层的场地成孔时，钻孔过程中和提钻后，含水砂层易坍塌，影响井点管的顺利下入。在以砂层为主的场地成孔时，一般成孔困难，需要进行特殊处理。

(3)循环回转钻进施工是通过钻杆转动来带动钻头切割地层，同时从钻杆内送入高压清水，将切割下来的土块和泥浆返出地面。这种施工方法近年来才受到重视和应用，是一种较好的轻型井点施工方法，可以用于砂土和黏性土层中的成孔。其主要钻进设备有 30 型、50 型、100 型、300 型等工程地质钻机。30 型和 50 型钻机的钻进深度为 10～20 m；100 型和 300 型钻机钻进深度为 20～30 m 时的成井质量较好。

当井点管下入孔内后，马上填入滤料，填至离地面2m左右时，进行洗井，如滤料下沉，应补充至地下水水位以上，然后用黏土封孔。洗井应及时，当天成的井应当天洗完；最好用空压机(气泵即可)吹洗，也可用高压水泵送清水冲洗，洗至水清砂净为止。对于不合格的井点，应进行补打，以保证质量。

井点管沉设完毕，即可连通总管和抽水设备，然后进行试抽。要全面检查管路接头的质量、井点出水状况和抽水机械运转情况等。如发现漏气和死井(井点管淤塞)要及时处理，检查合格后，井点孔口到地面下 0.5～1 m 的深度范围内用黏土填塞，以防漏气。轻型井点使用时，一般应连续抽水。时抽时停，滤网易堵塞，也易抽出泥砂，使出水混浊，并可能引发附近建筑物地面沉降。抽水过程中应调节离心泵的出水阀，控制出水量，使抽水保持均匀。降水过程应按时观测流量、真空度和井内的水位变化，并做好记录。采用轻型井点降水时，应对附近原有建筑物进行沉降观测，必要时应采取防护措施。

(二)喷射井点降水

当基坑开挖较深或降水深度超过 6 m 时，必须使用多级轻型井点才能达到预期效果，这样就要求基坑四周需要足够的空间，也需增大基坑的挖土量、延长工期并增加设备数量，故不够经济。因此，当降水深度超过 8 m 时，可采用喷射井点，其一层井点可把地下水水位降低 8～20 m。

喷射井点降水是在井点管内部装设特制的喷射器，用高压水泵或空气压缩机通过井点管中的内管向喷射器输入高压水(喷水井点)或压缩空气(喷气井点)形成水气射流，使地下水经井点外管与内管之间的缝隙抽出排走。其设备主要由喷射井管、高压水泵(或空气压缩机)和管道系统组成(图 2-22)。

1. 布置与使用

喷射井点的布置、井点的埋设与轻型井点基本相同。当基坑面积较大时，宜环形布置；当基坑宽度小于 10 m 时可单排布置，大于 10 m 时则双排布置。井点间距一般为 2～4 m。采用环形布置时，施工设备进出口(道路)处的井点间距为 5～7 m，埋设时冲孔直径为 400～600 mm，深度应大于滤管底 1 m。

每根喷射井点管埋设完毕，必须及时进行单井试抽，排出的浑浊水不得回入循环管道系统，试抽时间要持续到水由浑浊变清为止。喷射井点系统安装完毕后也需进行试抽，不应有漏气或翻砂冒水现象。工作水应保持清洁，在降水过程中应视水质浑浊程度及时更换。

2. 施工工艺流程

施工工艺流程：测量定位→布置井点总管→安装喷射井点管→接通总管→接通水泵或压缩机→接通井点管与排水管，接通循环水箱→启动高压水泵或空气压缩机→排除水箱余水→测量地下水水位→喷射井点拆除。

(三)电渗井点降水

电渗井点降水，是在降水井点管的内侧打入金属棒(钢筋、钢管等)，连以导线。以井点管为阴极，金属棒为阳极，通入直流电后，土颗粒自阴极向阳极移动，称电泳现象，使土体固结；

地下水自阳极向阴极移动，称电渗现象，使软土地基易于排水，如图 2-23 所示。它用于渗透系数小于 0.1 m/d 的土层。

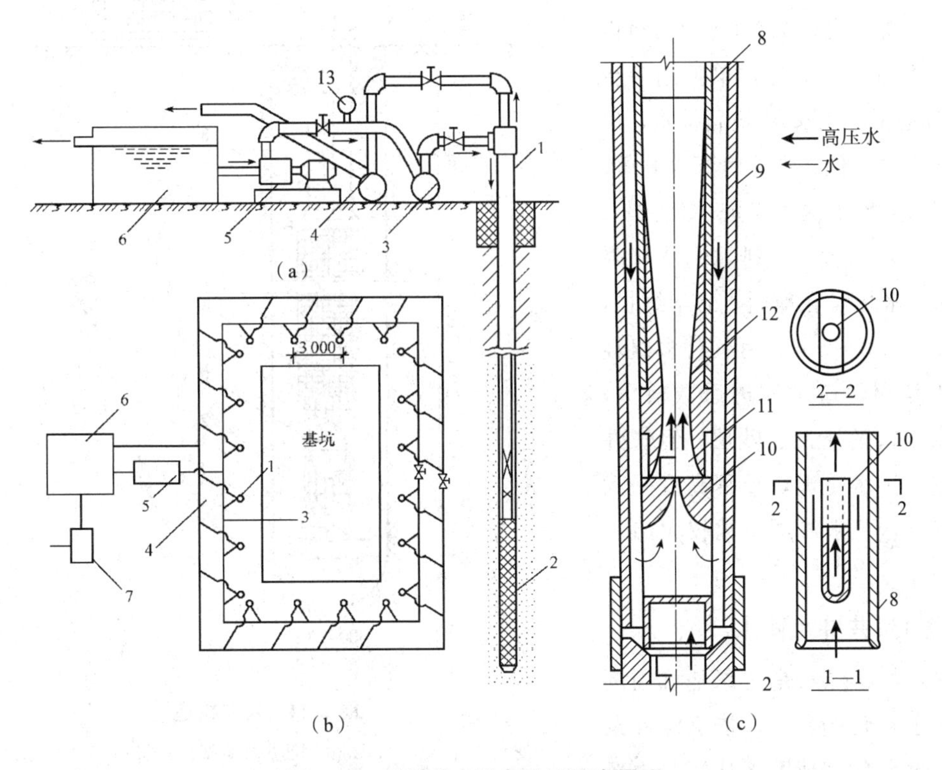

图 2-22　喷射井点设备及平面布置图

(a)喷射井点设置简图；(b)喷射井点平面布置图；(c)喷射扬水器详图

1—喷射井管；2—滤管；3—供水总管；4—排水总管；5—高压离心水泵；6—水池；

7—排水泵；8—内管；9—外管；10—喷嘴；11—混合室；12—扩散管；13—压力表

电渗井点是以轻型井点管或喷射井点管作阴极，$\phi20 \sim \phi25$ 的钢筋或 $\phi50 \sim \phi75$ 的钢管为阳极，埋设在井点管内侧，与阴极并列或交错排列。当用轻型井点时，两者的距离为 0.8～1.0 m；当用喷射井点则为 1.2～1.5 m。阳极入土深度应比井点管深 500 mm，露出地面 200～400 mm。阴、阳极数量相等，分别用电线联成通路，接到直流发电机或直流电焊机的相应电极上。

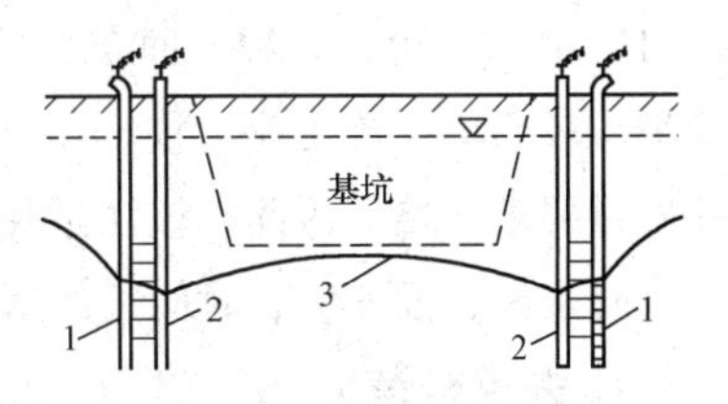

图 2-23　电渗井点原理图

1—井点管；2—金属棒；

3—地下水降落曲线

电渗井点降水的工作电压不宜大于 60 V。土中通电的电流密度宜为 0.5～1.0 A/m^2，为避免大部分电流从土表面通过，降低电渗效果，通电前应清除阴阳极间地面上的导电物，使地面保持干燥，如涂一层沥青则绝缘效果更好。通电时，为消除由于电解作用产生的气体积聚在电极附近，使土体电阻增大，加大电能消耗，宜采用间隔通电法，即每通 24 h，停电 2～3 h。在降水过程中，应量测和记录电压、电流密度、耗电量及水位变化。

(四)管井井点降水

管井井点降水法是围绕开挖的基坑，每隔一定距离(20～50 m)设置一个管井，每个管井单独用一台水泵(离心泵、潜水泵)进行抽水，以降低地下水水位。管井由滤水井管、吸水管和抽水机械等组成(图 2-24)。管井设备较为简单，排水量大，降水较深，水泵设在地面，易于维护，降水深度为 3～5 m，可代替多组轻型井点作用，适于渗透系数较大，地下水丰富的土层、砂层。但管井属于重力排水范畴，吸程高度受到一定限制，要求渗透系数较大(1～200 m/d)。

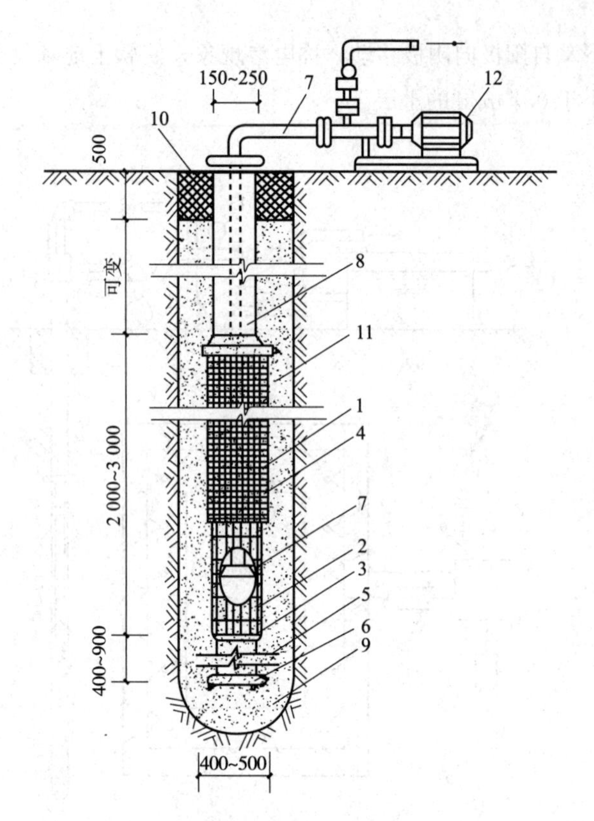

图 2-24　管井构造

1—滤水井管；2—ϕ14 mm 钢筋焊接骨架；3—6 mm×30 mm 铁环@250 mm；4—10 号钢丝垫筋@250 mm 焊于管骨架上，外包孔眼 1～2 mm 镀锌薄钢板；5—沉砂管；6—木塞；7—吸水管；8—ϕ100～200 mm 钢管；9—钻孔；10—夯填黏土；11—填充砂砾；12—抽水设备

(五)深井井点降水

深井井点降水是在深基坑周围埋置深于基底的井管，依靠深井泵和深井潜水泵将地下水从深井内扬升至地面排出，使地下水降至基坑以下。

该法的优点：排水量大，降水深(>15 m)，井距大，对平面布置的干扰小，不受土层限制，井点制作、降水设备及操作工艺、维护均较简单，施工速度快，井点管可以整根拔出、重复使用等。其缺点：一次性投资大，成孔质量要求严格。因此，该法适用于渗透系数较大(10～250 m/d)、土质为砂类土、地下水丰富、降水深、面积大、时间长的情况，降水深可达 50 m 以内。

1. 井点构造

深井井点系统由深井、井管、水泵和集水井等组成(图 2-25)。井管由滤水管、吸水管和沉砂管三部分组成，可用钢管、塑料管或混凝土管制成，管径一般为 300 mm，内径宜大于潜水泵外径 50 mm。

水泵常用长轴深井泵或潜水泵，每井 1 台，并带吸水铸铁管或胶管，配上一个控制井内水位的自动开关。在井口安装 75 mm 阀门以便调节流量的大小，阀门用夹板固定。每个基坑井点群应有 2 台备用泵。集水井用直径为 325～500 mm 钢管或混凝土管，并设 3%的坡度，与附近下水道接通。

2. 深井布置

深井井点一般沿基坑周围离边坡上缘 0.5～1.5 m 呈环形布置；当基坑宽度较窄时，也可在一侧呈直线形布置；当有面积不大的独立的深基坑时，也可采取点式布置。井点宜深入到透水层 6～9 m，通常还应比所需降水的深度深 6～8 m，间距一般相当于埋深，有 10～30 m。

3. 施工工艺程序

(1)井位放样、定位。

(2)做井口，安放护筒。井管直径应大于深井泵最大外径 50 mm 以上，钻孔孔径应大于井管直径 300 mm 以上。安放护筒的目的是防止孔口塌方，并为钻孔起到导向作用。

(3)钻机就位。深井的成孔方法可采用冲击钻、回转钻、潜水电钻等，用泥浆护壁或清水护壁法成孔。清孔后回填井底砂垫层。

(4)吊放深井管与填滤料。井管应安放垂直，过滤部分应放在含水层范围内。井管与土壁间填充粒径大于滤网孔径的砂滤料。填滤料要一次性完成，从底填到井口下 1 m 左右，上部采用黏土封口。

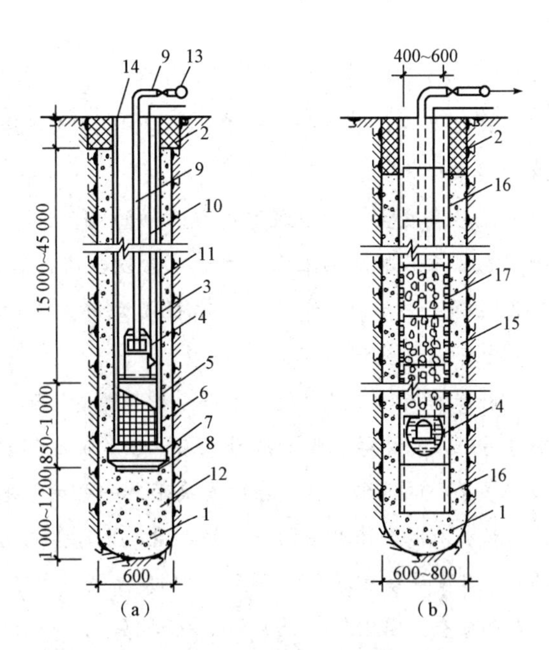

图 2-25 深井井点构造

(a)钢管深井井点；(b)无砂混凝土管深井井点

1—井孔；2—井口(黏土封口)；3—ϕ300～375 mm 井管；4—潜水电泵；5—过滤段(内填碎石)；6—滤网；7—导向段；8—开孔底板(下铺滤网)；9—ϕ50 mm 出水管；10—电缆；11—小砾石或中粗砂；12—中粗砂；13—ϕ50～75 mm 出水总管；14—20 mm 厚钢板井盖；15—小砾石；16—沉砂管(混凝土实管)；17—无砂混凝土过滤管

(5)洗井。若水较混浊，含有泥砂、杂物，会增加泵的磨损，减少泵的寿命，或使泵堵塞。可用空压机或旧的深井泵来洗井，确保抽出的井水清洁后，再安装新泵。

(6)安装抽水设备及控制电路。安装前，应先检查井管内径、垂直度是否符合要求。安放深井泵时，用麻绳吊入滤水层部位，并安放平稳，接电机电缆及控制电路。

(7)试抽水。深井泵在运转前，应用清水预润(清水通入泵座润滑水孔，以保证轴与轴承的预润)，检查电气装置及各种机械装置，测量深井的静、动水位。达到要求后，即可试抽，一切满足要求后，再转入正常抽水。

(8)降水完毕后拆除水泵、拔井管、封井。降水完毕即可拆除水泵，用起重设备拔除井管。拔出井管所留的孔洞用砂砾填实。

知识小贴士

产生流砂的条件及流砂现象

水在土中渗流，当水流在水位差作用下对土颗粒产生向上的压力时，动水压力不但使土颗粒受到水的浮力，而且还使土颗粒受到向上的压力，当动水压力等于或大于土的浸水容重 γ_w' 时，即

$$G_D \geq r'_w$$

则土颗粒失去自重处于悬浮状态，土的抗剪强度等于零，土颗粒随着渗流的水一起流动，这种现象称为“流砂”。

流砂多发生在颗粒级配均匀而细的粉、细砂等砂性土中，这类土质具有相当高的渗透性。在黏土和粉质黏土中，由于不会发生渗流或渗流量很小，一般不会发生流砂现象。同样，在砾石中，由于它的高透水性而允许大量的抽汲，因而自然地形成较长的渗流流径，所以也不易发生流砂现象。

轻微的流砂现象会使一小部分细砂随着地下水一起穿过挡墙缝隙而流入基坑，增加基坑的泥泞程度；中等程度的流砂现象，在基坑底部靠近挡墙处会发现有一堆细砂缓缓涌起，形成许多小小的涌水孔，涌出的水夹带着一些细砂颗粒在慢慢地流动；严重的流砂现象涌砂速度很快，有时会像开水初沸时的翻泡，此时基坑底部成为流动状态，工人无法立足，作业条件恶化，其发展结果是基坑坍塌、基础发生滑移或不均匀下沉或悬浮，还会危及附近已有建(构)筑物的安全。因此在粉、细砂土中开挖基坑，必须采取各种有效措施以防止流砂现象的发生。

目前防止流砂现象的措施主要有两类：降水和截水帷幕。

(1)降水。在基坑外将地下水水位降至可能产生流砂的地层以下，然后再开挖。不同形式降水方法的选择，视工程性质、开挖深度、土质特性、经济等因素而定，浅基坑以轻型井点最为经济，深基坑则常用喷射井点或深井井点。

(2)截水帷幕。截水帷幕的作用主要是阻止或限制地下水渗流到基坑中去。此类方法有在工程四周打设封闭的钢板桩、沿基坑周边构筑水泥土墙或化学灌浆帷幕、地下连续墙等。也可以用冻结基坑周围土的方法来防止流砂，但此法造价昂贵，一般工程中不采用。

三、集水明排

集水明排属重力降水，是在开挖基坑时沿坑底周围开挖排水沟，并每隔一定距离设置集水井，使基坑内挖土时渗出的水经排水沟流向集水井，然后用水泵将水排出坑外的方法，如图 2-26 所示。它的缺点：地下水会沿边坡面或坡脚或坑底渗出，使坑底软化或泥泞；当基坑开挖深度较大、坑内外水头差大时，如果土的组成较细，在地下水动水压力的作用下还可能引起流砂、管涌、坑底隆起和边坡失稳。因此，集水明排这种地下水控制方法虽然设备简单、施工方便，但在深基坑工程中单独使用此方法时，降水深度不宜大于 5 m；与其他方法结合使用时，其主要功能是收集基坑中和坑壁局部渗出的地下水的地面水。

集水明排方法适用于民用建筑中含水层黏性土或砂土地层，降水深度小于 2 m 的潜水或地表水地区。

1. 施工工艺

集水明排降水法施工工艺流程：定位放线→土方分层开挖→在基坑四周开挖集水井→开挖排水沟→对排水沟利用卵石铺设，设置为盲沟→计算基坑用水量，选择合适的水泵→基坑外设置截水沟→利用水泵将地下水排出基坑范围。

2. 操作要点

集水明排方法包括普通明沟排水法和分层明沟排水法两种，如图 2-27 和图 2-28 所示。集水明排降水操作要点如下。

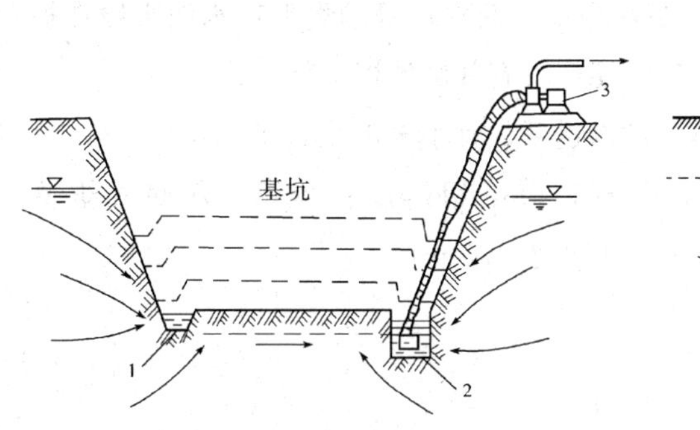

图 2-26　集水明排示意

1—集水井；2—集水坑；3—水泵

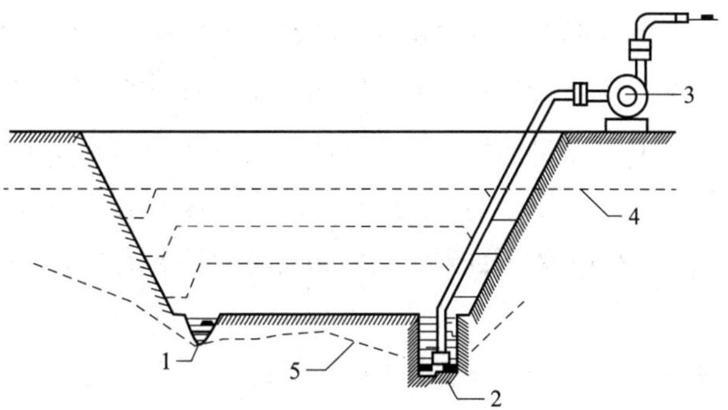

图 2-27　普通明沟排水法

1—排水明沟；2—集水井；3—水泵；

4—原地下水水位；5—降水后地下水水位

(1)在基坑底或开挖面，沿基坑边一侧、二侧、四周或中央设排水明沟，在基坑四角或坑边设置集水井，使地下水沿排水沟流入集水井中，然后用抽水设备抽出基坑外。

(2)排水沟和集水井应设置在基础范围以外，地下水流向的上游。排水沟边缘离开基坑坡脚应不少于 0.3 m，排水沟底宽不宜少于 0.3 m，纵向坡度宜为 0.1%～0.2%，沟底面应比基坑底或开挖面低 0.3～0.5 m。集水井在基坑四角设置外，还应沿基坑边每隔 30～40 m设置一个，集水井底应比相连的排水沟低 0.5～1 m或深于抽水泵进水阀的高度以上，集水井直径(或边长)宜为 0.7～1.0 m。

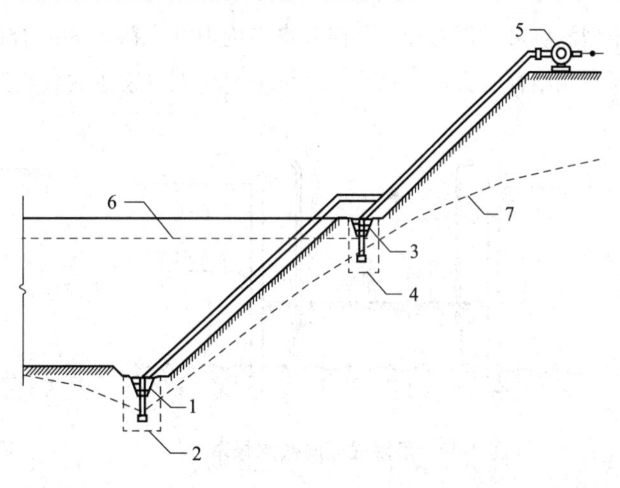

图 2-28　分层明沟排水法

1—底层排水明沟；2—底层集水井；3—二层排水沟；

4—二层集水井；5—水泵；6—原地下水水位；

7—降水后地下水水位

(3)排水沟可挖成土沟，也可用砖砌；集水井壁可砌干砖，或用木板、竹片、混凝土管支撑加固；当基坑挖至设计标高时，集水井底宜铺约 0.3 m厚的碎石滤层。

(4)排水设备宜采用潜水泵、离心泵或污水泵，水泵的选型可根据排水量大小及基坑深度选用。

(5)当基坑深度较大，地下水水位较高且多层土中上部有透水性较强的土层时，可在边坡不同高度分段的平台上设置多层明沟，分层排除上部土层中的地下水(即分层明沟排水法)。

四、截水、回灌

(一)截水

截水是利用截水帷幕切断基坑外的地下水流入基坑内部。截水帷幕的类型有水泥土搅拌桩挡墙、高压旋喷桩挡墙、地下连续墙挡墙等。地下连续墙还具有基坑的挡土作用。

截水帷幕的厚度应满足基坑防渗要求，截水帷幕的渗透系数宜小于 1.0×10^{-6} cm/s。

当坑底以下存在连续分布、埋深较浅的隔水层时，应采用落底式帷幕。落底式帷幕(图 2-29)进入下卧隔水层的深度应满足下式要求，且不宜小于 1.5 m：

$$D\geqslant0.2h-0.5b$$

式中 D——帷幕插入不透水层的深度；

h——作用水头；

b——帷幕宽度。

截水后，基坑内的水量或水压较大时，可在基坑内用井点降水。这样既有效地保护了周边环境，同时又使坑内一定深度的土层疏干并排水固结，改善可施工作业条件，也有利于支护结构及基坑的稳定。

当地下含水层渗透性较强、厚度较大时，应通过计算截水帷幕插入坑底土体的深度 D，对小型深坑可采用悬挂式竖向截水与坑内井点降水相结合的方案，或采用悬挂式竖向截水与水平封底相结合的方案。水平封底可采用化学注浆法或旋喷注浆法(图 2-30)。

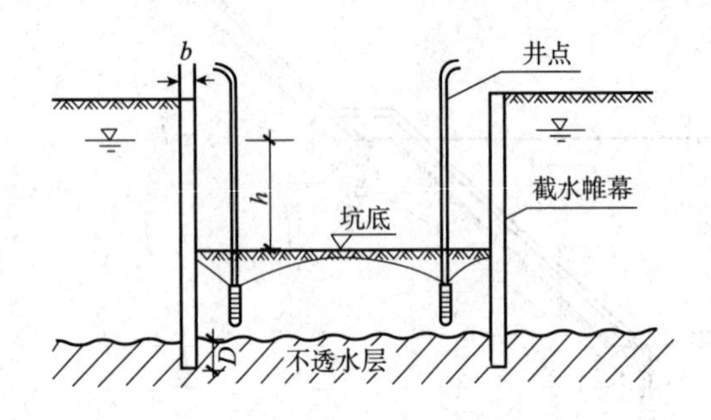

图 2-29 落底式竖向截水帷幕

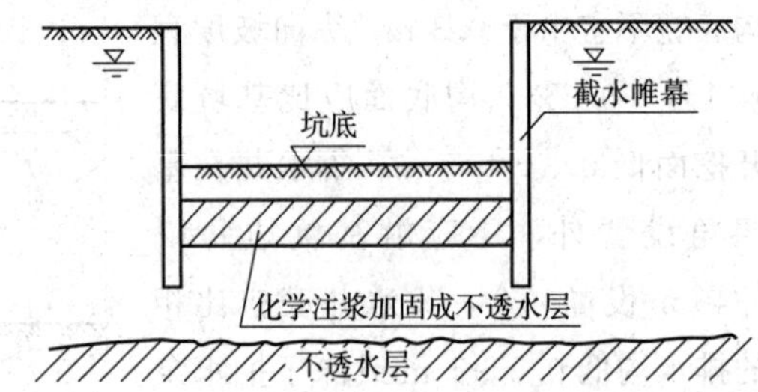

图 2-30 竖向截水与水平封底相结合

悬挂式止水帷幕(图 2-31)是底端未穿透含水层的截水帷幕。悬挂式截水帷幕(图 2-32)底端位于碎石土、砂土或粉土含水层时，对均质含水层，地下水渗流的流土稳定性应符合下式规定，根据下式即可求出截水帷幕插入坑底土体的深度 D：

$$\frac{(2D+0.8D_1)\gamma'}{\Delta h\gamma_w}\geqslant K_{se}$$

式中 K_{se}——流土稳定性安全系数；安全等级为一、二、三级的支护结构，K_{se}分别不应小于 1.6、1.5、1.4；

D——截水帷幕底面至坑底的土层厚度(m)；

D_1——潜水水面或承压水含水层顶面至基坑底面的土层厚度(m)；

γ'——土的浮重度(kN/m³)；

Δh——基坑内外的水头差(m)；

γ_w——水的重度(kN/m³)。

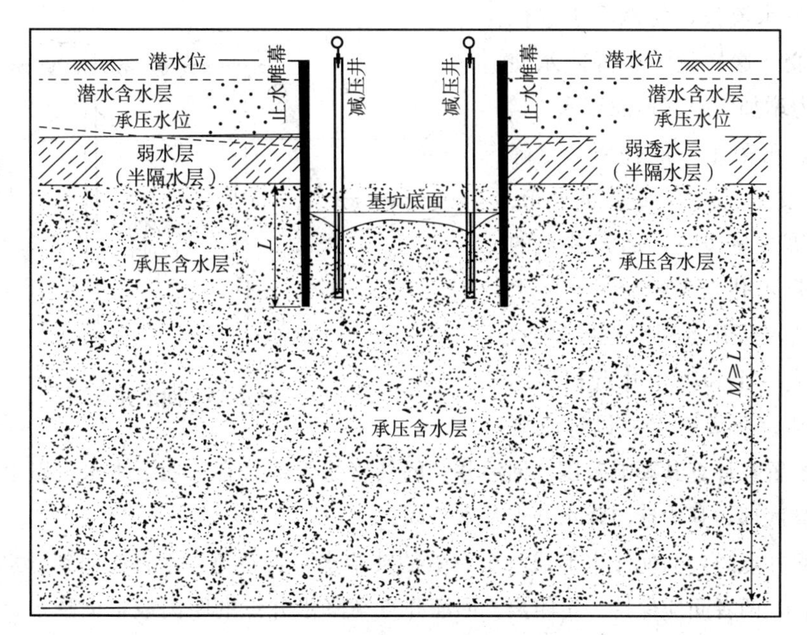

图 2-31　悬挂式止水帷幕示意

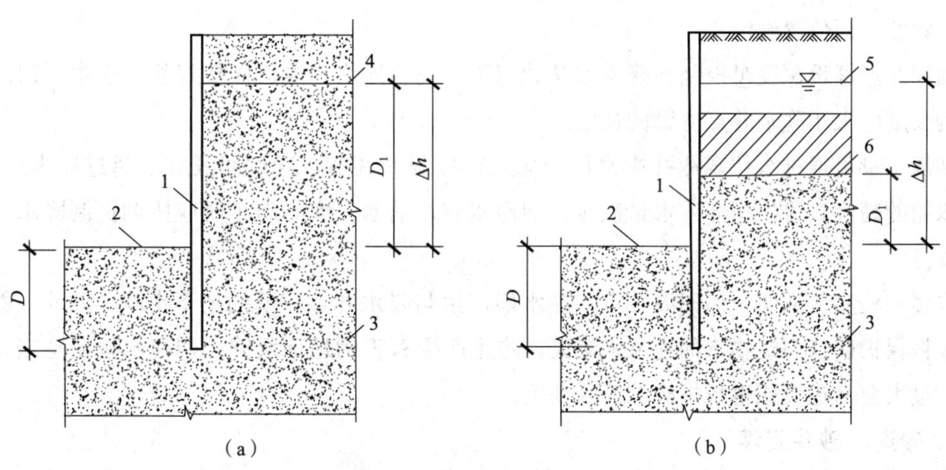

图 2-32　采用悬挂式帷幕截水时的流土稳定性验算

(a)潜水；(b)承压水

1—截水帷幕；2—基坑底面；3—含水层；4—潜水水位；5—承压水测管水位；6—承压含水层顶面

对渗透系数不同的非均质含水层，宜采用数值方法进行渗流稳定性分析。

(二)回灌

1. 回灌井点

降水对周围环境的影响，是由于土壤内地下水流失造成的。回灌技术即在降水井点和要保护的建(构)筑物之间打设一排井点(图 2-33)，在降水井点抽水的同时，通过回灌井点向土层内灌入一定数量的水(即降水井点抽出的水)，形成一道隔水帷幕，从而阻止或减少回灌井点外侧被保护的建(构)筑物地下的地下水流失，使地下水水位基本保持不变，这样就不会因降水使地基自重应力增加而引起地面沉降。

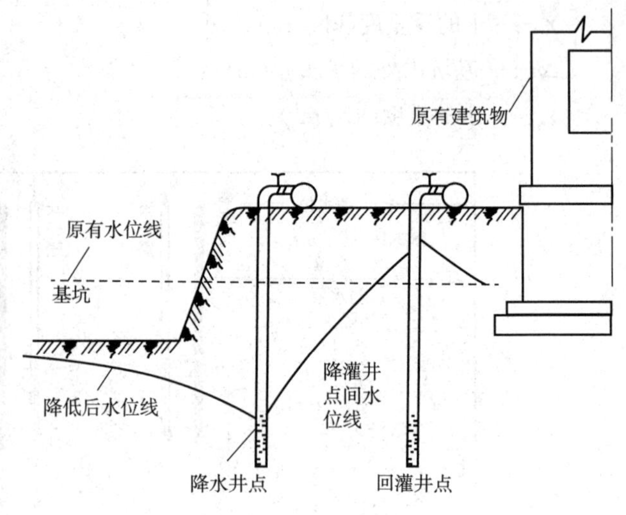

图 2-33　回灌井点

回灌井点可采用一般轻型井点降水的设备和技术，仅增加回灌水箱、闸阀和水表等少量设备。回灌井点的工作方式与降水井点系统相反，将水灌入井点后，水从井点周围土层渗透，在土层中形成一个和降水井点相反的倒转降落漏斗。回灌井点的设计主要考虑井点的配置及计算其影响范围。回灌井点的井管滤管部分宜从地下水水位以上 0.5 m 处开始一直到井管底部，其构造与降水井点基本相同。

采用回灌井点时，为使注水形成一个有效的补给水幕，避免注水直接回到降水井点管，造成两井“相通”，两者间应保持一定距离。回灌井点与降水井点的距离应根据降水、回灌水位曲线和场地条件而定，一般不宜小于 6 m。回灌井点的间距应根据降水井点的间距和被保护建(构)筑物的平面位置确定。

回灌井点埋设深度可控制在降水水位线以下 1 m，且位于渗透性较好的土层中。回灌井点滤管的长度应大于降水井点滤管的长度。

回灌水量可通过水位观测孔中水位变化进行控制和调节，通过回灌宜不超过原水位标高。回灌水箱的高度，可根据灌入水量决定。回灌水宜用清水。实际施工时应协调控制降水井点与回灌井点。

许多工程实例证明，用回灌井点回灌水能产生与降水井点相反的地下水降落漏斗，能有效地阻止被保护建(构)筑物下的地下水流失，防止产生有害的地面沉降。回灌水量要适当，过小无效，过大会从边坡或钢板桩缝隙流入基坑。

2. 砂沟、砂井回灌

在降水井点与被保护建(构)筑物之间设置砂井作为回灌井，沿砂井布置一道砂沟，将降水井点抽出的水，适时、适量排入砂沟，再经砂井回灌到地下，实践证明也能收到良好效果。回灌砂井的灌砂量，应取井孔体积的95%，填料宜采用含泥量不大于3%、不均匀系数在3～5的纯净中粗砂。

另外，可通过减缓降水速度减少对周围建筑物的影响。在砂质粉土中降水影响范围可达 80 m 以上，降水曲线较平缓，为此可将井点管加长，减缓降水速度，防止产生过大的沉降。也可在井点系统降水过程中，调小离心泵阀，减缓抽水速度。还可在邻近被保护建(构)筑物一侧，将井点管间距加大，需要时甚至暂停抽水。为防止抽水过程中将细微土粒带出，可根据土的粒径选择滤网。另外，确保井点管周围砂滤层的厚度和施工质量，能有效防止降水引起的地面沉降。

学习笔记

模块小结

基坑工程具有较强的实践性，在设计和施工过程中必须考虑复杂多样的周边环境，各地区土层的变化，工程量大、工序多等不确定因素，因此，基坑工程是一项施工风险大、施工技术负责、难度大的工程。基坑工程的施工也是工程建设过程中及其重要的阶段。本模块主要介绍深基坑土方开挖、深基坑支护施工、深基坑地下水控制。

复习与提高

一、单项选择题

1. 开挖深度超过(　　)的基坑(槽)的土方开挖、支护、降水工程为超过一定规模的危险性较大的深基坑工程。

A. 2 m(含 2 m)　　B. 3 m(含 3 m)　　C. 4 m(含 4 m)　　D. 5 m(含 5 m)

2. 基坑边缘堆置的土方和建筑材料，一般应距基坑上部边缘不小于(　　)m，弃土堆置高度不应超过(　　)m，并不能超过设计荷载值。

A. 2、1.5　　B. 1.5、2　　C. 1、2　　D. 2、1

3. 混凝土排桩的施工宜采取间隔成桩的施工顺序，对于混凝土灌注桩，应在混凝土(　　)后，再进行相邻桩的成孔施工。

A. 灌注　　B. 初凝　　C. 终凝　　D. 达到设计强度

4. 一级和二级基坑的施工中(　　)对周围建(构)筑物和管线等采取检测措施。

A. 必须　　B. 应　　C. 可　　D. 宜

5. (　　)是一种边坡稳定式的支护，它通过主动嵌固作用增加边坡稳定性。

A. 型钢水泥土搅拌墙　　B. 地下连续墙

C. 钻孔灌注桩　　D. 土钉墙

6. (　　)适用于民用建筑中含水层黏性土或砂土地层，降水深度小于 2 m 的潜水或地表水地区。

A. 集水明排方法　　B. 轻型井点降水　　C. 喷射井点降水　　D. 电渗井点降水

二、多项选择题

1. 放坡开挖应进行边坡整体稳定性验算。在遇下列(　　)现象时尤应重视，必要时应采取有效加固及支护处理措施：

A. 坡高度大于 10 m

B. 土质与岩层具有与边坡开挖方向一致的斜向界面易向坑内滑落

C. 有可能发生土体滑移的软弱淤泥或含水量丰富夹层

D. 坡顶堆料、堆物

2. 中心岛式开挖应注意事项包括(　　)。

A. 岛(墩)式挖土，中间土墩的留土高度、边坡的坡度、挖土层次与高差都要经过计算确定。由于在雨季遇有大雨土墩边坡易滑坡，必要时对边坡尚需加固

B. 挖土也分层开挖，多数是先全面挖去第一层，然后中间部分留置土墩，周围部分分层开挖；开挖多用反铲挖土机，如基坑深度大则用向上逐级传递方式进行装车外运

C. 整个土方开挖顺序，必须与支护结构的设计工况严格一致。要遵循开槽支撑、先撑后挖、分层开挖、严禁超挖的原则

D. 挖土时，除支护结构设计允许外，挖土机和运土车辆直接在支撑上行走和操作

3. 与深基坑工程有关的地下水一般分为(　　)三类。

A. 上层滞水　　B. 下层滞水　　C. 潜水　　F. 承压水

4. 井点降水的作用包括(　　)。

A. 通过降低地下水水位，消除基坑坡面及坑底的渗水，改善施工作业条件

B. 增加边坡稳定性，防止坡面和基底的土体流失，以避免出现流砂现象

C. 增大承压水位，防止坑底隆起与破坏

D. 改善基坑的砂土特性，加速土的固结

三、简答题

1. 有围护无支撑开挖应注意哪些事项？

2. 什么是盆式开挖？盆式开挖的优点及缺点有哪些？

3. 什么是重力式水泥土墙结构？重力式水泥土墙结构优点及缺点有哪些？

4. 简述土层锚杆的施工顺序。

模块三　桩基础施工

知识目标

1. 了解桩基础的概念；熟悉桩基础的分类、桩型选择。

2. 熟悉预制桩的制作、运输与堆放；掌握桩的打设。

3. 熟悉桩基础检测的方法；掌握干式成孔灌注桩施工、湿式成孔灌注桩施工、人工挖孔灌注桩施工的方法。

能力目标

1. 能进行钢筋预制桩的制作、起吊、运输、堆放。

2. 能处理钢筋混凝土预制桩和混凝土灌注桩施工常见问题。

素质目标

1. 养成查阅相关资料、时刻学习的好习惯。

2. 具有良好的团队合作、沟通交流和语言表达能力。

3. 具有吃苦耐劳、爱岗敬业的职业精神。

模块导学

一、核心知识点及概念

当采用天然地基浅基础不能满足建筑物对地基变形和强度要求时，可以利用下部坚硬土层作为基础的持力层而设计成深基础，其中较为常用的为桩基础。桩基础由置于土中的桩身和承接上部结构的承台两部分组成。

(1)桩的分类。

1)按受力情况分为端承桩和摩擦桩，如图 3-1 所示。端承桩是穿过软弱土层而达到坚硬土层，桩顶荷载全部或主要由桩端阻力承担的桩；摩擦桩是完全设置在软弱土层中，桩顶荷载全部或主要由桩侧阻力承担的桩。

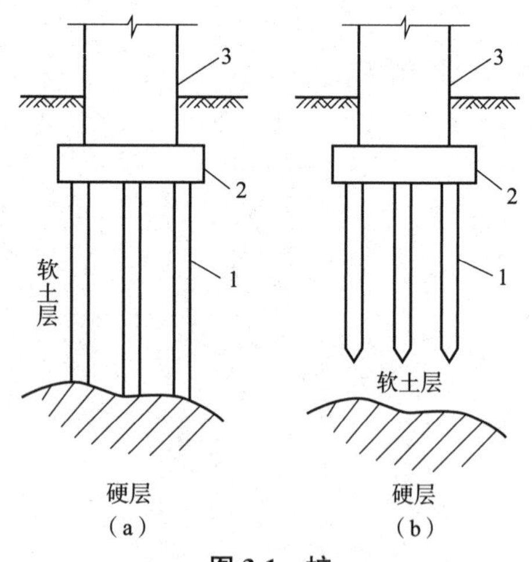

图 3-1　桩

(a)端承桩；(b)摩擦桩

1—桩身；2—承台；3—上部结构

2)按施工方法分为预制桩和灌注桩，见表 3-1。

表 3-1　按施工方法分类

预制桩	混凝土桩	混凝土方桩
		预应力混凝土管桩
	钢桩	钢管桩
		H 型钢桩
灌注桩	干作业成孔	人工挖孔
		螺旋钻机钻孔
	泥浆护壁成孔	回转钻机成孔
		潜水钻机成孔
	套管成孔	锤击成孔
		振动锤成孔

(2)桩型选择。在选择桩型和工艺时，应对建筑物的特征(建筑结构类型、荷载性质、桩的使用功能和建筑物的安全等级等)，地形，工程地质条件(穿越的土层、桩端持力层岩土特性)，水文地质条件(地下水的类别及标高)，施工机械设备，施工环境，施工经验，各种桩体施工方法的特征，制桩材料的供应条件、造价，以及工期等进行综合性研究分析后，选择经济合理、安全适用的桩型和成桩工艺。

二、训练准备

1. 操作条件

桩型和工艺选择时需要考虑的主要条件如下：

(1)荷载条件。桩基础承担的荷载大小直接决定了桩截面的大小。从楼层数看，10 层以下的建筑桩基础，可考虑采用直径为 500 mm 左右的灌注桩和边长为 400 mm 的预制桩；10～20 层的建筑桩基础可采用直径为 800～1 000 mm 的灌注桩和边长为 450～500 mm 的预制桩；20～30 层的建筑桩基础可采用直径为 1 000～1 200 mm 的钻(冲、挖)孔灌注桩和直径或边长等于或大于 500 mm 的预制桩。

(2)地质条件。一般情况下，当地基土层分布不均匀或土层中存在大孤石、废金属及未风化的石英时，不适宜采用预制桩；当场地土层分布比较均匀时，可采用预应力高强度混凝土管桩；对于软土地基，宜采用承载力较高而桩数较少的桩基础。

(3)机械条件。建设方根据所具有的施工设备及运输条件决定采用的桩型。

(4)环境条件。根据施工场地条件及周边环境对施工影响的要求决定采用哪种桩型和施工工艺。

(5)经济条件。建设单位对比各种桩型的经济指标，综合考虑经济指标与工程总造价的协调关系，选择经济合理的桩型。

(6)工期条件。工期较短的工程，宜选择施工速度快的桩型，如预制桩。

2. 相关安全与规范要求

桩基础施工应遵循的规范规程。

(1)《建筑地基基础设计规范》(GB 50007—2011)。

(2)《建筑工程施工质量验收统一标准》(GB 50300—2013)。

(3)《建筑地基基础工程施工质量验收标准》(GB 50202—2018)。

(4)《建筑桩基技术规范》(JGJ 94—2008)。

(5)《建筑基桩检测技术规范》(JGJ 106—2014)。

单元一　混凝土预制桩施工

一、桩的制作、运输与堆放

1. 桩的制作

(1)混凝土预制桩制作。高层建筑的桩基，通常是密集型的群桩，在桩架进场前，必须对整个作业区进行场地平整，以保证桩架作业时正直，同时，还应考虑施工场地的地基承载力是否满足桩机作业时的要求。

混凝土预制桩的钢筋骨架，宜用点焊，也可绑扎。骨架的主筋宜用对焊，也可用搭接焊，但主筋的接头位置应当错开。桩尖多用钢板制作，在制备钢筋骨架时就应把钢板的桩尖焊好。

主筋的保护层厚度要均匀，主筋位置要准确，否则如主筋保护层过厚，桩在承受锤击时，钢筋骨架会形成偏心受力，有可能使桩身混凝土开裂，甚至把桩打断。主筋的顶部要求整齐，如主筋参差不齐，个别的到顶主筋在承受锤击时会先受到锤的集中应力，这时可能会由于没有桩顶保护层的缓冲作用而将桩打断。此外，还要保证桩顶部钢筋网片位置的准确性，以保证桩顶混凝土有良好的抗冲击性能。

混凝土浇筑应由桩顶向桩尖连续进行，严禁中断。桩顶和桩尖处不得有蜂窝、麻面、裂缝和掉角。

混凝土预制桩的制作有并列法、间隔法、叠浇法等。为节省场地，现场预制方桩多用叠浇法制作，如图 3-2 所示。

图 3-2　现场叠浇法预制混凝土方桩

桩与桩之间应做好隔离层，桩与邻桩及底模之间的接触面不得粘连；上层桩或邻桩的浇筑，必须在下层桩或邻桩的混凝土达到设计强度的 30%以上时，方可进行；桩的重叠层数不应超过 4 层。

(2)钢桩制作。我国目前采用的钢桩主要是钢管桩和 H 形钢桩两种。钢管桩一般采用 Q235

钢桩进行制作；H形钢桩常采用Q235或Q345钢制作。钢管桩的桩端常采用两种形式，即带加强箍或不带加强箍的敞口形式及平底或锥底的闭口形式。H形钢桩则可采用带端板和不带端板的形式，其中不带端板的桩端可做成锥底或平底。钢桩的桩端形式应根据桩所穿越的土层、桩端持力层性质、桩的尺寸、挤土效应等因素综合考虑确定。

钢桩都在工厂生产完成后运至工地使用。制作钢桩的材料必须符合设计要求，并具有出厂合格证明与试验报告。制作现场应有平整的场地与挡风防雨设施，以保证加工质量。

钢桩在地面下仍会发生腐蚀，因此应做好防腐处理。钢桩防腐处理可采用外表面涂防腐层及采用阴极保护。当钢管桩内壁与外界隔绝时，可不考虑内壁防腐。

(3)桩的制作要求

1)场地要求。场地应平整、坚实，不得产生不均匀沉降。

2)制桩模板。宜采用钢模板，模板应具有足够刚度，并应平整，尺寸应准确。

3)钢筋骨架。

①主筋连接。宜采用对焊和电弧焊，当大于φ20时，宜采用机械连接。主筋接头在同一截面内的数量，应符合下列规定：

a. 当采用对焊或电弧焊时，对于受拉钢筋，不得超过50%；

b. 相邻两根主筋接头截面的距离应大于35d(主筋直径)，并不应小于500 mm；

c. 必须符合《钢筋焊接及验收规程》(JGJ 18—2012)和《钢筋机械连接技术规程》(JGJ 107—2016)的规定。

②允许偏差。预制桩钢筋骨架的允许偏差应符合表3-2的规定。

表3-2 预制桩钢筋骨架质量检验标准 mm

项目	序号	检查项目	允许偏差或允许值	检查方法
主控项目	1	主筋距桩顶距离	±5	用钢尺量
	2	多节桩锚固钢筋位置	5	用钢尺量
	3	多节桩预埋铁件	±3	用钢尺量
	4	主筋保护层厚度	±5	用钢尺量
一般项目	1	主筋间距	±5	用钢尺量
	2	桩尖中心线	10	用钢尺量
	3	箍筋间距	±20	用钢尺量
	4	桩顶钢筋网片	±10	用钢尺量
	5	多节桩锚固钢筋长度	±10	用钢尺量

③桩顶桩尖构造。桩顶一定范围内的箍筋应加密，并设置钢筋网片，如图3-3所示。

2. 预制桩运输与堆放

预制桩应在混凝土达到100%的设计强度后方可进行起吊和搬运，如提前起吊，必须经过验算。

桩在起吊和搬运时必须平稳，并且不得损坏。由于混凝土桩的主筋一般均为均匀对称配置的，而钢桩的截面通常也为等截面的，因此，吊点设置应按照起吊后桩的正、负弯矩基本相等的原则确定。桩的合理吊点如图 3-4 所示。

由于混凝土预制桩的抗弯能力低，起吊所引起的应力往往是控制纵向钢筋的因素。混凝土预制桩多在打桩现场预制，可用轻轨平板车进行运输。运输长桩时，可在桩下设活动支座。当运距不大时，可采用起重机运输；当运距较大时，可采用大平板车或轻便轨道平台车运输。应做到桩身平稳放置，无大的振动，严禁在场地上以直接拖拉桩体方式代替装车运输。

堆放桩的场地必须平整坚实，垫木间距根据吊点来确定，垫木应在同一垂直线上。不同规格的桩，应分别堆放。对圆形的混凝土桩或钢管桩的两侧应用木楔塞紧，防止其滚动。在施工现场，桩的堆放层数不宜超过 4 层。

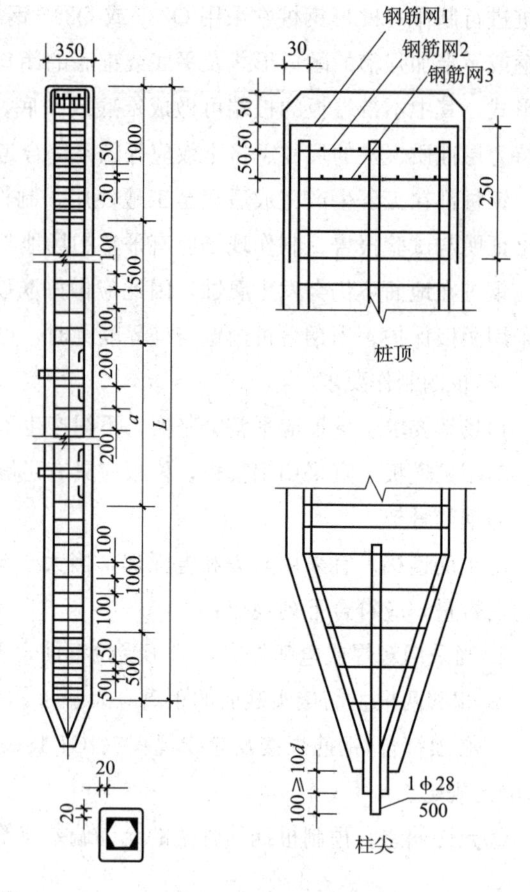

图 3-3 桩顶桩尖构造示意

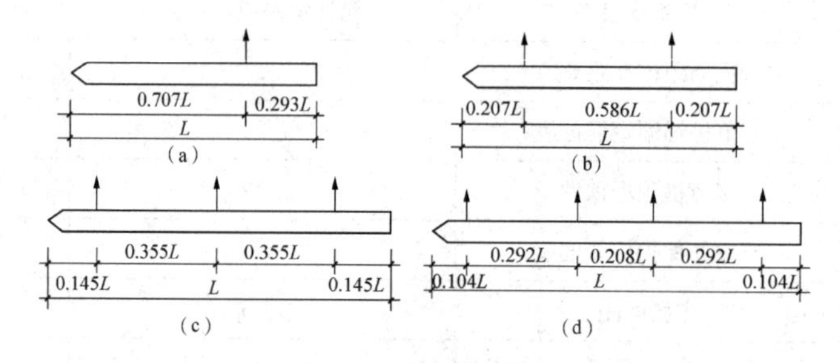

图 3-4 桩的合理吊点

(a)一点起吊；(b)两点起吊；(c)三点起吊；(d)四点起吊

知识小贴士

早期桩基的发展

早在 7 000～8 000 年前的新石器时代，人们为了防止猛兽侵犯，曾在湖泊和沼泽地里栽木桩筑平台来修建居住点，这种居住点称为湖上住所。在中国，最早的桩基是浙江省河姆渡的原始社会居住的遗址中发现的。到宋代，桩基技术已经比较成熟。在《营造法式》中载有临水筑基一节。到了明、清两代，桩基技术更趋完善。如清代《工部工程做法》一书对桩基的选料、布置和施工方法等方面都有了规定。从北宋一直保存在上海市龙华镇龙华塔(建于北宋太平兴国二年，977 年)和山西太原市晋祠圣母殿(建于北宋天圣年间，1023—1031 年)，都是中国现存的采用桩基的古建筑。

二、锤击打桩施工工艺

锤击打桩是利用打桩设备的锤击能量将预制桩沉入土(岩)层的施工方法，其施工速度快、机械化程度高、适用范围广，但施工时有冲撞噪声和对地表层有振动，在城市区和夜间施工有所限制。其施工工艺适用于工业与民用建筑、铁路、公路、港口等陆上预制桩桩基施工。由打入土(岩)层的预制桩和连接于桩顶的承台共同组成桩基础。

(一)施工准备

1. 技术准备

(1)熟悉基础施工图纸和工程地质勘察报告，准备有关的技术规范规程，掌握施工工艺。

(2)编制施工组织设计，并对施工人员进行技术交底。

(3)准备有关工程技术资料表格。

2. 材料准备

(1)预制桩的制作质量符合《建筑桩基技术规范》(JGJ 94—2008)和《混凝土结构工程施工质量验收规范》(GB 50204—2015)。预制桩的混凝土强度达到设计强度的 100%且混凝土的龄期不得少于 28 d。

(2)电焊接桩时，电焊条必须有合格证及质量证明单。

(3)打桩缓冲用硬木、麻袋、草垫等弹性衬垫。

3. 施工机具准备

(1)打桩设备选择。打桩设备包括桩锤、桩架和动力装置。

1)桩锤：可选用落锤、柴油锤、汽锤和振动锤。其中，柴油锤由于其性能较好，故应用较为广泛。柴油锤利用燃油爆炸来推动活塞往返运动进行锤击打桩。

桩锤的选用应根据地质条件、桩型、桩的密集程度、单桩竖向承载力及现有施工条件等因素确定。柴油锤的锤重可根据表 3-3 选用。

表 3-3 锤重选择表

锤型		柴油锤/t					
		2.0	2.5	3.5	4.5	6.0	7.2
锤的动力性能	冲击部分质量/t	2.0	2.5	3.5	4.5	6.0	7.2
	总质量/t	4.5	6.5	7.2	9.6	15.0	18.0
	冲击力/kN	2 000	2 000～2 500	2 500～4 000	4 000～5 000	5 000～7 000	7 000～10 000
	常用冲程/m	1.8～2.3	1.8～2.3	1.8～2.3	1.8～2.3	1.8～2.3	1.8～2.3

续表

锤型			柴油锤/t					
			2.0	2.5	3.5	4.5	6.0	7.2
适用的桩规格		预制方桩、预应力管桩的边长或直径/m	25～35	35～40	40～45	45～50	50～55	55～60
		钢管桩直径/cm	40	40	40	60	90	90～100
持力层	黏性土粉土	一般进入深度/m	1～2	1.5～2.5	2～3	2.5～3.5	3～4	3～5
		静力触探比贯入阻力 p_s 平均值/MPa	3	4	5	＞5	＞5	＞5
	砂土	一般进入深度/m	0.5～1	0.5～1.5	1～2	1.5～2.5	2～3	2.5～3.5
		标准贯入击数 N(未修正)	15～25	20～30	30～40	40～45	45～50	50
桩的每 10 击控制贯入度/cm			—	2～3	—	3～5	4～8	—
设计单桩极限承载力/kN			400～1 200	800～1 600	2 500～4 000	3 000～5 000	5 000～7 000	7 000～10 000

注：1. 本表仅供选锤用。

2. 本表适用于 20～60 m 长预制混凝土桩及 40～60 m 长钢管桩，且桩尖进入硬土层一定深度。

2)桩架：一般由底盘、导向杆、起吊设备、撑杆等组成。桩架的高度由桩的长度、桩锤高度、桩帽厚度及所用的滑轮组的高度决定。另外，还应留 1～2 m 的高度作为桩锤的伸缩余地。桩架的种类很多，应用较广的为步履式打桩机和履带式打桩机，如图 3-5、图 3-6 所示。

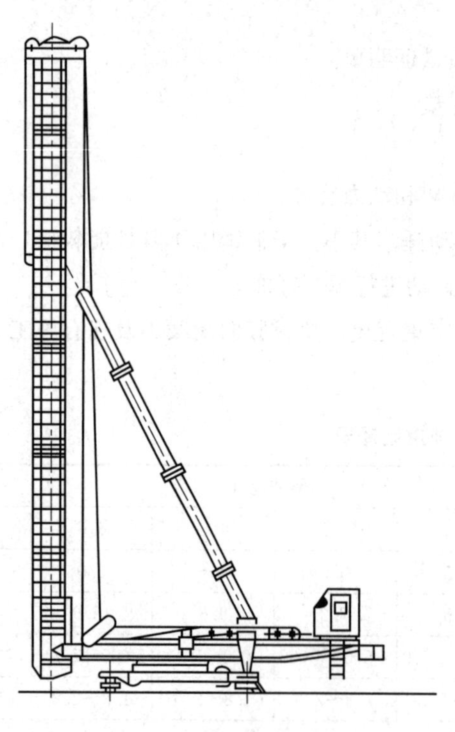

图 3-5　步履式打桩机

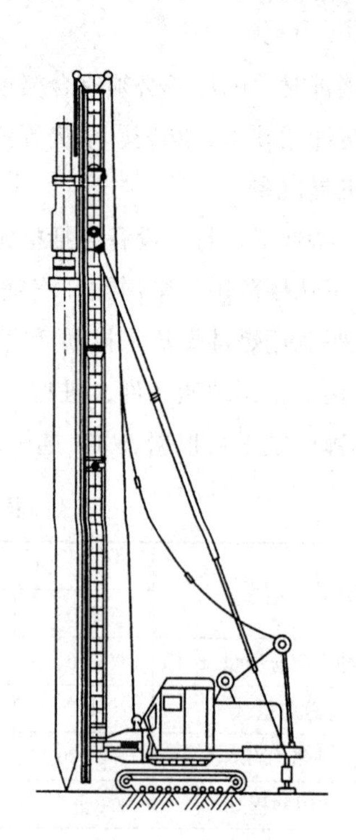

图 3-6　履带式打桩机

3)动力装置：打桩动力装置是根据所选桩锤而定的。当采用空气锤时，应配备空气压缩机；当选用蒸汽锤时，则要配备蒸汽锅炉和卷扬机。

(2)工具用具。如送桩器、电焊机、平板车等。

(3)检测设备。如经纬仪、水准仪、钢卷尺、塔尺等。

4. 作业条件准备

(1)施工现场具备三通一平。

(2)预制桩、焊条等材料已进场并验收合格。

(3)测量基准已交底，复测、验收完毕。

(4)施工人员到位，技术、安全技术交底已完成，机械设备进场完毕。

(二)打桩施工工艺流程

锤击打桩施工工艺流程如图3-7所示。

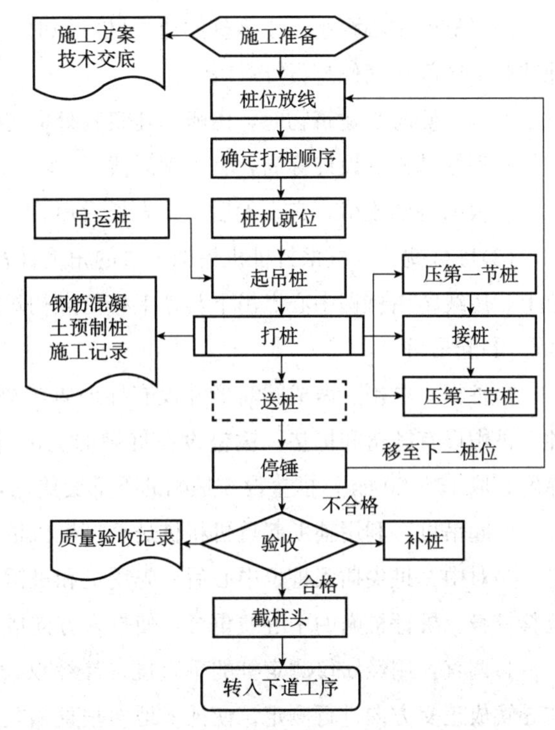

图3-7 锤击打桩施工工艺流程

(三)锤击打桩操作要求

(1)桩位放线。

1)在打桩施工区域附近设置水准点，不少于2个，其位置以不受打桩影响为原则(距离操作地点40 m以外)，轴线控制桩应设置在距最外桩5～10 m处，以控制桩基轴线和标高。

2)测量好的桩位用钢钎打孔，深度＞200 mm，用白灰灌入孔内，并在其上插入钢筋棍。

3)桩位的放样允许偏差：群桩20 mm；单排桩10 mm。

(2)确定打桩顺序。根据桩的密集程度(桩距大小)、桩的规格、设计标高、周边环境、工期要求等综合考虑，合理确定打桩顺序。打桩顺序一般分为逐排打设、自中部向四周打设和由中间向两侧打设三种，如图3-8所示。

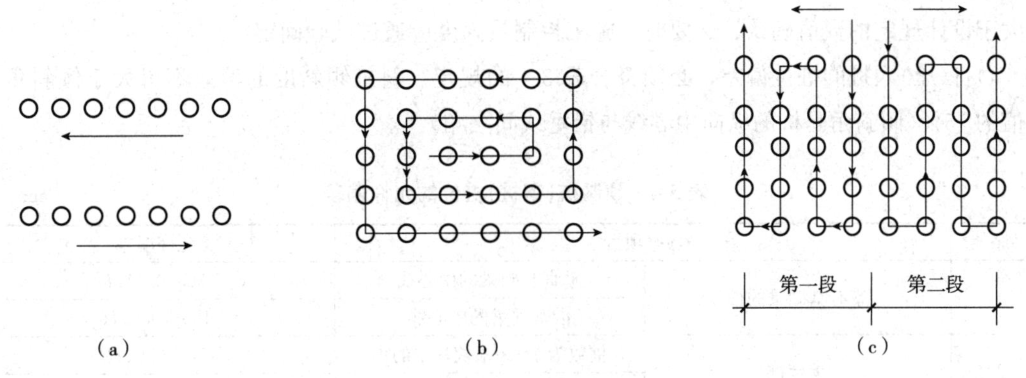

图3-8 打桩顺序

(a)逐排打设；(b)自中部向四周打设；(c)由中间向两侧打设

1)当桩的中心距大于4倍桩的边长(桩径)时，可采用上述三种打法均可。当采用逐排打设时，会使土体朝一个方向挤压，为了避免土体挤压不均匀，可采用间隔跳打方式。

2)当桩的中心距小于4倍桩的边长(桩径)时，应采用自中部向四周打设[图3-8(b)]；若场地狭长由中间向两侧打设[图3-8(c)]。

3)当一侧毗邻建筑物时，由毗邻建筑物处向另一方向施打。

4)根据基础的设计标高，宜先深后浅。

5)根据桩的规格，宜先大后小，先长后短。

(3)桩机就位。根据打桩机桩架下端的角度计初调桩架的垂直度，按打桩顺序将桩机移至桩位上，用线坠由桩帽中心点吊下与地上桩位点初对中。

(4)起吊桩。

1)桩帽：桩帽宜做成圆筒形并设有导向脚与桩架导轨相连，应有足够的强度、刚度和耐打性。桩帽设有锤垫和桩垫。锤垫设在桩帽的上部，一般用竖纹硬木或盘圆层叠的钢丝绳制作，厚度宜取15～20 cm；桩垫设在桩帽的下部套筒内，一般用麻袋、硬纸板等材料制作。

2)起吊桩：利用辅助起重机将桩送至打桩机桩架下面，桩机起吊桩并送进桩帽内。

3)对中：桩尖插入桩位中心后，先用桩和桩锤自重将桩插入地下30 cm左右。桩身稳定后，调整桩身、桩锤桩帽的中心线重合，使打入方向成一直线。

4)调直：用经纬仪测定桩的垂直度。经纬仪设置在不受打桩影响的位置，保证两台经纬仪与导轨成正交方向进行测定，使插入地面垂直偏差小于0.5%。

(5)打桩。

1)桩开始打入时采用短距轻击，待桩入土一定深度(1～2 m)稳定以后，再以规定落距施打。

2)正常打桩宜采用重锤低击，柴油锤落距一般不超过1.5 m，锤重参照表3-3选用。

3)停锤标准。

①摩擦桩：以控制桩端设计标高为主，贯入度为辅；摩擦桩桩端位于一般土层。

②端承桩：以贯入度控制为主，桩端设计标高为辅；端承桩桩端达到坚硬、硬塑的黏性土，中密以上粉土、砂土、碎石类土及风化岩。

③贯入度已达到设计要求而桩端标高未达到时，应继续锤击3阵，并按每阵10击的贯入度不大于设计规定的数值确认，必要时，施工控制贯入度应通过试验确定。

4)打(压)入桩的桩位偏差，必须符合表3-4的规定。斜桩倾斜度的偏差不得大于倾斜角正切值的15%(倾斜角是桩的纵向中心线与铅垂线间夹角)。

表3-4 预制桩(钢桩)桩位的允许偏差

mm

序	检查项目		允许偏差
1	带有基础梁的桩	垂直基础梁的中心线	$70+0.01H$
		沿基础梁的中心线	$100+0.01H$
2	承台桩	桩数为1～3根桩基中的桩	$70+0.01H$
		桩数大于等于4根桩基中的桩	$100+0.01H$
注：H为桩基施工面至设计桩顶的距离。			

5)当遇到贯入度剧变，桩身突然发生倾斜、位移或有严重回弹、桩顶或桩身出现严重裂缝、破碎等情况时，应暂停打桩，并分析原因，采取相应措施。

6)打桩施工记录：打桩工程是隐蔽工程，施工中应做好每根桩的观测和记录，这是工程验收的依据。各项观测数据应填写《钢筋混凝土预制桩施工记录》。

(6)接桩。

1)待桩顶距地面0.5～1 m时接桩，接桩采用焊接或法兰连接等方法。

2)焊接接桩：

①钢板宜采用低碳钢，焊条宜采用E43。

②对接前，上下端板表面应采用铁刷子清刷干净，坡口处应刷至露出金属光泽。

③接桩时，上下节桩段应保持顺直，在桩四周对称分层施焊，接层数不少于2层；错位偏差不大于2 mm，不得采用大锤横向敲打纠偏。

④焊好后，桩接头应自然冷却后方可继续锤击，自然冷却时间不宜少于8 min，严禁采用水冷却或焊好即施打。

⑤焊接接头的质量检查，对于同一工程探伤抽样检验不得少于3个接头。

(7)送桩。

1)如果桩顶标高低于槽底标高，应采用送桩器送桩。

2)送桩器：宜做成圆筒形，并应有足够的强度、刚度和耐打性。送桩器长度应满足送桩深度的要求，弯曲度不得大于1/1 000。

3)在管桩顶部放置桩垫，厚薄均匀，将送桩器下口套在桩顶上，调整桩锤、送桩器和桩三者的轴线在同一直线上。

4)锤击送桩器将桩送至设计深度；送桩完成后及时将空孔回填密实。

(8)截桩头。打桩完成后，将多余的桩头截断；截桩头时，宜采用锯桩器截割，不得截断桩体纵向主筋；严禁采用大锤横向敲击截桩或强行扳拉截桩。

(四)锤击打桩施工质量记录

锤击打桩施工应形成以下质量记录：

(1)表C2-4　技术交底记录；

(2)表C1-5　施工日志；

(3)表C5-3-1　钢筋混凝土预制桩施工记录；

(4)表G1-18　钢筋混凝土预制桩质量验收记录表。

知识拓展：锤击打桩质量验收标准

三、静力压桩施工工艺

静力压桩是用静力压桩机将预制钢筋混凝土方桩与管桩分节压入地基土中的一种沉桩施工工艺。其施工速度快，机械化程度高，施工时无振动、无噪声，特别适用于居民稠密及危房附近环境要求严格的地区沉桩。

(一)施工准备

1. 技术准备

(1)熟悉基础施工图纸和工程地质勘察报告，准备有关的技术规范、规程，掌握施工工艺。

(2)编制施工组织设计，并对施工人员进行技术交底。

(3)准备有关工程技术资料表格。

2. 材料准备

(1)预制桩的制作质量应符合《建筑桩基技术规范》(JGJ 94—2008)和《混凝土结构工程施工质量验收规范》(GB 50204—2015)的规定。预制桩的混凝土强度达到设计强度的100%且混凝土的龄期不得少于28 d。

(2)电焊接桩时，电焊条必须有合格证及质量证明单。

(3)打桩缓冲用硬木、麻袋、草垫等弹性衬垫。

3. 施工机具准备

(1)液压静力压桩机。液压静力压桩机由液压装置、行走机构及起吊装置等组成，根据单节桩的长度可选用顶压式液压压桩机和抱压式液压压桩机，如图3-9所示。此设备采用液压操作，自动化程度高，结构紧凑，行走方便快速，是当前国内较广泛采用的压桩机械。

(a)　　(b)

图3-9　液压式静力压桩机

(a)顶压式液压压桩机；(b)抱压式液压压桩机

(2)工具用具。送桩器、电焊机、平板车等。

(3)检测设备。经纬仪、水准仪、钢卷尺、塔尺等。

4. 作业条件准备

(1)施工现场具备三通一平。

(2)预制桩、焊条等材料已进场并验收合格。

(3)测量基准已交底，复测、验收完毕。

(4)施工人员到位，技术、安全技术交底已完成，机械设备进场完毕。

(二)静力压桩施工工艺流程

静力压桩施工工艺流程如图 3-10 所示。

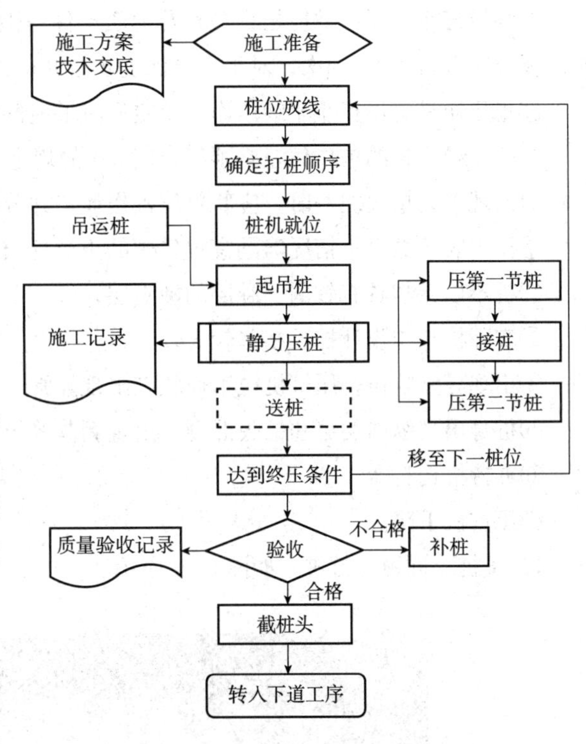

图 3-10　静力压桩施工工艺流程

(三)静力压桩施工操作要求

(1)桩位放线、确定打桩顺序、接桩、送桩、截桩头。同前述“锤击打桩施工工艺”的相关内容。

(2)桩机就位。桩机就位是利用行走装置完成，通过横向和纵向油缸的伸程与回程，使桩机实现步履式的横向和纵向行走，这样可使桩机达到要求的位置。

(3)起吊桩。利用压桩机自身的工作起重机，将预制桩吊至静压桩机夹具中，并对准桩位，夹紧并放入土中，移动静压桩机调节桩垂直度，垂直度偏差不得超过 0.5%，并使压桩机处于稳定状态。

(4)静力压桩。

1)压桩时桩帽、桩身和送桩的中心线应重合，压同一根桩应缩短停顿时间，以便于桩的压入。

2)长桩的静力压入一般也是分节进行，逐段接长。当第一节桩压入土中，其上端距地面 1 m 左右时将第二节桩接上，继续压入，如图 3-11 所示。

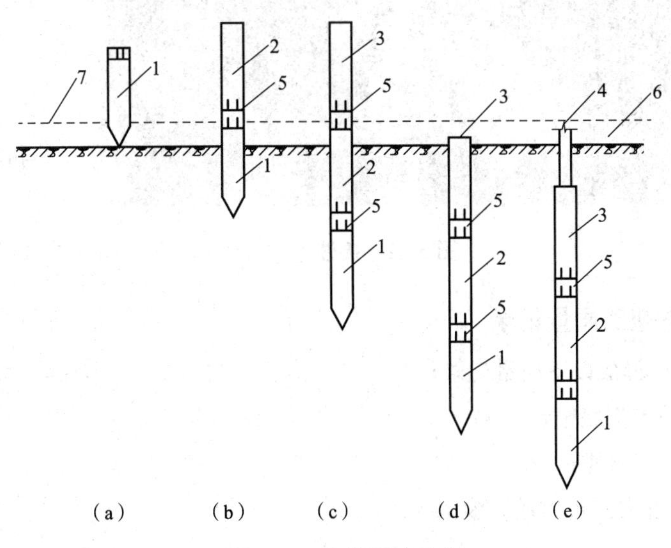

图 3-11　多节压桩示意

(a)准备压第一节桩；(b)接第二节桩；(c)接第三节桩；(d)整根桩压平至地面；(e)送桩

1—第一节桩；2—第二节桩；3—第三节桩；4—送桩；5—桩接头处；6—地面线；7—压桩架操作平台线

3)终压条件。

①根据现场试压桩的试验结果确定终压力标准。

②终压连续复压次数应根据桩长及地质条件等因素确定。对于入土深度大于或等于 8 m 的桩，复压次数可为 2～3 次；对于入土深度小于 8 m 的桩，复压次数可为 3～5 次。

③稳压压桩力不得小于终压力，稳定压桩的时间宜为 5～10 s。

4)打(压)入桩的桩位偏差必须符合表 3-4 的规定。

5)出现下列情况之一时，应暂停压桩作业，并分析原因，采取相应措施：

①压力表读数显示情况与勘察报告中的土层性质明显不符；

②桩难以穿越具有软弱下卧层的硬夹层；

③实际桩长与设计桩长相差较大；

④出现异常响声，压桩机械工作状态出现异常；

⑤桩身出现纵向裂缝和桩头混凝土出现剥落等异常现象；

⑥夹持机构打滑；

⑦压桩机下陷。

(5)接桩。同锤击打桩，如图 3-12 所示。

知识拓展：静力压桩质量验收标准

图 3-12　接桩

(四)静力压桩施工质量记录

静力压桩施工应形成以下质量记录：

(1)表 C2-4　技术交底记录；

(2)表 C1-5　施工日志；

(3)表 G1-15　静力压桩质量验收记录。

学习笔记

单元二　干作业成孔灌注桩施工

干作业成孔桩基础是既可以采用螺旋钻机成孔，也可以采用人工成孔，然后安放钢筋笼，浇灌混凝土而成的桩基础。适用于地下水水位以上的黏性土、粉土、填土、中密砂土等各种软硬土中成孔。

一、钢筋笼制作

1. 钢筋进场检验

钢筋进场后，应做抗拉强度、屈服点、伸长率和冷弯试验。钢筋在加工之前，钢筋应平直，表面洁净、无油渍。

2. 钢筋笼的制作

(1)主筋焊接采用双面焊，焊缝长度不小于5d(d为钢筋直径)。

(2)盘圆钢筋调直，采用冷拉法调直钢筋时，HPB300级钢筋的冷拉率不大于4%。

(3)为加强钢筋笼刚度和整体性，可在主筋内侧每隔2.0 m设一道ϕ16～ϕ20加劲箍；一般桩径大于1.2 m时，加劲箍钢筋规格为ϕ20～ϕ25，且在加劲箍内设置十字支撑、三角支撑或井字支撑，确保钢筋笼在存放、移动、吊装过程中不变形，如图3-13(a)所示。

(4)在加劲箍上标定主筋间距，将钢筋笼主筋点焊在加劲箍上；在主筋上画出螺旋筋的位置，用绑丝将螺旋筋与主筋绑扎牢固，并与主筋采用50%点焊连接。

(5)为便于吊运，长钢筋笼一般分两节制作，上下段主筋可采用帮条焊，如图3-13(c)所示；钢筋笼四周主筋上每隔2 m设置耳环，控制保护层厚度为5～7 cm，如图3-13(b)所示。

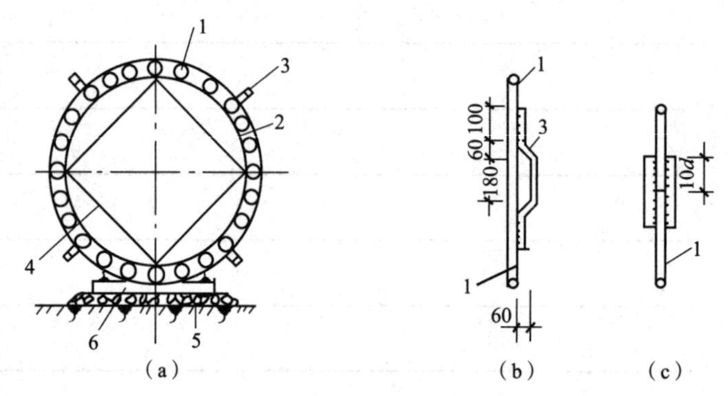

图3-13　钢筋笼的成型与加固

(a)钢筋笼；(b)耳环；(c)上下段主筋帮条焊

1—主筋；2—加劲箍；3—耳环；4—加劲支撑；5—箍筋；6—枕木

(6)钢筋笼加工成型后，骨架顶端应设置吊环，并分规格摆放挂标示牌。下面平垫方木并在钢筋笼两侧加木楔，以防钢筋笼滚落及变形。

3. 钢筋笼的验收

混凝土灌注桩钢筋笼的质量检验标准应符合表3-5的规定。

表 3-5　混凝土灌注桩钢筋笼质量检验标准 mm

项	序	检查项目	允许偏差或允许值	检查方法
一般项目	1	主筋间距	±10	用钢尺量
	2	长度	±100	用钢尺量
	3	钢筋材质检验	设计要求	抽样送检
	4	箍筋间距	±20	用钢尺量
	5	钢筋笼直径	±10	用钢尺量

二、干成孔灌注桩施工工艺

(一)施工准备

1. 技术准备

(1)熟悉图纸和地质报告，根据图纸定好桩位点、编号、施工顺序。

(2)编制施工组织设计；进行施工技术交底。

2. 材料准备

(1)水泥。选用强度等级不低于 42.5 MPa 的普通硅酸盐水泥。

(2)细集料。中砂或粗砂，含泥量不大于 3%。

(3)粗集料。碎石，粒径为 5～40 mm，含泥量不大于 1%。

(4)钢筋。根据设计要求选用。

3. 施工机具准备

(1)施工机械。螺旋钻孔机，通过动力旋转钻杆，使钻头的螺旋叶片旋转削土，土块沿螺旋叶片提升排出孔外，如图 3-14 所示。

(2)工具用具。机动小翻斗车或手推车、长短棒式振捣器，集料斗、钢筋机械连接设备、串筒或导管、盖板等。

(3)检测设备。如经纬仪、水准仪、坍落度筒、钢卷尺、测绳、线锤等。

4. 作业条件准备

(1)达到“三通一平”条件，施工用的临时设施准备就绪。

(2)分段制作钢筋笼。

(3)施工前应做成孔试验，数量不少于两根。

(二)施工工艺流程

螺旋钻成孔灌注桩施工工艺流程如图 3-15 所示。

(三)施工操作要求

1. 桩位放线

(1)根据轴线控制桩进行桩位放线，在桩位打孔，内灌白灰，并在其上插入钢筋棍。

(2)桩位的放样允许偏差：群桩 20 mm；单排桩 10 mm。

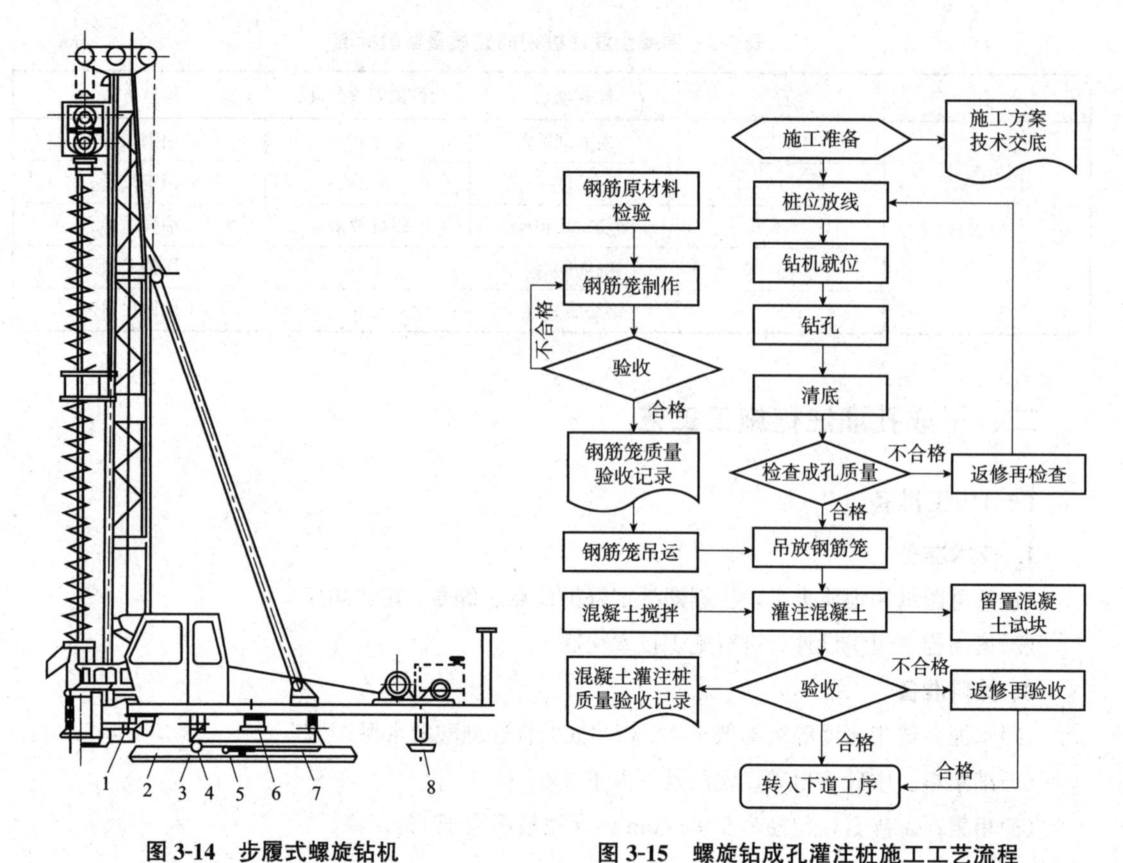

图 3-14　步履式螺旋钻机

1—上底盘；2—下底盘；3—回转滚轮；4—行车滚轮；
5—钢丝滑轮；6—回转轴；7—行车油缸；8—支架

图 3-15　螺旋钻成孔灌注桩施工工艺流程

2. 钻机就位

钻机就位时，必须保持平稳，不发生倾斜、位移，为准确控制钻孔深度，应在机架上画出控制标尺，以便在施工中进行观测、记录。

3. 钻孔

(1)调直机架对好桩位(用对位圈)，开动机器钻进、出土，达到控制深度后停钻、提钻。

(2)进钻过程中散落在地上的土，必须随时清除运走。

(3)当出现钻杆跳动、机架晃摇、钻不进尺等异常现象时，应立即停钻检查。

4. 清底

(1)钻到预定的深度后，必须在孔底进行空转清土，然后停止转动；提钻杆，不得回转钻杆。

(2)孔底的虚土厚度超过质量标准时，要分析原因，采取措施进行处理。

(3)钻孔完毕，应及时盖好孔口，移走钻机。

5. 检查成孔质量

(1)孔深测定：用测绳、线锤测量孔深及虚土厚度。虚土厚度等于钻孔深度与测量深度的差值。虚土厚度端承桩不超过 50 mm，摩擦桩不超过 150 mm。

(2)桩位偏差：灌注桩的桩径、垂直度及桩位偏差应符合表 3-6 的规定。

表 3-6　灌注桩的桩径、垂直度及桩位允许偏差

<table>
<tr><th>序</th><th colspan="2">成孔方法</th><th>桩径允许偏差/mm</th><th>垂直度允许偏差/%</th><th>桩位允许偏差/mm</th></tr>
<tr><td rowspan="2">1</td><td rowspan="2">泥浆护壁钻孔桩</td><td>$D<1\ 000$ mm</td><td rowspan="2">≥0</td><td rowspan="2">≤1</td><td>$70+0.01H$</td></tr>
<tr><td>$D\geq1\ 000$ mm</td><td>$100+0.01H$</td></tr>
<tr><td rowspan="2">2</td><td rowspan="2">套管成孔灌注桩</td><td>$D<500$ mm</td><td rowspan="2">≥0</td><td rowspan="2">≤1</td><td>$70+0.01H$</td></tr>
<tr><td>$D\geq500$ mm</td><td>$100+0.01H$</td></tr>
<tr><td>3</td><td colspan="2">干成孔灌注桩</td><td>≥0</td><td>≤1</td><td>$70+0.01H$</td></tr>
<tr><td>4</td><td colspan="2">人工挖孔桩</td><td>≥0</td><td>≤0.5</td><td>$50+0.005H$</td></tr>
<tr><td colspan="6">注：H—桩基施工面至设计桩顶的距离；D—设计桩径。</td></tr>
</table>

(3)填写《干作业成孔灌注桩施工记录》。

6. 安放钢筋笼

(1)吊放钢筋笼时，要对准孔位，吊直扶稳，缓慢下沉，避免碰撞孔壁；入孔时，清除骨架上的泥土和杂物。

(2)两段钢筋笼连接时，上下两节钢筋笼必须保证在同一竖直线上，用2～3台焊机同时进行焊接，以缩短吊放钢筋笼时间。

(3)钢筋笼放到设计位置时，应立即固定。

7. 灌注混凝土

(1)混凝土坍落度一般宜为70～120 mm。

(2)吊放串筒灌注混凝土。灌注混凝土时应连续进行，分层振捣密实，分层厚度以捣固的工具而定。

(3)混凝土浇到距桩顶1.5 m时，可拔出串筒，直接浇筑混凝土。

(4)混凝土灌注到桩顶设计标高，凿除浮浆高度后必须保证暴露的桩顶混凝土强度达到设计等级。

(5)灌注桩每浇筑50 m^3 必须有1组试件，小于50 m^3 的桩，每连续12 h浇筑必须有1组试件。对单柱单桩的桩必须有1组试件。

三、人工挖孔灌注桩施工工艺

人工挖孔灌注桩是指在桩位采用人工挖掘方法成孔，然后安放钢筋笼、灌注混凝土而成的桩。这类桩具有成孔机具简单，挖孔作业时无振动、无噪声、无环境污染，便于清孔和检查孔壁及孔底，施工质量可靠等特点，如图3-16所示。

(一)施工准备

(1)技术准备、材料准备、作业条件准备，同前述“干成孔灌注桩施工工艺”。

(2)施工机具准备。

1)施工设备。如混凝土搅拌、振捣机械，钢筋加工机械及通风供氧设备、扬程水泵等。

2)工具用具。如镐铲、镐、锤、锹、洛阳铲、钢钎、吊桶、溜槽、粗麻绳、钢丝绳、安全活动盖板、防水照明灯(低压12 V，100 W)、活动爬梯等。

3)检测设备。如经纬仪、水准仪、坍落度筒、钢卷尺、测绳、线坠等。

(二)施工工艺流程

人工挖孔扩底桩施工工艺流程如图 3-17 所示。

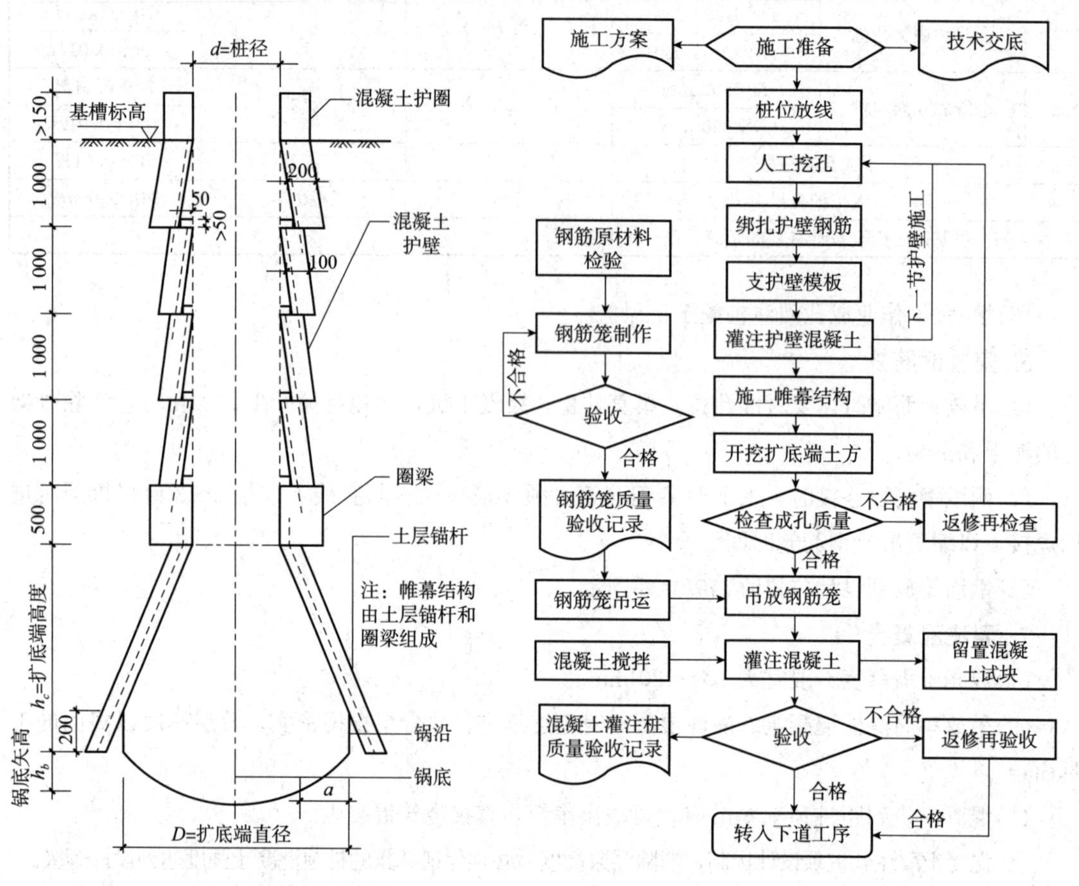

图 3-16　人工挖孔扩底桩构造　　**图 3-17　人工挖孔扩底桩施工工艺流程**

(三)施工操作要求

(1)桩位放线。

1)开孔前，桩位应准确定位放样，在桩位外设置定位基准桩；以桩孔中心为圆心，桩身半径加护壁厚度为半径画圆，撒石灰线作为桩孔开挖尺寸线。

2)桩径(不含护壁)不得小于 0.8 m，且不宜大于 2.5 m；桩混凝土护壁的厚度不应小于 100 mm。

3)桩位的放样允许偏差：群桩 20 mm；单排桩 10 mm。

(2)人工挖孔。

1)人工挖孔从上到下分节开挖，每节桩孔高度一般在 1 m 左右，土壁保持直立状态。

2)当遇有流动性淤泥和可能出现涌砂时：

①将每节护壁的高度减小到 300～500 mm，并随挖、随验、随灌注混凝土；

②采用钢护筒或有效的降水措施。

3)挖孔时，用镐铲和吊桶提升土方，每节下口直径比上口直径大 100 mm，以方便浇筑护壁混凝土。

4)当桩净距小于 2.5 m时，应采用间隔开挖；相邻排桩跳挖的最小施工净距不得小于 4.5 m。

5)桩位轴线和高程设置在第一节护壁上口，每节桩孔开挖均应从桩位十字轴线垂直引测桩孔中心。

(3)绑扎护壁钢筋。分节绑扎护壁构造钢筋，一般不小于ϕ8；插入下层护壁长度应大于 200 mm，上下主筋应搭接。

(4)支护壁模板。

1)护壁模板高度取决于每节挖土高度，一般由 4 块至 8 块活动钢模板组合而成；模板上下端各设一道圆弧形钢圈作为内侧支撑，一般用粗钢筋或角钢做内支撑钢圈。

2)安装护壁模板必须用桩中心点校正模板位置，并应由专人负责。

3)第一节护壁顶面应比场地高出 100～150 mm，壁厚应比下面井壁厚度增加 100～150 mm；防止土块和杂物掉入桩孔。

(5)灌注护壁混凝土。

1)混凝土强度按设计要求，护壁混凝土应振捣密实，坍落度控制在 100 mm 以内。

2)每节护壁均应在当日连续施工完毕，应根据土层渗水情况使用速凝剂；上下节护壁的搭接长度不得小于 50 mm。

3)护壁模板应在灌注混凝土 24 h 之后拆除；若使用快硬水泥可在 4～6 h 之后拆模。

4)发现护壁有蜂窝、漏水现象时，应及时补强。

(6)施工帷幕结构。

1)为了施工安全，人工挖孔扩底端桩应做帷幕结构；帷幕结构由土层锚杆和圈梁组成，圈梁将土层锚杆和最下节混凝土护壁联系成一个整体。

2)根据勘察报告中各土层标高和土层厚度要求，待挖至圈梁标高后，用洛阳铲探测持力层，必须由勘察单位技术人员确认持力层标高。

3)根据扩底端外扩斜角，先施工土层锚杆，然后施工圈梁。

(7)开挖扩底端土方。

1)扩底端底面呈锅底形，锅底中心应对准桩孔中心；扩底端各部位尺寸必须满足设计要求。

2)扩底端底部锅底标高，进入持力层尺寸必须满足设计要求。

3)扩底端底部锅底曲率适宜，不得留存虚土。

(8)检查成孔质量。

1)用测绳、钢尺测量孔深；用钢尺测量桩径。

2)桩位偏差：灌注桩的桩位偏差必须符合表 3-6 的规定。

(9)安放钢筋笼。同前述“干成孔灌注桩施工工艺”。

(10)灌注混凝土。同前述“干成孔灌注桩施工工艺”。

四、干作业成孔桩质量记录

知识拓展：干作业成孔桩质量检验标准

干作业成孔桩施工应形成以下质量记录：

(1)表 C2-4　技术交底记录；

(2)表 C1-5　施工日志；

(3)表 G1-22-1　干作业成孔桩质量验收记录。

学习笔记

单元三　泥浆护壁灌注桩施工

泥浆护壁灌注桩是采用钻机成孔，为防止塌孔，在孔内用相对密度大于1的泥浆进行护壁，成孔后放入钢筋笼，水下浇筑混凝土而成的桩。其适用于地下水水位以下的黏性土、粉土、砂土、填土及地质情况复杂、夹层多、风化不均、软硬变化较大的岩层。

一、泥浆护壁灌注桩施工工艺

(一)施工准备

(1)技术准备、材料准备、作业条件准备，同前述“干成孔灌注桩施工工艺”。

(2)施工机具准备。

1)主要施工机械：回旋钻机、潜水钻机等，其中以回旋钻机应用最多。

回旋钻机是由动力装置带动钻机的回旋装置转动，并带动带有钻头的钻杆转动，由钻头切削土壤，切削形成的土渣，通过泥浆循环排出桩孔，如图3-18所示。

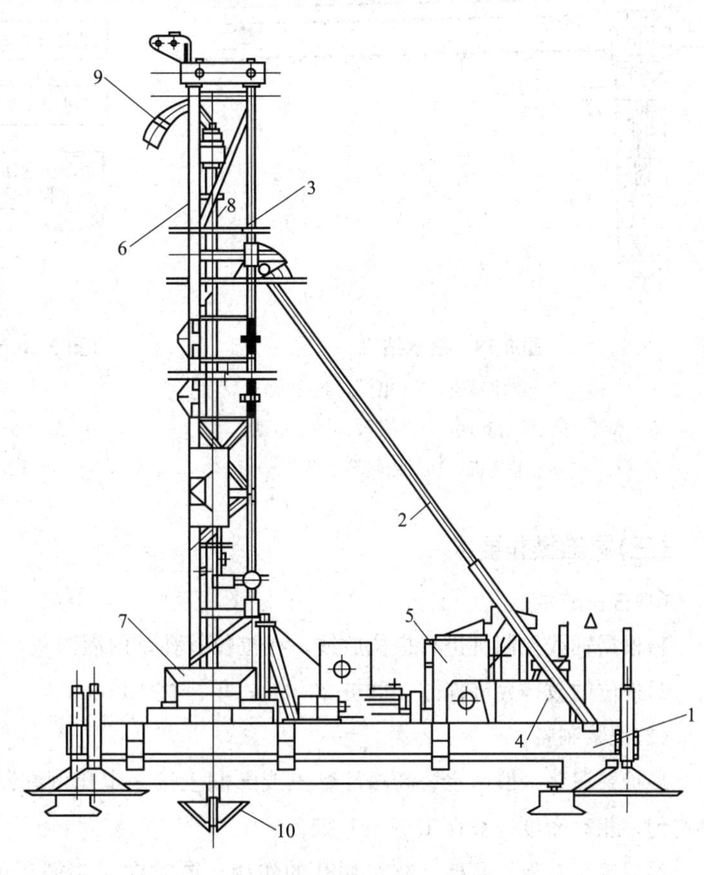

图3-18　回旋钻机

1—座盘；2—斜撑；3，6—塔架；4—电机；5—卷扬机；7—转盘；8—钻杆；9—泥浆输送管；10—钻头

潜水钻机是一种旋转式钻孔机械，其动力、变速机构和钻头连在一起，加以密封，因而可以下放至孔中地下水水位以下进行切削土壤成孔，如图3-19所示。

2)工具用具、检测设备，同前述“干成孔灌注桩施工工艺”。

(二)施工工艺流程

泥浆护壁灌注桩施工工艺流程如图3-20所示。

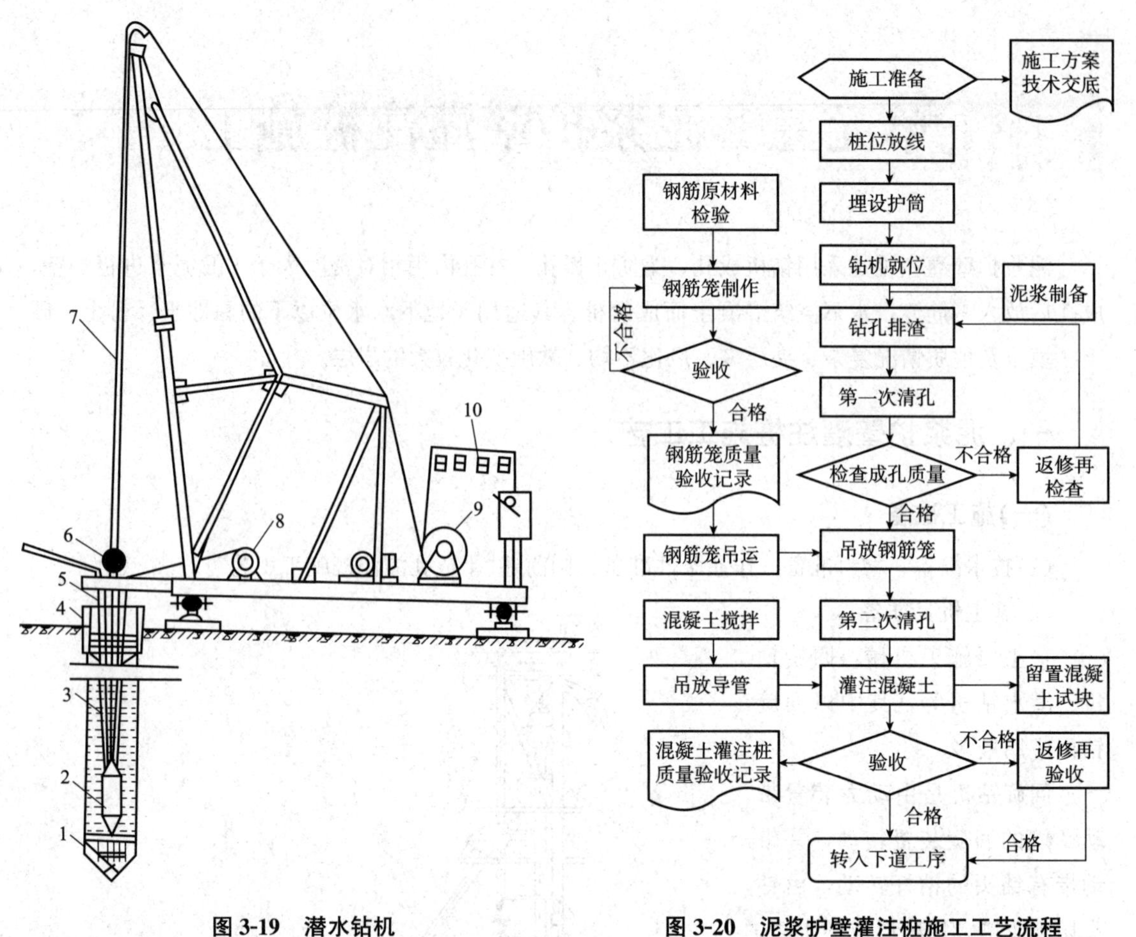

图 3-19 潜水钻机

1—钻头；2—潜水钻机；3—电缆；4—护筒；

5—水管；6—滚轮支点；7—钻杆；8—电缆盘；

9—卷扬机；10—控制箱

图 3-20 泥浆护壁灌注桩施工工艺流程

(三)施工操作要求

(1)桩位放线。

1)根据轴线控制桩进行桩位放线，在桩位打孔，内灌白灰，并在其上插入钢筋棍。

2)桩位的放样允许偏差：群桩 20 mm；单排桩 10 mm。

(2)泥浆制备。

1)护壁泥浆一般由水、高塑性黏土或膨润土按一定比例配制而成，可通过机械在泥浆池搅拌均匀，相对密度一般在 1.10～1.25。

2)泥浆具有保护孔壁、防止塌孔的作用，同时在泥浆循环过程中还可携带土渣排出钻孔，并对钻头具有冷却与润滑作用。

(3)埋设护筒。

1)护筒可用 4～8 mm 厚钢板制作，其内径应大于钻头直径 100 mm，上部宜开设 1～2 个溢浆孔。

2)埋设护筒时，护筒中心线对正桩位中心，其偏差不宜大于 50 mm。

3)护筒埋设深度：在黏性土中不宜小于 1.0 m；砂土中不宜小于 1.5 m，护筒上口应高于地面 500 mm，护筒外分层回填夯实。护筒有导正钻具、控制桩位、防止孔口坍塌、抬高孔内静压水头和固定钢筋笼等作用。

(4)钻机就位。钻机就位时，必须使钻具中心和护筒中心重合，保持平稳，不发生倾斜、位移。为准确控制钻孔深度，应在机架上画出控制标尺，以便在施工中进行观测、记录。

(5)钻孔排渣。桩架及钻杆定位后，钻头可潜入水、泥浆中钻孔；边钻孔边向桩孔内注入泥浆，通过正循环或反循环排渣法将孔内切削土粒、石渣排至孔外，如图 3-21 所示。

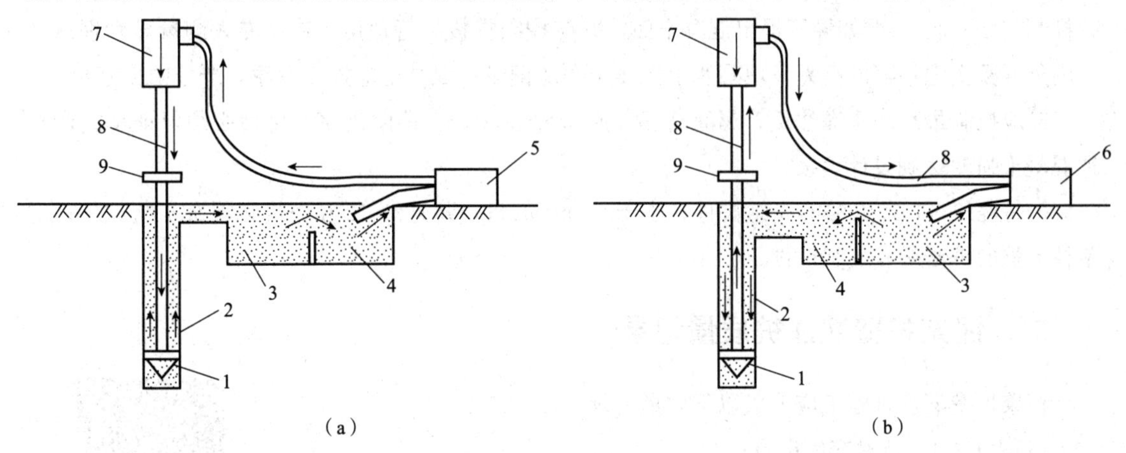

图 3-21　泥浆循环成孔工艺

(a)正循环；(b)反循环

1—钻头；2—泥浆循环方向；3—沉淀池；4—泥浆池；5—泥浆泵；6—砂石泵；7—水阀；8—钻杆；9—钻机回旋装置

1)正循环排渣法：泥浆由钻杆内部注入，并从钻杆底部喷出，携带钻下的土渣沿孔壁向上流动，由孔口将土渣带出流入沉淀池，经沉淀的泥浆流入泥浆池再注入钻杆，由此进行循环。

2)反循环排渣法：泥浆由钻杆与孔壁间的环状间隙流入钻孔，然后由砂石泵在钻杆内形成真空，使钻下的土渣由钻杆内腔吸出至地面而流向沉淀池，沉淀后再流入泥浆池。

(6)清孔。

1)清孔分两次进行：钻孔深度达到设计要求，对孔深、孔径、桩孔垂直度等进行检查，符合要求后进行第一次清孔；钢筋骨架、导管安放完毕，混凝土灌注之前，应进行第二次清孔。

2)在清孔过程中，采用正循环、泵吸反循环等方法不断置换泥浆，使孔内泥浆达到要求。

3)浇筑混凝土前，孔内的泥浆比重应小于 1.25；含砂率不得大于 8%；黏度不得大于 28 s。

(7)检查成孔质量。

1)孔深测定：用测绳、线坠测量孔深及沉渣厚度。沉渣厚度端承桩不超过 50 mm，摩擦桩不超过 100 mm。沉渣厚度等于钻孔深度与测量深度的差值。

2)桩位偏差：灌注桩的桩径、垂直度及桩位偏差应符合表 3-6 的规定。

3)填写《钻孔桩钻孔施工记录》。

(8)安放钢筋笼。吊装安放钢筋笼，同前述“干成孔灌注桩施工工艺”。

(9)灌注水下混凝土。

1)混凝土运输宜选用混凝土泵或混凝土搅拌运输车；混凝土具有良好的和易性和流动性。

2)灌注水下混凝土一般采用钢制导管回顶法施工，导管内径为 200～350 mm，视桩径大小而定。

3)导管安放前计算孔深和导管的总长度，第一节导管的长度一般为 4～6 m，标准节一般为 2～3 m，导管接口采用法兰连接，连接时必须加垫密封圈或橡胶垫，确保导管口密封性。

4)开始灌注混凝土时，导管底部至孔底的距离宜为 300～500 mm；首批灌注导管埋入混凝土灌注面以下不应少于 0.8 m；混凝土坍落度宜控制在 160～220 mm；在灌注过程中，导管埋深宜控制在 2～6 m，严禁导管提出混凝土面，并应控制提拔导管速度，应有专人测量导管埋深及管内外混凝土灌注面的高差，填写水下混凝土灌注记录；混凝土应连续灌注，严禁中途停止。

5)应控制最后一次灌注量，超灌高度宜为 0.5～1.0 m，凿除泛浆高度后必须保证暴露的桩顶混凝土强度达到设计等级。

6)每浇筑 50 m^3 必须有 1 组试件；小于 50 m^3 的桩，每连续 12 h 浇筑必须有 1 组试件；对单柱单桩的桩必须有 1 组试件。

二、泥浆护壁灌注桩质量记录

泥浆护壁灌注桩施工应形成以下质量记录：

(1)表 C2-4　技术交底记录；

(2)表 C1-5　施工日志；

(3)表 C5-3-3　钻孔桩钻孔施工记录；

(4)表 G1-22-2　泥浆护壁灌注桩质量验收记录。

知识拓展：泥浆护壁灌注桩质量检验标准

学习笔记

单元四　桩基础检测

一、桩基础检测概述

桩基础是工程结构中常采用的基础形式之一，属于地下隐蔽工程，施工技术比较复杂，工艺流程相互衔接紧密，施工时稍有不慎极易出现断桩等多种形态复杂的质量缺陷，影响桩身的完整和桩的承载能力，从而直接影响上部结构的安全，因此，其质量检测成为桩基础工程质量控制的重要手段。

1. 桩基础检测方法

桩基础检测方法应根据检测目的按表 3-7 选择。

表 3-7　检测方法及检测目的

检测方法	检测目的
单桩竖向抗压静载试验	确定单桩竖向抗压极限承载力； 判定竖向抗压承载力是否满足设计要求； 通过桩身内力及变形测试、测定桩侧、桩端阻力； 验证高应变法的单桩竖向抗压承载力的检测结果
单桩竖向抗拔静载试验	确定单桩竖向抗拔极限承载力； 判定竖向抗拔承载力是否满足设计要求； 通过桩身内力及变形测试，测定桩的抗拔摩阻力
单桩水平静载试验	确定单桩水平临界和极限承载力，推定土抗力参数； 判定水平承载力是否满足设计要求； 通过桩身内力及变形测试，测定桩身弯矩
钻芯法	检测灌注桩桩长、桩身混凝土强度、桩底沉渣厚度，判断或鉴别桩端岩土性状，判定桩身完整性类别
低应变法	检测桩身缺陷及其位置，判定桩身完整性类别
高应变法	判定单桩竖向抗压承载力是否满足设计要求： 检测桩身缺陷及其位置，判定桩身完整性类别； 分析桩侧和桩端土阻力
声波透射法	检测灌注桩桩身缺陷及其位置，判定桩身完整性类别

2. 检测工作程序

检测工作的程序应按图 3-22 进行。

(1)调查、资料收集阶段宜包括下列内容：

1)收集被检测工程的岩土工程勘察资料、桩基设计图纸、施工记录；了解施工工艺和施工中出现的异常情况。

2)进一步明确委托方的具体要求。

3)检测项目现场实施的可行性。

(2)应根据调查结果和确定的检测目的，选择检测方法，制订检测方案。检测方案宜包含以下内容：工程概况，检测方法及其依据的标准，抽样方案，所需的机械或人工配合，试验周期。

(3)检测前应对仪器设备检查调试。

(4)检测用计量器具必须在计量检定周期的有效期内。

(5)检测开始时间应符合下列规定：

1)当采用低应变法或声波透射法检测时，受检桩混凝土强度至少达到设计强度的70%，且不小于15 MPa。

2)当采用钻芯法检测时，受检桩的混凝土龄期达到28 d或预留同条件养护试块强度达到设计强度。

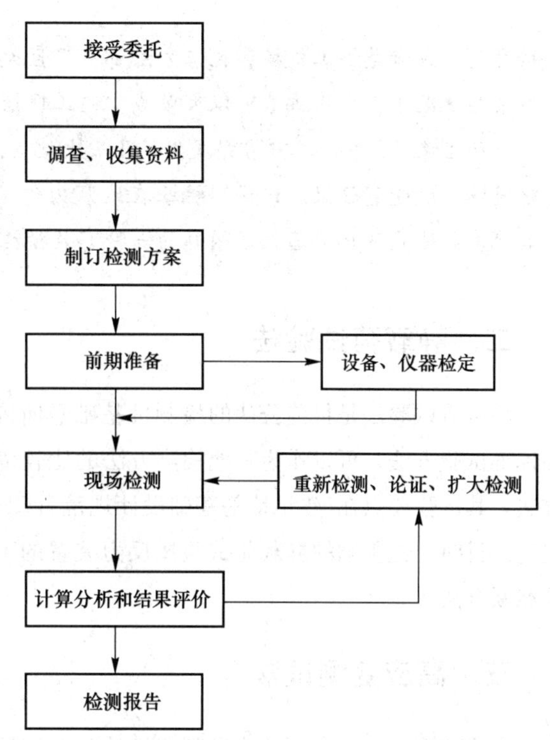

图 3-22　检测工作程序框图

3)承载力检测前的休止时间除应达到规定的混凝土强度外，当无成熟的地区经验时，还不应少于表3-8规定的时间。

表 3-8　休止时间

土的类型		休止时间/d
砂土		7
粉土		10
黏性土	非饱和	15
	饱和	25
注：对于泥浆护壁灌注桩，宜适当延长休止时间。		

(6)施工后，宜先进行工程桩的桩身完整性检测，后进行承载力检测。当基础埋深较大时，桩身完整性检测应在基坑开挖至基底标高后进行。

(7)现场检测期间，除应执行规范的有关规定外，还应遵守国家有关安全生产的规定。当现场操作环境不符合仪器设备使用要求时，应采取有效的防护措施。

(8)当发现检测数据异常时，应查找原因，重新检测。

知识小贴士

桩基与建筑抗震

桩基是一种古老的基础形式。桩工技术经历了几千年的发展过程。无论是桩基材料和桩类型，或者是桩工机械和施工方法都有了巨大的发展，已经形成了现代化基础工程体系。在某些情况下，采用桩基可以大量减少施工现场工作量和材料的消耗。

20 世纪 70 年代，中国曾发生了几次大地震。以其中的唐山大地震为例，凡采用桩基的建筑物一般受害轻微。这说明桩基在地震力作用下的变形小，稳定性好，是解决地震区软弱地基和地震液化地基抗震问题的一种有效措施。

二、静载荷试验法

静载荷试验法是目前公认的检测桩基础竖向抗压承载力最直接、最可靠的试验方法，是一种标准试验方法，可以作为其他检测方法的比较依据。该方法为我国法定的确定单桩承载力的方法，其试验要点在《建筑地基基础设计规范》(GB 50007—2011)等有关规范、手册中均有明确规定。目前，桩基础的静载荷试验按反力装置的不同有锚桩法、堆载平台法、地锚法、锚桩和堆载联合法等。

三、高应变测试法

高应变测试法的主要功能是判定桩的竖向抗压承载力是否满足设计要求，也可用于检测桩身的完整性。该方法的主要工作原理是利用重锤冲击桩顶，通过桩、土的共同工作，使桩周土的阻力完全发挥，在桩顶下安装应变式传感器和加速度传感器，实测桩顶部的速度和力时程曲线；通过波动理论分析，解方程计算与桩、土运动相关土体的静、动阻力和判别桩的缺陷程度，从而对桩身的完整性和单桩竖向承载力进行定性分析评价。高应变测试法在判定桩身水平整合型缝隙、预制桩接头等缺陷时，能够在查明这些“缺陷”是否影响竖向抗压承载力的基础上，合理地判定缺陷程度，但高应变测试法对于桩身承载力的检测仍有一定的限制。国家规范不主张采用高应变测试法检测静载 Q-S 曲线为缓变型的大直径混凝土灌注桩。新工艺桩基础、一级建筑桩基础也不适用于高应变测试法。

四、声波透射法

声波透射法适用于已预埋声测管的混凝土灌注桩桩身完整性检测，判定桩身缺陷的程度并确定其位置。现场检测步骤应符合下列规定：

(1)将发射与接收声波换能器通过深度标志分别置于两根声测管中的测点处。

(2)发射与接收声波换能器应以相同标高[图 3-23(a)]或保持固定高差[图 3-23(b)]同步升降，测点间距不宜大于 250 mm。

(3)实时显示和记录接收信号的时程曲线，读取声时、首波峰值和周期值，宜同时显示频谱曲线及主频值。

(4)将多根声测管以两根为一个检测剖面进行全组合，分别对所有检测剖面完成检测。

(5)在桩身质量可疑的测点周围，应采用加密测点，或采用斜测[图 3-23(b)]、扇形扫测

[图 3-26(c)]进行复测，进一步确定桩身缺陷的位置和范围。

(6)在同一根桩的各检测剖面的检测过程中，声波发射电压和仪器设置参数应保持不变。

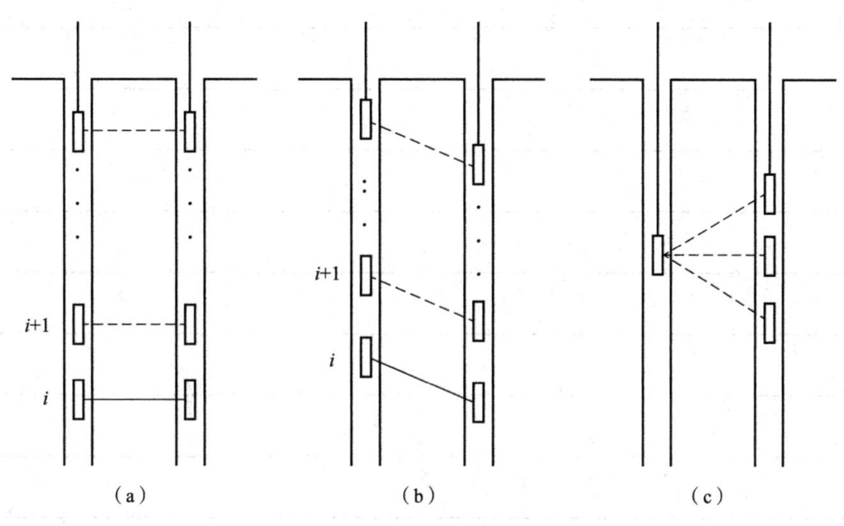

图 3-23　平测、斜测和扇形扫测示意

(a)平测；(b)斜测；(c)扇形扫测

五、钻芯法

钻芯法是一种微破损或局部破损检测方法。该方法利用地质勘探技术在混凝土中钻取芯样，通过芯样的表观质量和芯样试件抗压强度试验结果，综合评价混凝土质量是否满足设计要求。

钻芯法具有科学、直观、实用等特点，是检测混凝土灌注桩成桩质量的有效方法，施工中不受场地条件的限制，应用较广；一次完整、成功的钻芯检测，可以得到桩长、桩身缺陷、桩底沉渣厚度，桩身混凝土强度、密实性、连续性等桩身完整性的情况，并可判定或鉴别桩端持力层的岩土性状。

抽芯技术对检测判断的影响很大，尤其是当桩身比较长时，成孔的垂直度和钻孔的垂直度很难控制，钻芯也容易偏离桩身，因此通常要求受检桩的桩径不小于 800 mm，长径比不宜大于 30。

在桩基础检测中，各种检测手段需要配合使用。按照实际情况，利用各自的特点和优势，灵活运用各种方法，才能够对桩基础进行全面、准确的评价。

学习笔记

模块小结

高层建筑荷载大，有的占地面积较小，在软土地基地区施工，大多采用桩基础。桩基础施工范围较浅基础复杂、成本较高，但桩基础具有承载力高、稳定性好、沉降量小、便于机械化施工、适应性强等特点，可以大幅度提高地基承载力，减少沉降，还可以承担水平风荷载和向上的拉拔荷载，同时具有较好的抗震性能，所以应用范围很广泛。本模块重点介绍混凝土预制桩施工和混凝土灌注桩施工。

复习与提高

一、单项选择题

1. (　　)在承载能力极限状态下，桩顶竖向荷载由桩侧摩阻力和桩端阻力共同承担，但桩侧摩阻力分担荷载较多。

A. 摩擦桩　　B. 端承桩　　C. 端承摩擦桩　　D. 受压桩

2. (　　)通过桩身摩阻力和端桩的端承力将荷载传递到深层地基土中。

A. 摩擦桩　　B. 端承桩　　C. 端承摩擦桩　　D. 受压桩

3. 预应力混凝土预制实心桩的截面边长不宜小于(　　)mm。

A. 200　　B. 250　　C. 300　　D. 350

4. 预制桩应在混凝土达到(　　)的设计强度后方可进行起吊和搬运，如提前起吊，必须经过验算。

A. 70%　　B. 80%　　C. 90%　　D. 100%

5. 开始打桩时桩锤落距一般为(　　)m，才能使桩正常沉入土中。

A. 0.3～0.5　　B. 0.5～0.6　　C. 0.5～0.8　　D. 0.6～0.8

6. 人工挖孔桩混凝土护壁的厚度不宜小于(　　)mm。

A. 100　　B. 150　　C. 200　　D. 250

二、多项选择题

1. 桩基础按受力情况分为(　　)。

A. 端承型桩　　B. 摩擦型桩　　C. 预制桩　　D. 灌注桩

2. 桩型和工艺选择时需考虑的主要条件有(　　)。

A. 荷载条件　　B. 地质条件　　C. 机械条件　　D. 地下水条件

3. 我国目前采用的钢桩主要是(　　)两种。

A. 钢管柱　　B. H形钢桩　　C. I形钢柱　　D. 钢管异形柱

4. 打桩机械设备主要包括(　　)。

A. 桩基　　B. 桩架　　C. 桩锤　　D. 桩型

5. 预制桩起吊和运输时，必须满足(　　)条件。

A. 混凝土预制桩的混凝土强度达到强度设计值的70%方可起吊

B. 混凝土预制桩的混凝土强度达到强度设计值的100%才能运输和压桩施工

C. 起吊就位时，将桩机吊至静压桩机夹具中夹紧并对准桩位，将桩尖放入土中，位置要准确，然后除去吊具

D. 起吊就位时，移动静压桩机时桩的垂直度偏差不得超过0.5%，并使静压桩机处于稳定状态

6. 压桩施工应符合(　　)要求。

A. 静压桩机应根据设计和土质情况配足额定质量

B. 桩帽、桩身和送桩的中心线应重合

C. 压同一根桩应加长停歇时间

D. 为减小静压桩的挤土效应，对于预钻孔沉桩，孔径比桩径(或方桩对角线)小50～100 mm；深度视桩距和土的密实度、渗透性而定，一般宜为桩长的1/3～1/2，应随钻随压桩

三、简答题

1. 混凝土预制桩的施工过程包括哪些内容?
2. 工程地质勘察是桩基础设计与施工的重要依据，其应提供的内容包括哪些方面?
3. 预制桩的打设方法有哪些?
4. 在一般情况下打桩顺序有哪几种?
5. 干式成孔灌注桩成孔施工程序为什么?
6. 湿式成孔灌注桩常用的成孔机械有哪些?
7. 人工挖孔时应注意哪些?
8. 桩基础的检测方法有哪些?

模块四　高层建筑起重及运输机械

知识目标

1. 了解塔式起重机的分类、特点；掌握塔式起重机安装、使用与拆卸。

2. 熟悉附着式塔式起重机的型号、爬升式塔式起重机的特点及爬升过程。

3. 熟悉施工电梯分类、构造、选择；掌握施工电梯的安装、使用与拆除。

4. 了解混凝土搅拌运输车的分类与构造、混凝土泵车简介、混凝土布料杆的分类；熟悉液压活塞式混凝土泵的构造、泵送混凝土的有关要求、混凝土布料杆的选用。

能力目标

1. 会选用高层建筑施工机具并能安全操作。

2. 能进行塔式起重机的装拆，能安全操作塔式起重机。

素质目标

1. 具有吃苦耐劳、爱岗敬业的职业精神。

2. 具备有效地计划并实施各种活动的能力。

3. 具备查阅及整理资料，分析问题、解决问题的能力。

模块导学

一、核心知识点及概念

垂直运输设施在建筑施工中担负垂直运(输)送材料设备和人员上下建筑物的功能，它是施工技术措施中不可或缺的重要环节。随着高层建筑、超高层建筑、高耸工程及超深地下工程的飞速发展，对垂直运输设施的要求也相应提高，垂直运输技术已成为建筑施工中的重要技术之一。常用的垂直运输设备有塔式起重机、混凝土运输泵、施工电梯等。

1. 塔式起重机

塔式起重机既能垂直运输，又能水平运输，工作范围大，是高层建筑施工的关键设备。塔式起重机可分为移动式塔式起重机和自升式塔式起重机两类。

移动式塔式起重机又可分为履带式、汽车式、轮胎式和移动式几种。

自升式塔式起重机又可分为附着式和爬升式两种。高层建筑施工时，常用附着式和爬升式起重机。因为这类起重机可随着建筑物的施工层次的升高而相应地升高。

2. 施工外用电梯

施工外用电梯一般是人货两用的施工电梯，高层建筑施工中使用比较广泛，主要用来运输施工人员、零星材料和工具、非承重墙体材料和装饰材料。

3. 其他运输设备

在钢筋混凝土结构高层建筑施工中，混凝土的垂直运输量十分巨大，一个楼层通常在数百立方米以上，为加快施工速度，正确选择混凝土运输设备十分重要。混凝土的运输可用塔式起重机和料斗、混凝土泵、井架(龙门架)起重机，其中以混凝土泵的运输速度最快，可连续运输，而且可直接进行浇筑。通常采用混凝土泵配以布料杆或布料机，一次连续完成混凝土的垂直运输和水平运输，效率高、劳动力省、费用低。

二、训练准备

1. 垂直运输设施的一般设置要求

(1)覆盖面和供应面。塔式起重机的覆盖面是指以塔式起重机的起重幅度为半径的圆形吊运覆盖面积；垂直运输设施的供应面是指借助于水平运输手段(手推车等)所能达到的供应范围。其水平运输距离一般不宜超过80 m，建筑工程的全部的作业面应处于垂直运输设施的覆盖面和供应面的范围之内。

(2)供应能力。塔式起重机的供应能力等于吊次乘以吊量(每次吊运材料的体积、质量或件数)；其他垂直运输设施的供应能力等于运次乘以运量，运次应取垂直运输设施和与其配合的水平运输机具中的低值。垂直运输设备的供应能力应能满足高峰工作量的需要。

(3)提升高度。设备的最大提升高度应比实际需要的升运高度高出不少于3 m，以确保安全。

(4)水平运输手段。在考虑垂直运输设施时，必须同时考虑与其配合的水平运输手段。如使用塔式起重机做垂直和水平运输时，要解决好料笼和料斗等材料容器的问题。

(5)装设条件。垂直设施装设的位置应具有相适应的装设条件，如具有可靠的基础、与结构拉结和水平运输通道条件等。

(6)设备效能的发挥。必须同时考虑满足施工需要和充分发挥设备效能的问题，当各施工阶段的垂直运输量相差悬殊时，应分阶段设置和调整垂直运输设备，及时拆除已不需要的设备。

(7)设备的充分利用问题。充分利用现有设备，必要时添置或加工新的设备。在添置或加工新的设备时应考虑今后利用的前景，一次使用的设备应考虑在用毕以后可拆改它用。

(8)安全保障。安全保障是使用垂直运输设施中的首要问题，垂直运输设备都要严格按有关规定操作使用。

2. 高层建筑垂直运输设施的合理配套

在高层、超高层建筑施工中，合理配套是解决垂直运输设施时应当充分注意的问题。

一般情况下，建筑高度超高15层或40 m时，应设施工电梯以解决施工人员的上下问题，同时，施工电梯又可承担相当数量的施工材料的垂直运输任务。但大宗的、集中使用性强的材料，如钢筋、模板、混凝土等，特别是混凝土的用量最大和使用最集中，能否保证及时地输送上去，直接影响到工程的进度和质量要求。因此，必须解决好垂直运输设施的合理配套设置问题。

单元一　塔式起重机

一、塔式起重机概述

1. 塔式起重机的分类

塔式起重机由塔体、工作机构、电器设备及安全装置等组成。塔体包括塔身、塔尖、起重臂(吊臂)、平衡臂、转台、底架及台车等；工作机构包括起升、变幅、回转及行走四部分；电器设备包括电动机、电缆卷等、中央集电环、整流器、控制开关和仪表、保护电器、照明设备和音响信号装置等；安全装置包括起重力矩限制器、起重量和吊钩高度限制器、幅度限位开关、回转限位器等。

塔式起重机的种类很多，常用塔式起重机的主要类型有以下几种：

(1)按结构形式分。塔式起重机按结构形式不同分为固定式塔式起重机和移动式塔机。前者通过连接件将塔身基架固定在地基基础或结构物上进行作业的塔式起重机；后者具有运行装置，是可以行走的塔式起重机。

(2)按回转形式分。塔式起重机按回转形式不同分为上回转式塔式起重机和下回转式塔式起重机。前者是回转装置设置在塔身上部的塔式起重机，比较常用；后者是回转装置于塔身底部，塔身可相对于底架转动的塔式起重机，一般用于码头、海洋平台等。

(3)按架设方式分。塔式起重机按架设方式不同分为非自行架设塔式起重机和自行架设塔式起重机。前者是依靠其他起重机械进行组装并架设成整体的塔式起重机；后者是依靠自身的动力装置和机构，能够实现运输状态和工作状态相互转换的塔式起重机。

(4)按变幅方式分。塔式起重机按变幅方式不同分为小车变幅式塔式起重机和动臂变幅式塔式起重机。前者是指起重小车沿起重臂运行进行变幅的塔式起重机；后者是指通过臂架做俯仰运动进行变幅的塔式起重机。

(5)按起重性能分。塔式起重机按起重性能不同分为轻型塔式起重机(起重量在 0.5～1 t，适用于 5 层以下的住宅楼施工)、中型塔式起重机(起重量在 3～20 t，适用于多层工业厂房施工)、重型塔式起重机(起重量在 20～40 t，适用于高层建筑施工)及特重型塔式起重机(起重量在 40 t 以上，适用于超高层建筑及高炉设备的安装)。

2. 塔式起重机的特点

随着建筑物层数的增加，塔式起重机独具的优越性就更显突出，已成为现代建筑施工中必不可少的垂直运输机械。它对加速施工进度、缩短工期、降低工程成本起着重要的作用，并促进了建筑新技术、新工艺的发展，是施工现代化、文明化的象征，更是建筑施工企业技术经济实力和企业形象的象征。

塔式起重机一般具有下列特点：

(1)起重量、工作幅度和起升高度较大。

(2)360°全回转，并能同时进行垂直、水平运输作业。

（3）工作速度高。一方面，塔式起重机的操作速度快，可以大大地提高生产率；另一方面，现代塔式起重机具有良好的调速性和安装微动性，可以满足构件安装就位的需要。

（4）能起吊各种类型的建筑材料、制品、预制构件及建筑设备，特别适合起吊超长、超宽的重、大构件。

（5）起重高度能随安装高度的升高而增高。

（6）机动性好，不需其他辅助稳定设施（如缆风绳），能自行或自升。起升机构一般包括正常作业的起吊速度、安装就位的慢速度、空钩下降的快速度等，所以大大地提高了生产率。

（7）驾驶室（操纵室）位置较高，操纵人员能直接（或间接）看到作业全过程，有利于安全生产。

（8）机械化、标准化程度高，能适应频繁的工作转移，工作平稳，安全可靠。但塔式起重机结构庞大，自重大，运输和转移工地所需时间较长，行走式塔式起重机还需要铺设轨道，费工，且成本较高。

知识小贴士

塔式起重机的选用

高层建筑施工用塔式起重机，一般应遵循下列原则进行选择：

（1）塔式起重机的起重力矩、起重量、起重高度及回转半径（幅度）等参数应满足施工要求。

（2）塔式起重机的生产效率应能满足施工进度的要求。

（3）尽量利用施工单位已有的起重运输设备，尽可能不购置新设备，以节省投资。

（4）塔式起重机的效能要能得到充分发挥，不得“大材小用”，做到台班费用低、经济效益好。

（5）装修材料的升运应尽量利用其他快速提升设备，以加快塔式起重机的周转使用。

（6）选用的塔式起重机能适应施工现场的环境，便于安装架设和拆除退场。

（7）从机械管理出发，还必须对塔式起重机本身构造与性能的先进性、可靠性进行考核。

二、附着式塔式起重机

附着式塔式起重机是固定在建筑物近旁的钢筋混凝土基础上，借助锚固支杆附着在建筑物结构上的起重机械，它可以借助顶升系统随着建筑施工进度面自行向上接高。

采用这种形式可减少塔身的长度，增大起升高度，一般规定每隔 20 m 将塔身与建筑物用锚固装置连接。这种塔式起重机宜用于高层建筑的施工。

附着式塔式起重机的型号较多，如 QTZ50、QTZ60、QTZ100、QTZ120 型等。

如 QTZ100 型塔式起重机，该机具有固定、附着、内爬等多种使用形式，独立式起升高度为 50 m，附着式起升高度为 120 m。其基本臂长为 54 m，额定起重力矩为 1 000 kN·m，最大额定起重量为 80 kN，加长臂为 60 m，可吊 12 kN 的重物，如图 4-1 所示。

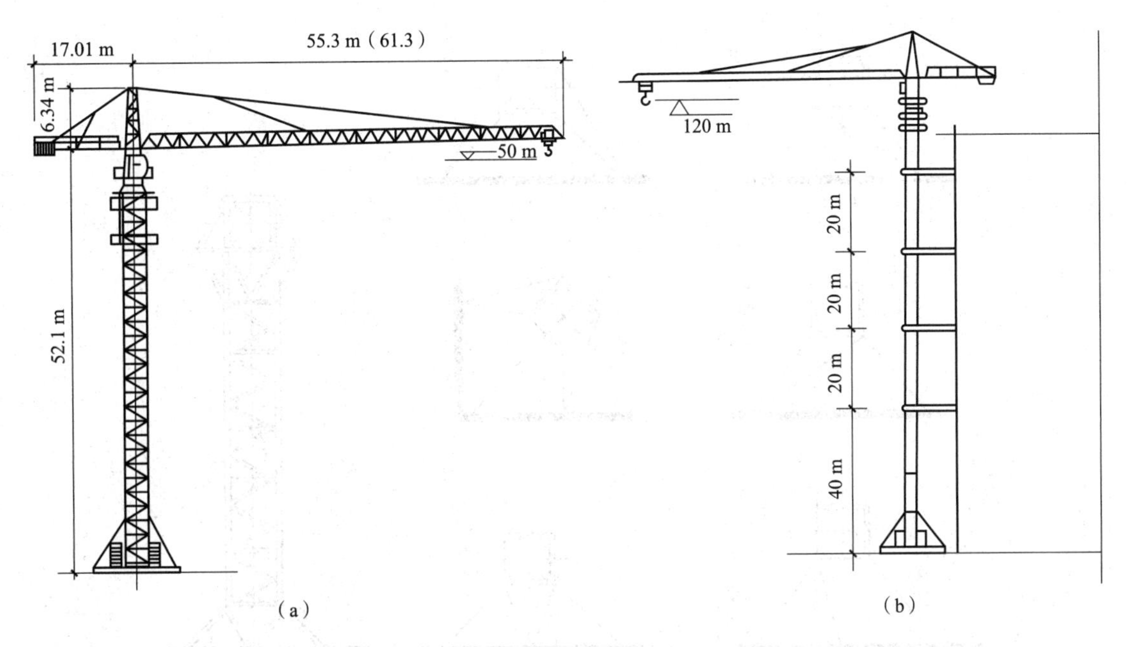

图 4-1　QTZ100 型塔式起重机外形图

(a)独立式；(b)附着式

附着式塔式起重机的顶部有套架和液压顶升装置，需要接高时，利用塔顶的行程液压千斤顶，将塔顶上部结构顶高，用定位销固定，千斤顶回油，推入标准节，用螺栓与下面的塔身连成整体，每次接高 2.5 m。自升式塔式起重机的顶升接高过程如图 4-2 所示。

锚固附着杆的布置形式如图 4-3 所示。

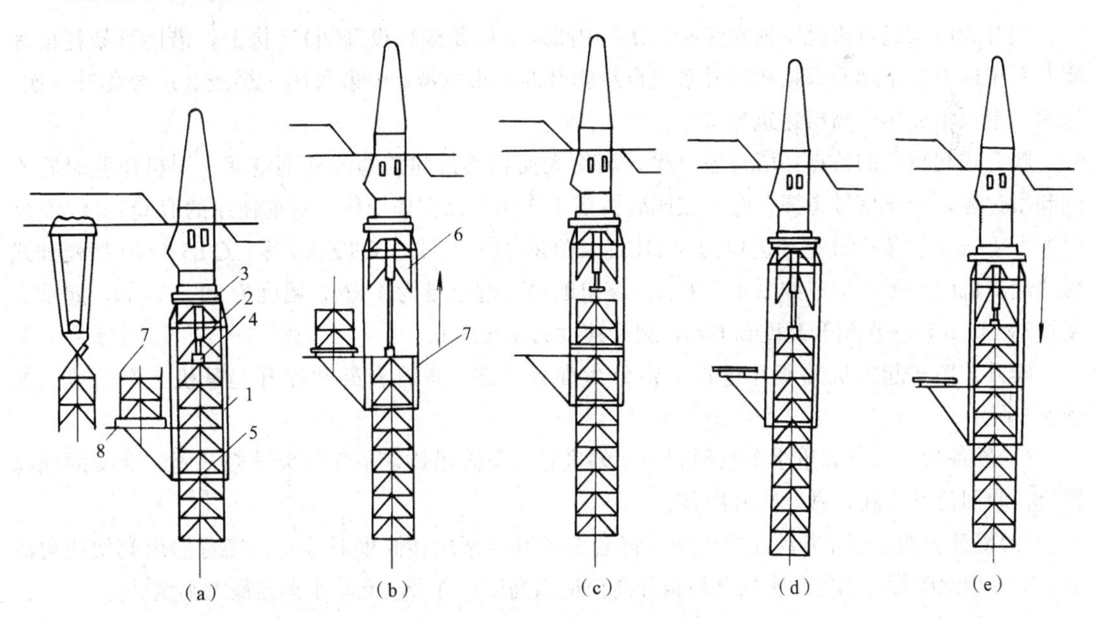

图 4-2　自升式塔式起重机的顶升接高过程

(a)准备状态；(b)顶升塔顶；(c)推入塔身标准节；(d)安装塔身标准节；(e)塔顶与塔身连成整体

1—顶升套架；2—液压千斤顶；3—承座；4—顶升横梁；5—定位销；6—过渡节；7—标准节；8—摆渡小车

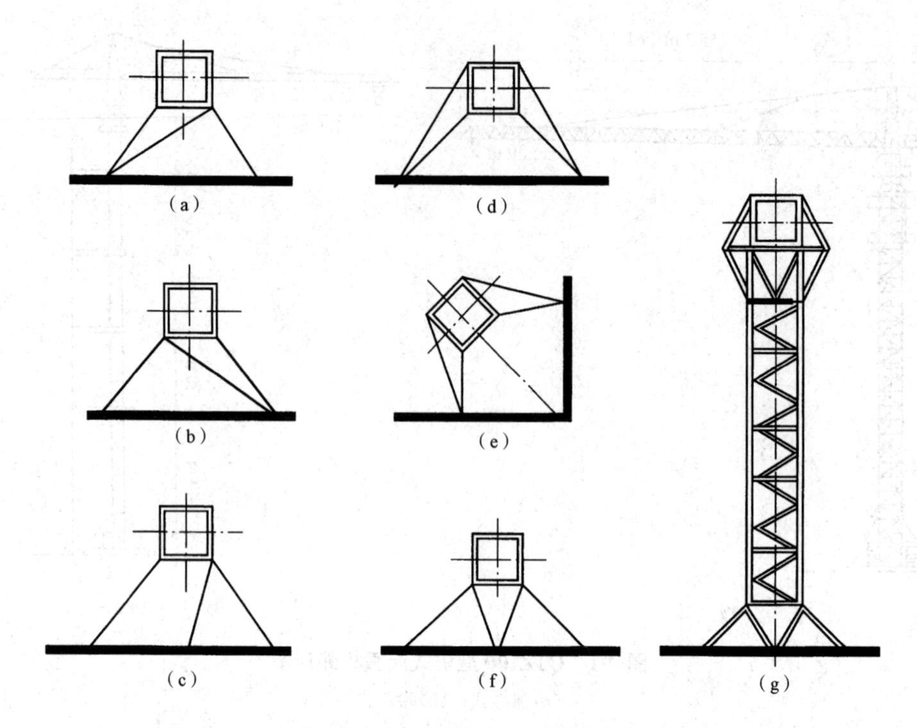

图 4-3　锚固附着杆的布置形式

(a)、(b)、(c)三杆式附着杆系；(d)、(e)、(f)四杆式附着杆系；(g)空间衔架式附着杆系

三、爬升式塔式起重机

爬升式塔式起重机是一种安装在建筑物内部(电梯井或特设开间)结构上，借助套架托梁和爬升系统或上、下爬升框架和爬升系统自身爬升的起重机械，一般每隔 1 层或 2 层楼爬升一次。这种起重机主要用于高层建筑施工中。

爬升式起重机的特点：塔身短，起升高度大而且不占建筑物的外围空间；司机作业时看不到起吊过程，全靠信号指挥；施工完成后拆塔工作属于高空作业等。目前使用的有 QT5-4/40 型(400 kN·m)、ZT-120 型和进口的 80HC、120HC 及 QTZ63、QTZ100 等。QT5-4/40 型爬升式塔式起重机的外形与构造如图 4-4 所示。该机的最大起重量为 4 kN，幅度为 11～20 m，起重高度可达 110 m，一次爬升高度 8. 6 m，爬升速度为 1 m/min。

爬升式塔式起重机的爬升过程主要分为准备状态、提升套架和提升起重机三个阶段，如图 4-5 所示。

(1)准备状态：将起重小车收回到最小幅度处，下降吊钩，吊住套架并松开固定套架的地脚螺栓，收回活动支腿，做好爬升准备。

(2)提升套架：首先开动起升机构，将套架提升至两层楼高度时停止；接着摇出套架四角活动支腿并用地脚螺栓固定；再松开吊钩升高至适当高度，并开动起重小车到最大幅度处。

(3)提升起重机：先松开底座地脚螺栓，收回底座活动支腿，开动爬升机构将起重机提升至两层楼高度停止，接着摇出底座四角的活动支腿，并用预埋在建筑结构上的地脚螺栓固定，至此，提升过程结束。

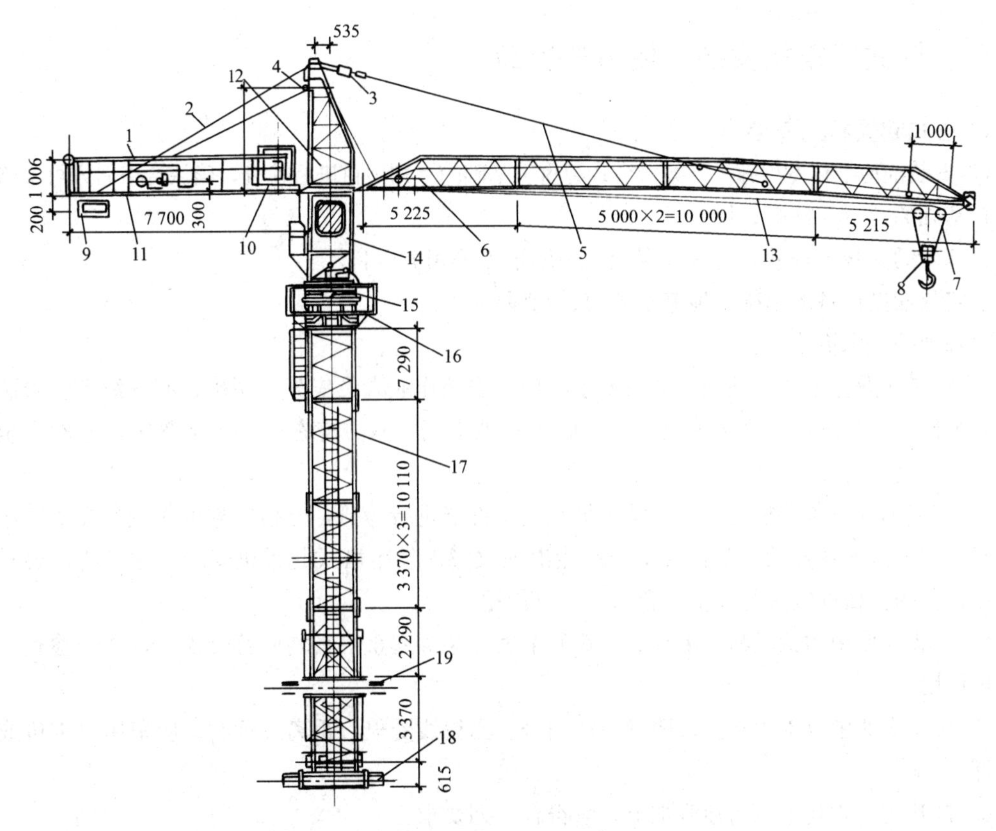

图 4-4　QT5-4/40 型爬升式塔式起重机外形与构造

1—起重机构；2—平衡臂拉绳；3—起重力矩限制装置；4—起重量限制装置；5—起重臂接绳；6—小车牵引机构；7—起重小车；8—吊钩；9—配重；10—电气系统；11—平衡臂；12—塔顶；13—起重臂；14—司机室；15—回转支撑上支座；16—回转支撑下支座及走台；17—塔身；18—底座；19—套架

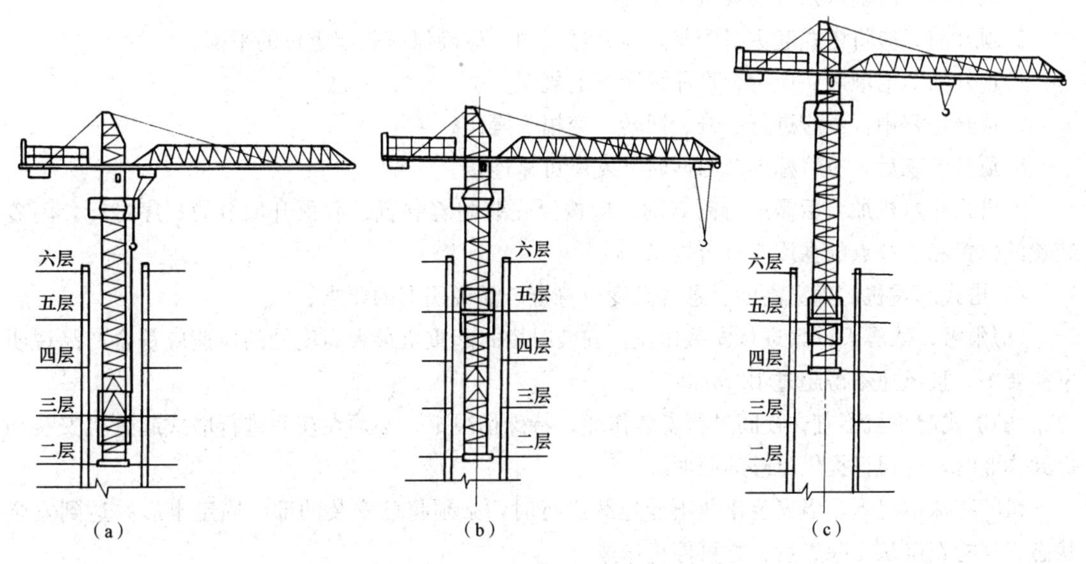

图 4-5　爬升式塔式起重机的爬升过程

(a)准备状态；(b)提升套架；(c)提升起重机

四、塔式起重机安装、使用与拆卸

1. 塔式起重机的安装

(1)安装前应根据专项施工方案对塔式起重机基础的下列项目进行检查，确认合格后方可实施：

1)基础的位置、标高、尺寸。

2)基础的隐蔽工程验收记录和混凝土强度报告等相关资料。

3)安装辅助设备的基础、地基承载力、预埋件等。

4)基础的排水措施。

(2)安装作业应根据专项施工方案要求实施。安装作业人员应分工明确、职责清楚。安装前应对安装作业人员进行安全技术交底，交底人和被交底人双方应在交底书上签字，专职安全员应监督整个交底过程。

(3)安装辅助设备就位后，应对其机械和安全性能进行检验，合格后方可作业。在实际应用中，经常发生因安装辅助设备自身安全性能出现故障而发生塔式起重机安全事故，所以要对安装辅助设备的机械性能进行检查，合格后方可使用。

(4)安装所使用的钢丝绳、卡环、吊钩和辅助支架等起重机具均应符合规定，并经检查合格后方可使用。

(5)安装作业中应统一指挥，明确指挥信号。当视线受阻、距离过远时，应采用对讲机或多级指挥。

(6)自升式塔式起重机的顶升加节，应符合下列要求：

1)顶升系统必须完好。

2)结构件必须完好。

3)顶升前，塔式起重机下支座与顶升套架应可靠连接。

4)顶升前，应确保顶升横梁搁置正确。

5)顶升前，应将塔式起重机配平，顶升过程中，应确保塔式起重机的平衡。

6)顶升加节的顺序，应符合产品说明书的规定。

7)顶升过程中，不应进行起升、回转、变幅等操作。

8)顶升结束后，应将标准节与回转下支座可靠连接。

9)塔式起重机加节后需进行附着的，应按照先装附着装置、后顶升加节的顺序进行，附着装置的位置和支撑点的强度应符合要求。

(7)塔式起重机的独立高度、悬臂高度应符合产品说明书的要求。

(8)雨雪、浓雾天严禁进行安装作业。安装时塔式起重机最大高度处的风速应符合产品说明书的要求，且风速不得超过12 m/s。

(9)塔式起重机不宜在夜间进行安装作业；特殊情况下，必须在夜间进行塔式起重机安装和拆卸作业时，应保证提供足够的照明。

(10)特殊情况下，当安装作业不能连续进行时，必须将已安装的部位固定牢靠并达到安全状态，经检查确认无隐患后，方可停止作业。

(11)电气设备应按产品说明书的要求进行安装，安装所用的电源线路应符合现行行业标准《施工现场临时用电安全技术规范》(JGJ 46—2005)的要求。

(12)塔式起重机的安全装置必须齐全，并应按程序进行调试合格。

(13)连接件及其防松防脱件应符合规定要求，严禁用其他代用品代用。连接件及其防松防脱件应使用力矩扳手或专用工具紧固连接螺栓，使预紧力矩达到规定要求。

(14)安装完毕后，应及时清理施工现场的辅助用具和杂物。

(15)安装单位自检合格后，应委托有相应资质的检验检测机构进行检测。检验检测机构应出具检测报告书。

(16)安装质量的自检报告书和检测报告书应存入设备档案。

2. 塔式起重机的使用

塔式起重机的使用应符合下列要求：

(1)塔式起重机起重司机、起重信号工、司索工等操作人员应取得特种作业人员资格证书，严禁无证上岗。

(2)塔式起重机使用前，应对起重司机、起重信号工、司索工等作业人员进行安全技术交底。

(3)塔式起重机的力矩限制器、重量限制器、变幅限位器、行走限位器、高度限位器等安全保护装置不得随意调整或拆除，严禁用限位装置代替操纵机构。

(4)塔式起重机回转、变幅、行走、起吊动作前应示意警示。起吊时应统一指挥，明确指挥信号；当指挥信号不清楚时，不得起吊。

(5)塔式起重机起吊前，当吊物与地面或其他物件之间存在吸附力或摩擦力而未采取处理措施时，不得起吊。

(6)塔式起重机起吊前，应对安全装置进行检查，确认合格后方可起吊；安全装置失灵时，不得起吊。

(7)塔式起重机起吊前，应按要求对吊具与索具进行检查，确认合格后方可起吊；吊具与索具不符合相关规定的，不得进行起吊作业。

(8)塔式起重机与架空输电线的安全距离应符合现行国家标准《塔式起重机安全规程》(GB 5144—2006)的规定，见表4-1。

表4-1　塔式起重机与架空输电线的安全距离

安全距离	电压/kV				
	<1	1～15	20～40	60～110	>220
沿垂直方向/m	1.5	3.0	4.0	5.0	6.0
沿水平方向/m	1.0	15	2.0	4.0	6.0

(9)作业中遇突发故障，应采取措施将吊物降落到安全地点，严禁吊物长时间悬挂在空中。

(10)遇有风速在12 m/s及以上的大风或大雨、大雪、大雾等恶劣天气时，应停止作业。

雨雪过后，应先经过试吊，确认制动器灵敏可靠后方可进行作业。夜间施工应有足够照明，照明的安装应符合现行行业标准《施工现场临时用电安全技术规范》(JGJ 46—2005)的要求。

(11)塔式起重机不得起吊重量超过额定荷载的吊物，并不得起吊重量不明的吊物。

(12)在吊物荷载达到额定荷载的90%时，应先将吊物吊离地面200～500 mm，检查机械状况、制动性能、物件绑扎情况等，确认无误后方可起吊。对有晃动的物件，必须拴拉溜绳使之稳固后方可吊起。

(13)物件起吊时应绑扎牢固，不得在吊物上堆放或悬挂其他物件；零星材料起吊时，必须用吊笼或钢丝绳绑扎牢固；当吊物上站人时不得起吊。

(14)标有绑扎位置或记号的物件，应按标明位置绑扎。钢丝绳与物件的夹角宜为45°～60°。吊索与吊物棱角之间应有防护措施；未采取防护措施的，不得起吊。

(15)作业完毕后，应松开回转制动器，各部件应置于非工作状态，控制开关应置于零位，并应切断总电源。

(16)行走式塔式起重机停止作业时，应锁紧夹轨器。

(17)塔式起重机使用高度超过30 m时应配置障碍灯，起重臂根部铰点高度超过50 m时应配备风速仪。

(18)严禁在塔式起重机塔身上附加广告牌或其他标语牌。

(19)每班作业应做好例行保养，并应做好记录。记录的主要内容应包括结构件外观、安全装置、传动机构、连接件、制动器、索具、夹具、吊钩、滑轮、钢丝绳、液位、油位、油压、电源、电压等。

(20)实行多班作业的设备，应执行交接班制度，认真填写交接班记录，接班司机经检查确认无误后，方可开机作业。

(21)塔式起重机应实施各级保养。转场时，应做转场保养，并有记录。

(22)塔式起重机的主要部件和安全装置等应进行经常性检查，每月不得少于一次，并应做好记录，发现有安全隐患时应及时进行整改。

(23)当塔式起重机使用周期超过一年时，应按要求进行一次全面检查，合格后方可继续使用。

(24)使用过程中塔式起重机发生故障时，应及时维修，维修期间应停止作业。

3. 塔式起重机的拆卸

(1)塔式起重机拆卸作业宜连续进行；当遇特殊情况，拆卸作业不能继续时，应采取措施保证塔式起重机处于安全状态。

(2)当用于拆卸作业的辅助起重设备设置在建筑物上时，应明确设置位置、锚固方法，并应对辅助起重设备的安全性及建筑物的承载能力等进行验算。

(3)拆卸前应检查的项目：主要结构件、连接件、电气系统、起升机构、回转机构、变幅机构、顶升机构等。发现隐患应采取措施，解决后方可进行拆卸作业。

(4)附着式塔式起重机应明确附着装置的拆卸顺序和方法。

(5)自升式塔式起重机每次降节前，应检查顶升系统和附着装置的连接等，确认完好后方可进行作业。

(6)拆卸时应先降节、后拆除附着装置。塔式起重机的自由端高度应符合规定要求。

(7)拆卸完毕后，为塔式起重机拆卸作业而设置的所有设施应拆除，清理场地上作业时所用的吊索具、工具等各种零配件和杂物。

学习笔记

单元二　施工电梯

一、施工电梯的分类、构造及选择

1. 施工电梯的分类

施工电梯又称人货两用电梯，是一种安装于建筑物外部，通过工作笼(吊笼)沿导轨做垂直运动来运送人员和物料的垂直提升机械，如图 4-6 所示。

施工电梯按动力装置可分为电动驱动和电动-液压驱动两种。电动-液压驱动电梯工作速度比电动驱动电梯工作速度快，最高可达 96 m/min。

施工电梯按用途可分为载货电梯、载人电梯和人货两用电梯。载货电梯一般起重能力较大，起升速度快，而载人电梯或人货两用电梯对安全装置要求高一些。目前，在实际工程中用得比较多的是人货两用电梯。

施工电梯按其驱动形式可分为钢索牵引、齿轮齿条牵引和星轮滚道牵引三种形式。其中，钢索牵引是早期产品，星轮滚道牵引的传动形式较新颖，但载重能力较小，目前用得比较多的是齿轮齿条牵引的结构形式。

施工电梯按吊厢数量可分为单吊厢式和双吊厢式。

施工电梯按承载能力可分为两级，一级能载重物 1.0 t 或人员 11～12 人；另一级载重物为 2.0 t 或载乘员 24 名。我国施工电梯用得比较多的是前者。

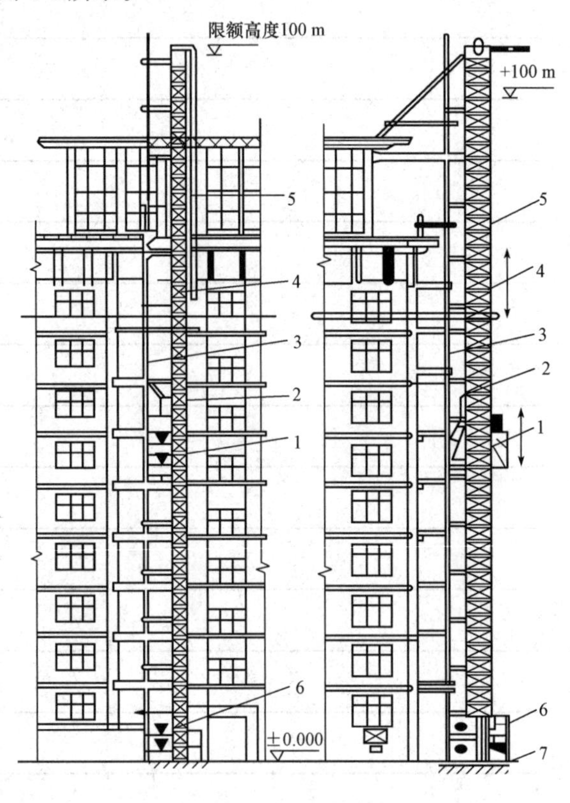

图 4-6　施工电梯

1—吊笼；2—小吊杆；3—架设安装杆；4—平衡箱；5—导轨架；6—底笼；7—混凝土基础

施工电梯按塔架数量可分为单塔架式和双塔架式。目前，双塔架桥式施工电梯很少用。

2. 施工电梯的构造

国产施工电梯一般可分为齿轮齿条驱动式电梯和钢丝绳轮驱动式电梯两类。本节重点讲述齿轮齿条驱动式电梯的构造。

齿轮齿条驱动式施工电梯是利用安装在吊笼框架上的齿轮与安装在塔架立杆上的齿条相啮合，当电动机经过变速机构带动齿轮转动时，吊笼即沿塔架升降。

齿轮齿条驱动施工电梯主要由导轨架、吊笼、底笼、天轮架、附着架、驱动装置构成。

(1)导轨架。导轨架是指具有互换性的标准节，经螺栓连接成需要的高度。

(2)吊笼。吊笼又称为吊厢，不仅是乘人载物的容器，而且是安装驱动装置和架设或拆卸支柱的场所。吊笼内的尺寸一般为长×宽×高＝3 m×1.3 m×2.7 m左右。吊笼底部由浸过桐油的硬木或钢板铺成，主要由型钢焊接骨架、顶部和周壁由方眼编织网围护结构组成。

国产电梯在吊笼的外沿一般都装有司机专用的驾驶室，内有电气操纵开关和控制仪表盘，或在吊笼一侧设有电梯司机专座，负责操纵电梯。

(3)底笼。在底笼的底架上装有导轨的基础节，吊笼不工作时停在其上，底笼四周用角钢焊成围栏，并装有镀锌薄钢板。

(4)天轮架。天轮架由导向滑轮和天轮架钢结构组成，用来支承和导向配重的钢丝绳。

(5)附着架。附着架用来使导轨架可靠地支承在所施工的建筑物上。为了便于装卸和调整导轨架与建筑物之间的距离，附着架可制造成前附着架和后附着架的形式。

(6)驱动装置。驱动装置是使吊笼上下运行的一组动力装置。其齿轮齿条驱动机构可分为单驱动、双驱动，甚至三驱动。

钢丝绳轮驱动式施工电梯的构造特点是：采用三角断面钢管焊接格桁结构立柱，单吊笼，无平衡重，设有限速和机电联锁安全装置，附着装置简单。能自升接高，可在狭窄场地作业，转场方便。吊笼平面尺寸为1.2 m×(2～2.6)m，结构较简单，用钢量少。有人货两用，可载货1.0 t或乘8～10人，有的只用于运货，载重可达1.0 t。造价仅为齿轮齿条施工电梯的2/5～1/2，因而在高层建筑中的应用范围逐渐扩大。

3. 施工电梯的选择

施工电梯的选择应根据建筑体型、建筑面积、运输总量、工期要求及施工电梯的造价与供货条件等确定。

施工人员沿楼梯进出施工部位所耗用的上、下班时间，随楼层增高而增加。如在施建筑物为10层楼，每名工人上、下班所占用的工时为30 min，自10层楼以上，每增高一层平均需增加5～10 min。采用施工电梯运送工人上、下班可大大压缩工时损失和提高工效。

人货两用施工电梯应以运人为主，货物可用其他垂直升运设备运输。施工电梯的安装位置应在编制施工组织设计和施工总平面图时妥善加以安排，要充分考虑施工流水段落的划分、人员及货物的运送需要。现场施工经验表明，20层以下的高层建筑，宜采用钢丝绳轮驱动施工电梯，30层以上的高层建筑选用齿轮齿条驱动式施工电梯。一台施工电梯的服务楼层面积为600 m^2，可按此数据为高层建筑工地配备施工电梯。为缓解高峰时运载能力不足的矛盾，应尽可能选用双吊厢式施工电梯。

二、施工电梯的安装、使用与拆除

1. 施工电梯的安装

(1)安装作业人员应按施工安全技术交底内容进行作业。

(2)安装单位的专业技术人员、专职安全生产管理人员应进行现场监督。

(3)施工电梯的安装作业范围应设置警戒线及明显的警示标志。非作业人员不得进入警戒范围。任何人不得在悬吊物下方行走或停留。

(4)进入现场的安装作业人员应佩戴安全防护用品，高处作业人员应系安全带，穿防滑鞋。作业人员严禁酒后作业。

(5)安装作业中应统一指挥，明确分工。进行危险部位安装时应采取可靠的防护措施。当指挥信号传递困难时，应使用对讲机等通信工具进行指挥。

(6)当遇大雨、大雪、大雾或风速大于 13 m/s 等恶劣天气时，应停止安装作业。

(7)电气设备安装应按施工电梯使用说明书的规定进行，安装用电应符合现行行业标准《施工现场临时用电安全技术规范》(JGJ 46—2005)的规定。

(8)施工电梯金属结构和电气设备金属外壳均应接地，接地电阻不应大于 4 Ω。

(9)安装时应确保施工电梯运行通道内无障碍物。

(10)安装作业时必须将按钮盒或操作盒移至吊笼顶部操作。当导轨架或附墙架上有人员作业时，严禁开动施工电梯。

(11)传递工具或器材不得采用投掷的方式。

(12)在吊笼顶部作业前应确保吊笼顶部护栏齐全完好。

(13)吊笼顶上所有的零件和工具应放置平稳，不得超出安全护栏。

(14)安装作业过程中，安装作业人员和工具等总荷载不得超过施工电梯的额定安装载重量。

(15)当安装吊杆上有悬挂物时，严禁开动施工电梯。严禁超载使用安装吊杆。

(16)层站应为独立受力体系，不得搭设在施工电梯附墙架的立杆上。

(17)当需安装导轨架加厚标准节时，应确保普通标准节和加厚标准节的安装部位正确，不得用普通标准节代替加厚标准节。

(18)导轨架安装时，应对施工电梯导轨架的垂直度进行测量校准。施工电梯导轨架安装垂直度偏差应符合使用说明书和表 4-2 的规定。

表 4-2　安装垂直度偏差

导轨架架设高度 h/m	$h\leqslant70$	$70<h\leqslant100$	$100<h\leqslant150$	$150<h\leqslant200$	$h>200$
垂直度偏差/mm	不大于(1/1 000)h	≤70	≤90	≤110	≤130
	对钢丝绳式施工电梯，垂直度偏差不大于(1.5/1 000)h				

(19)接高导轨架标准节时，应按使用说明书的规定进行附墙连接。

(20)每次加节完毕后，应对施工电梯导轨架的垂直度进行校正，且应按规定及时重新设置行程限位和极限限位，经验收合格后方能运行。

(21)连接件和连接件之间的防松防脱件应符合使用说明书的规定，不得用其他物件代替。对有预紧力要求的连接螺栓，应使用扭力扳手或专用工具，按规定的拧紧次序将螺栓准确地紧固到规定的扭矩值。安装标准节连接螺栓时，宜螺杆在下，螺母在上。

(22)施工电梯最外侧边缘与外面架空输电线路的边线之间，应保持安全操作距离。最小安全操作距离应符合表 4-3 的规定。

表 4-3　最小安全操作距离

外电线电路电压/kV	<1	1～10	35～110	220	330～500
最小安全操作距离/m	4	6	8	10	15

(23)当发生故障或危及安全的情况时，应立刻停止安装作业，采取必要的安全防护措施，应设置警示标志并报告技术负责人。在故障或危险情况未排除之前，不得继续安装作业。

(24)当遇意外情况不能继续安装作业时，应使已安装的部件达到稳定状态并固定牢靠，经确认合格后方能停止作业。作业人员下班离岗时，应采取必要的防护措施，并应设置明显的警示标志。

(25)安装完毕后应拆除为施工电梯安装作业而设置的所有临时设施，清理施工场地上作业时所用的索具、工具、辅助用具、各种零配件和杂物等。

(26)钢丝绳轮驱动式施工电梯的安装还应符合下列规定：

1)卷扬机应安装在平整、坚实的地点，且应符合使用说明书的要求。

2)卷扬机、曳引机应按使用说明书的要求固定牢靠。

3)应按规定配备防坠安全装置。

4)卷扬机卷筒、滑轮、曳引轮等应有防脱绳装置。

5)每天使用前应检查卷扬机制动器，动作应正常。

6)卷扬机卷筒与导向滑轮中心线应垂直对正，钢丝绳出绳偏角大于2°时应设置排绳器。

7)卷扬机的传动部位应安装牢固的防护罩；卷扬机卷筒旋转方向应与操纵开关上指示的方向一致；卷扬机钢丝绳在地面上运行区域内应有相应的安全保护措施。

2. 施工电梯的使用

(1)不得使用有故障的施工电梯。

(2)严禁施工电梯使用超过有效标定期的防坠安全器。

(3)施工电梯额定载重量、额定乘员数标牌应置于吊笼醒目位置。严禁在超过额定载重量或额定乘员数的情况下使用施工电梯。

(4)当电源电压值与施工电梯额定电压值的偏差超过±5%，或供电总功率小于施工电梯的规定值时，不得使用施工电梯。

(5)应在施工电梯作业范围内设置明显的安全警示标志，应在集中作业区做好安全防护。

(6)当建筑物超过2层时，施工电梯地面通道上方应搭设防护棚。当建筑物高度超过24 m时，应设置双层防护棚。

(7)使用单位应根据不同的施工阶段、周围环境、季节和气候，对施工电梯采取相应的安全防护措施。

(8)使用单位应在现场设置相应的设备管理机构或配备专职的设备管理人员，并指定专职设备管理人员、专职安全生产管理人员进行监督检查。

(9)当遇大雨、大雪、大雾、施工电梯顶部风速大于20 m/s或导轨架、电缆表面结有冰层时，不得使用施工电梯。

(10)严禁将行程限位开关作为停止运行的控制开关。

(11)使用期间，使用单位应按使用说明书的要求定期对施工电梯进行保养。

(12)在施工电梯基础周边水平距离 5 m 以内，不得开挖井沟，不得堆放易燃易爆物品及其他杂物。

(13)施工电梯运行通道内不得有障碍物。不得利用施工电梯的导轨架、横竖支撑、层站等牵拉或悬挂脚手架、施工管道、绳缆标语、旗帜等。

(14)施工电梯安装在建筑物内部井道中时，应在运行通道四周搭设封闭屏障。

(15)安装在阴暗处或夜班作业的施工电梯，应在全行程装设明亮的楼层编号标志灯。夜间施工时作业区应有足够的照明，照明应满足现行行业标准《施工现场临时用电安全技术规范》(JGJ 46—2005)的要求。

(16)施工电梯不得使用脱皮、裸露的电线、电缆。

(17)施工电梯吊笼底板应保持干燥、整洁。各层站通道区域不得有物品长期堆放。

(18)施工电梯司机严禁酒后作业。工作时间内司机不应与其他人员闲谈，不应有妨碍施工电梯运行的行为。

(19)施工电梯司机应遵守安全操作规程和安全管理制度。

(20)实行多班作业的施工电梯，应执行交接班制度。接班司机应进行班前检查，确认无误后，方能开机作业。

(21)施工电梯每天第一次使用前，司机应将吊笼升离地面 12 m，停车检查制动器的可靠性。当发现问题时，应经修复合格后方能运行。

(22)施工电梯每 3 个月应进行 1 次 1.25 倍额定重量的超载试验，确保制动器性能安全可靠。

(23)工作时间内司机不得擅自离开施工电梯。当有特殊情况需离开时，应将施工电梯停到最底层，关闭电源并锁好吊笼门。

(24)操作手动开关的施工电梯时，不得利用机电联锁开动或停止施工电梯。

(25)层门门栓宜设置在靠施工电梯一侧，且层门应处于常闭状态。未经施工电梯司机许可，不得启闭层门。

(26)施工电梯专用开关箱应设置在导轨架附近便于操作的位置，配电容量应满足施工电梯直接启动的要求。

(27)施工电梯使用过程中，运载物料的尺寸不应超过吊笼的界限。

(28)散状物料运载时应装入容器、进行捆绑或使用织物袋包装，堆放时应使荷载分布均匀。

(29)运载融化沥青、强酸、强碱、溶液、易燃物品或其他特殊物料时，应由相关技术部门做好风险评估和采取安全措施，且应向施工电梯司机、相关作业人员书面交底后方能载运。

(30)当使用搬运机械向施工电梯吊笼内搬运物料时，搬运机械不得碰撞施工电梯。

卸料时，物料放置速度应缓慢。

(31)当运料小车进入吊笼时，车轮处的集中荷载不应大于吊笼底板和层站底板的允许承载力。

(32)吊笼上的各类安全装置应保持完好有效。经过大雨、大雪、台风等恶劣天气后应对各安全装置进行全面检查，确认安全有效后方能使用。

(33)当施工电梯运行过程中发现异常情况时，应立即停机，直到排除故障后方可继续运行。

(34)当在施工电梯运行中由于断电或其他原因中途停止时，可进行手动下降。吊笼手动下降速度不得超过额定运行速度。

(35)作业结束后应将施工电梯返回最底层停放，将各控制开关拨到零位，切断电源，锁好开关箱、吊笼门和地面防护围栏门。

(36)钢丝绳轮驱动式施工电梯的使用还应符合下列规定：

1)钢丝绳应符合现行国家标准《起重机钢丝绳保养、维护、安装、检验和报废》(GB/T 5972—2016)的规定。

2)施工电梯吊笼运行时钢丝绳不得与遮掩物或其他物件发生碰触或摩擦。

3)当吊笼位于地面时，最后缠绕在卷扬机卷筒上的钢丝绳不应少于3圈，且卷扬机卷筒上钢丝绳应无乱绳现象。

4)卷扬机工作时，卷扬机上部不得放置任何物件。

5)不得在卷扬机、曳引机运转时进行清理或加油。

3. 施工电梯的拆卸

(1)拆卸前应对施工电梯的关键部件进行检查，当发现问题时，应在问题解决后再进行拆卸作业。

(2)施工电梯拆卸作业应符合拆卸工程专项施工方案的要求。

(3)应有足够的工作面作为拆卸场地，应在拆卸场地周围设置警戒线和醒目的安全警示标志，并应派专人监护。拆卸施工电梯时，不得在拆卸作业区域内进行与拆卸无关的其他作业。

(4)夜间不得进行施工电梯的拆卸作业。

(5)拆卸附墙架时，施工电梯导轨架的自由端高度应始终满足使用说明书的要求。

(6)应确保与基础相连的导轨架在最后一个附墙架拆除后，仍能保持各方向的稳定性。

(7)施工电梯拆卸应连续作业。当拆卸作业不能连续完成时，应根据拆卸状态采取相应的安全措施。

(8)吊笼未拆除之前，非拆卸作业人员不得在地面防护围栏内、施工电梯运行通道内、导轨架内及附墙架上等区域活动。

(9)拆卸作业还应符合上述“2. 施工电梯的使用”中的有关规定。

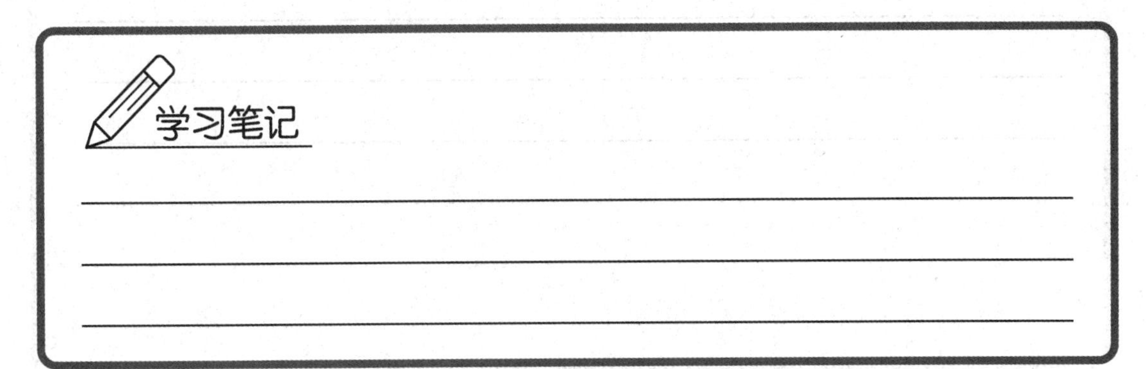

单元三 泵送混凝土施工机械

在混凝土结构的高层建筑中，混凝土的运输量非常大，因此，在施工中正确地选择混凝土运输机械就显得尤为重要。现在高层建筑中普遍应用的有混凝土搅拌运输车、混凝土泵和混凝土泵车、混凝土布料杆等。

一、混凝土搅拌运输车

混凝土搅拌运输车简称混凝土搅拌车，是混凝土泵车的主要配套设备。其用途是运送拌和好的、质量符合施工要求的混凝土(统称湿料或熟料)。在运输过程中，搅拌筒进行低速转动(14 r/min)，使混凝土不产生离析，保证混凝土浇筑入模的施工质量。在运输距离很长时也可将混凝土干料或半干料装入筒内，在将要达到施工地点之前注入或补充定量拌和水，并使搅拌筒按搅拌要求的转速转动，在途中完成混凝土的搅拌全过程，到达工地后可立即卸出并进行浇筑，以免由于运输时间过长对混凝土质量产生不利影响。

1. 混凝土搅拌运输车的分类与构造

混凝土搅拌运输车按公称容量的大小分为 2 m^3、2.5 m^3、4 m^3、5 m^3、6 m^3、7 m^3、8 m^3、9 m^3、10 m^3、12 m^3 等几种，搅拌筒的充盈率为55%～60%。公称容量在2.5 m^3 以下者属轻型搅拌运输车，搅拌筒安装在普通卡车底盘上制成；公称容量在4～6 m^3，属于中型混凝土搅拌运输车，用重型卡车底盘改装而成；公称容量在 8 m 以上，为大型混凝土搅拌运输车，以三轴式重型载重卡车底盘制成。实践表明，公称容量在 6 m^3 的搅拌运输车技术经济效果最佳，目前国内制造和应用的及国外引进的大多属这类档次的混凝土搅拌运输车。

混凝土搅拌运输车(图 4-7)主要由底架、搅拌筒、发动机、静液驱动系统、加水系统、装料及卸料系统、卸料溜槽、卸料振动器、操作平台、操纵系统及防护设备等组成。

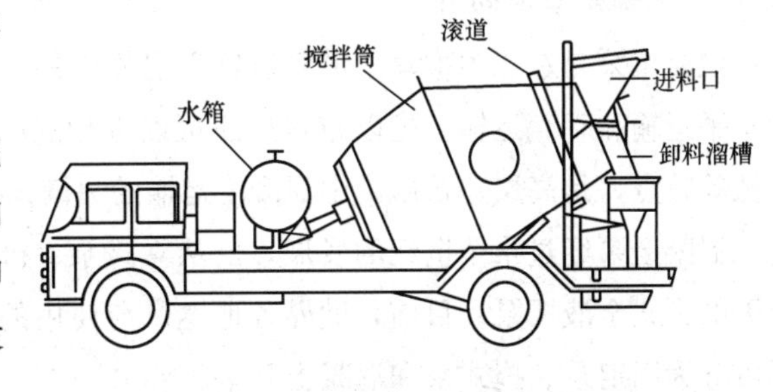

图 4-7 混凝土搅拌运输车示意

搅拌筒内安装有两扇螺栓形搅拌叶片，当鼓筒正向回转时，可使混凝土得到拌和，反向回转时，可使混凝土排出。

2. 混凝土搅拌运输车的操作

(1)新车投入使用前，必须经过全面检查和试车，一切正常后，才可正式使用。

(2)搅拌车液压系统使用的压力应符合规定，不得随意调整。液压油的油量、油质和油温应符合使用说明书中的规定；换油时，应选用与原牌号相当的液压油。

(3)搅拌车装料前，应先排净筒内的积水和杂物。压力水箱内应保持满水状态，以备急用。

(4)搅拌车装载混凝土，其体积不得超过允许的最大搅拌容量。在运输途中，搅拌筒不得停止转动，以免混凝土离析。

(5)搅拌车到达现场卸料前，应先使搅拌筒全速(14～18 r/min)转动1～2 min，并待搅拌筒完全停稳不转后，再进行反转卸料。

(6)当环境温度高于25 ℃时，混凝土搅拌车从装料到卸料包括途中运输的全部延续时间不得超过60 min；当环境温度低于25 ℃时，全部延续时间不得超过90 min。

(7)搅拌筒由正转变为反转时，必须先将操纵手柄放至中间位置，待搅拌筒停转后，再将操纵手柄放至反转位置。

(8)冬期施工，搅拌运输车开机前，应检查水泵是否冻结；每日工作结束时，应按以下程序将积水排放干净：开启所有阀门→打开管道的排水龙头→打开水泵排水阀门→使水泵做短时间运行(5 min)→最后将控制手柄转至“搅拌-出料”位置。

(9)搅拌运输车在施工现场卸料完毕，返回搅拌站前，应放水将装料口、出料漏斗及卸料槽等部位冲洗干净，并清除粘结在车身各处的污泥和混凝土。

(10)在现场卸料后，应随即向搅拌筒内注入150～200 L清水，并在返回途中使搅拌筒慢速转动，清洗搅拌筒内壁，防止水泥浆渣黏附在筒壁和搅拌叶片上。

(11)每天下班后，应向搅拌筒内注入适量清水，并高速(14～18 r/min)转动5～10 min，然后将筒内杂物和积水排放干净，以使筒内保持清洁。

(12)混凝土搅拌运输车操作人员必须经过专门培训并取得合格证方准上岗操作；无合格证者，不得上岗顶班作业。

二、混凝土泵与混凝土泵车

(一)混凝土泵简介

混凝土泵是在压力推动下沿管道输送混凝土的一种设备，它能连续完成高层建筑的混凝土的水平运输和垂直运输，配以布料杆还可以进行混凝土的浇筑。混凝土泵具有功效高、劳动强度低等特点，是高层建筑施工中混凝土运输的关键设备。

混凝土泵经过半个世纪的发展，已从立式泵、机械式挤压泵、水压隔膜泵、气压泵发展到今天的卧式全液压泵。目前，世界各地生产与使用的大都是液压泵。按照移动方式不同，液压泵可分为固定泵、拖式泵和混凝土泵车。

本任务以液压活塞式混凝土泵为例，简述其构造、工作原理及其性能特点。

1. 液压活塞式混凝土泵的构造

液压活塞式混凝土泵主要由料斗、液压缸、活塞、混凝土缸、分配阀、Y形管、冲洗设备、液压系统和动力系统等部分组成，如图4-8所示。

2. 液压活塞式混凝土泵的工作原理

液压活塞式混凝土泵工作时，混凝土进入料斗内，在阀门操纵系统的作用下，阀门开启，阀门关闭，液压活塞在液压力作用下通过活塞杆带动活塞后移，料斗内的混凝土在自重和吸力作用下进入混凝土缸。然后液压系统中压力油的进出反向，使活塞向前推压，同时阀门关闭，阀门打开，混凝土缸中的混凝土在压力作用下通过Y形管进入输送管道，输送至施工现场浇筑地点。由于两个缸交替进料和出料，因而使混凝土泵能够连续稳定的进行输送。

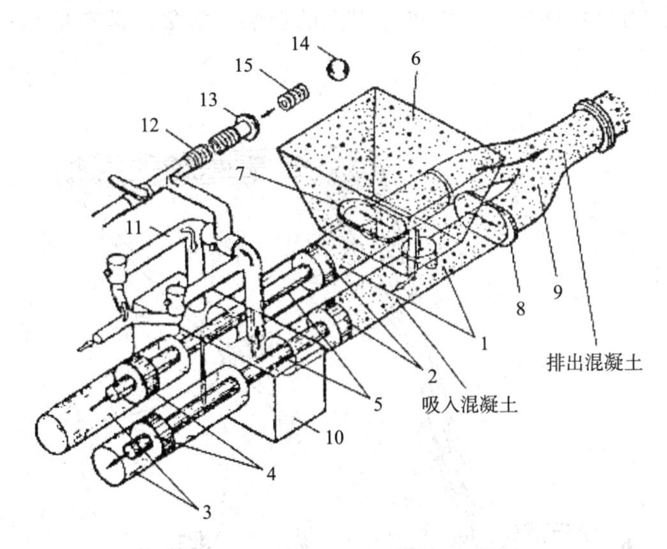

图 4-8　液压活塞式混凝土泵的工作原理

1—混凝土缸；2—推压混凝土的活塞；3—液压缸；4—液压活塞；5—活塞杆；6—料斗；7—吸入阀门；8—排出阀门；9—Y形管；10—水箱；11—水洗装置换向阀；12—水洗用的高压软管；13—水洗用的法兰；14—海绵球；15—清洗活塞

在混凝土泵的料斗内，一般都装有带叶片的、由电动机驱动的搅拌器，以便对进入料斗的混凝土进行二次搅拌以增加其和易性。

(二)混凝土泵车简介

混凝土泵车(图4-9)是将混凝土泵安装在汽车底盘上，利用柴油发动机的动力，通过动力分动箱将动力传递给液压泵，然后带动混凝土泵进行工作。通过布料杆，可将混凝土送到一定高程与距离。对于一般的建筑物施工，这种泵车有独特的优越性，其移动方便，输送幅度与高度适中，可节省一台起重机，在施工中很受欢迎。

(三)泵送混凝土的有关要求

利用混凝土输送泵进行混凝土运输，要求混凝土在运输过程中保持均匀性，避免产生分离、泌水、砂浆流失、流动性减小等现象，要求浇筑工作能够连续进行，保证管道通畅，在混凝土初凝之前浇筑完毕。为了保证混凝土输送泵的顺利工作，混凝土的材料必须符合要求。泵送混凝土水胶比除考虑混凝土的强度和耐久性的影响外，还要考虑对混凝土输送泵泵送黏性阻力的影响。水胶比小，拌合料干涩，泵送阻力大；水胶比过大，保水性差，易产生离析。泵送混凝土的水胶比控制在0.45～0.75时混凝土的和易性较好。一般来说，水泥含量越多管道泵送阻力越小，混凝土的可泵性越好，我国规定泵送混凝土最低水泥含量为300 kg/m^3；坍落度越大，混凝土通过泵体时管道阻力就越小，相反则会影响到泵送能力，在一般建筑工程中泵送混凝土的坍落度控制在 80～180 mm；泵送混凝土最好以卵石和河砂为集料，一般要求要控制集料最大粒径：碎石的直径不得超过输送管道直径的 1/4，卵石的直径不超过管径的 1/3；含砂率对泵送能力的影响也很大，一般情况下，含砂率以 40％～50％泵送效果较好，集料的粒度对泵送能力也有很大的影响，如集料偏离标准粒度太大，会使泵送能力降低。

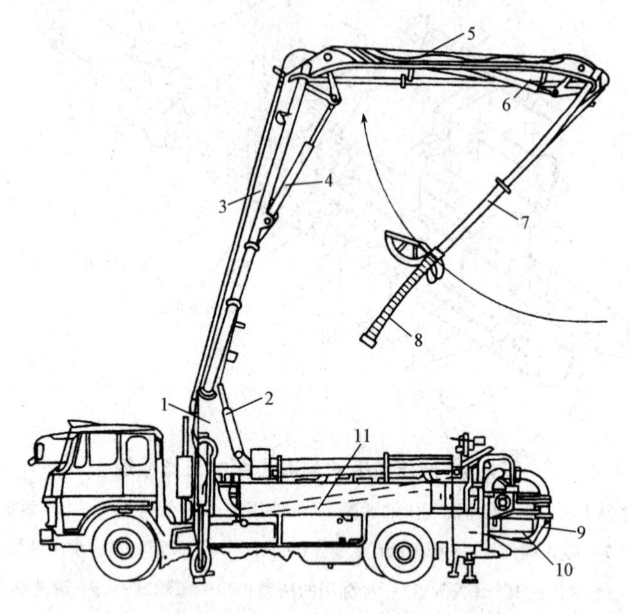

图 4-9　混凝土泵车

1—回转支承装置；2—变幅液压缸；3—第 1 节臂架；4，6—伸缩液压缸；5—第 2 节臂架；7—第 3 节臂架；8—软管；9，11—输送管；10—泵体

(四)泵送混凝土的浇筑

泵送混凝土的浇筑应根据工程结构特点、平面形状和几何尺寸，混凝土供应和泵送设备能力、劳动力和管理能力，以及周围场地大小等条件，预先划分好混凝土浇筑区域。

(1)泵送混凝土的浇筑顺序。

1)当采用混凝土输送管输送混凝土时，应由远而近浇筑。

2)在同一区域的混凝土，应按先竖向结构后水平结构的顺序，分层连续浇筑。

3)当不允许留施工缝时，区域之间、上下层之间的混凝土浇筑间歇时间，不得超过混凝土初凝时间。

4)当下层混凝土初凝后，浇筑上层混凝土时，应先按留设施工缝的规定处理。

(2)泵送混凝土的布料方法。

1)在浇筑竖向结构混凝土时，布料设备的出口离模板内侧面不应小于 50 mm，并且不向模板内侧面直冲布料，也不得直冲钢筋骨架。

2)浇筑水平结构混凝土时，不得在同一处连续布料，应在 2～3 m 范围内水平移动布料，且宜垂直于模板。

混凝土浇筑分层厚度，一般为300～500 mm。当水平结构的混凝土浇筑厚度超过500 mm时，可按1∶10～1∶6坡度分层浇筑，且上层混凝土应超前覆盖下层混凝土500 mm以上。

振捣泵送混凝土时，振捣棒插入的间距一般为400 mm左右，振捣时间一般为15～30 s，并且在20～30 min后对其进行二次复振。

对于有预留洞、预埋件和钢筋密集的部位，应预先制订好相应的技术措施，确保顺利布料和振捣密实。在浇筑混凝土时，应经常观察，当发现混凝土有不密实等现象，应立即采取措施。

水平结构的混凝土表面，应适时用木抹子磨平搓毛两遍以上。必要时，还应先用铁滚筒压两遍以上，以防止产生收缩裂缝。

知识小贴士

泵送混凝土堵管原因

堵管现象是泵送混凝土工艺上的技术难题之一，如处理不当，会造成质量事故和人力、物力上的损失，应从材料和设备等方面进行分析，主要原因如下：

(1)石子级配不好或石子超径过多。超径石子挤在一起时，在管内起拱而堵塞管路。

(2)石子级配和混凝土砂率不准。砂率过小或过大都会增大其对管壁之间的摩擦阻力。

(3)石子吸水率大，在压力下能吸收更多的水分，增大坍落度损失。

(4)坍落度过大或过小。坍落度过大时，混凝土在泵管滞留时间长、泌水大，容易产生离析，尤其是经过长距离运输后，离析现象更为严重，使石子集中，摩擦阻力增大而形成阻塞。坍落度过小时，摩擦阻力增大，使泵机、泵管、液压系统等磨损增加，随时可能产生阻塞。

(5)混凝土运输时间和现场停歇时间较长。当气温高于20 ℃，时间超过2 h，混凝土就出现泌水和离析现象；当时间超过3 h，泵送就困难。尤其当气温高于30 ℃、泵送距离100 m以上、时间超过1.5 h，泵送随时可能发生阻塞。

(6)对于商品混凝土，还可能出现供应不及时，作业停顿，导致泵送不连续，甚至较长时间停泵，从而造成阻塞。

(7)泵管布置不合理，泵管未加固定或弯管过多等，都是造成泵送阻力增大，泵管阻塞的原因。

(8)泵机料斗下部进料口的横向阀与连接杆之间的磨损严重，间隙增大、水泥砂浆因回路倒流到泵机料斗内，使输送管内的压力降低，同时使混凝土发生离析现象，增大对管壁的摩擦阻力。

(9)混凝土泵车驾驶员技术不熟练，或对泵机缺乏经常性维修，不能保持泵送系统处于完好状态。

(10)没有按照泵机性能要求进行操作，当泵送出现异常征兆时，未能及时采取应急措施而导致泵管阻塞。

三、混凝土布料杆

混凝土布料杆是完成输送、布料、摊铺混凝土浇筑入模的一种专用设备。它具有劳动消耗量少、生产效率高、劳动强度低和浇筑施工速度快、易于保证质量等优点。

(一)混凝土布料杆的分类

混凝土布料杆分为混凝土泵车布料杆和独立式布料杆两类。

1. 混凝土泵车布料杆

混凝土泵车布料杆由折叠式臂架与泵送管道组成。施工时是通过布料杆各节臂架的俯、仰、屈、伸，能将混凝土泵送到臂架有效幅度范围内的任意一点。泵车的臂架形式主要有连接式、伸缩式和折叠式三种。连接式臂架由2～3节组合而安置在汽车上，当到达施工现场时再进行组装；伸缩式臂架不需要另行安装，可由液压力一节节顶出，这种布料杆的优点是特别适应在狭窄施工场地上施工；缺点是只能作回转和上下调幅运动；折臂式最大特点是运动幅度和作业范围大，使用方便，应用得最广泛，但成本较高。

2. 独立式布料杆

独立式布料杆根据它的支承结构形式大致上有移置式布料杆、管柱式机动布科杆、装在塔式起重机上的布料杆三种形式。

(1)移置式布料杆。移置式布料杆由布料系统、支架、回转支撑及底架支腿等部件组成(图4-10)。布料系统又由臂架、泵送管道及平衡臂组成。根据支架构造不同，移置式布料杆可分为台灵架式和屋面吊式两种。前者工作幅度为9.5 m，有效作业覆盖面积为300 m²；后者工作幅度为10～15 m。两种布料杆都是借助塔式起重机进行移位，可直接安放在需要浇筑混凝土的施工处，与混凝土泵(或混凝土泵车)配套使用。整个布料杆可用人力推动，围绕回转中心转动360°。

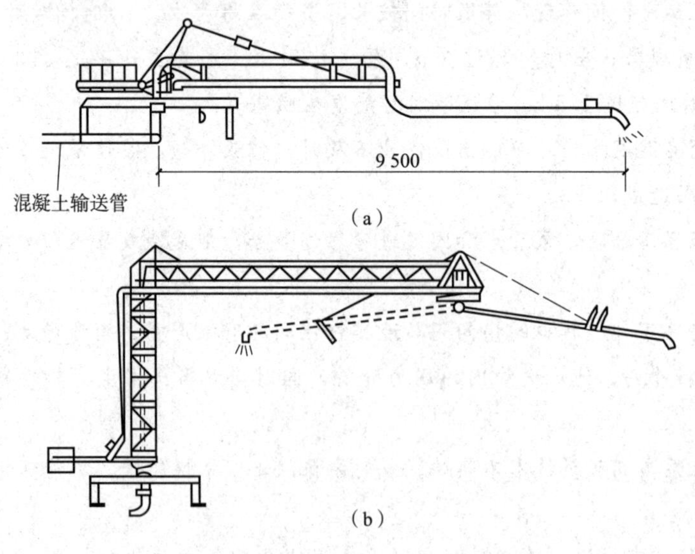

图4-10　移置式混凝土布料杆

(a)台灵架式；(b)屋面吊式

移置式布料杆的优点是构造简单、加工容易、安装方便、操作灵活、造价低、维修简便、转移迅速，甚至可用塔式起重机随着楼层施工升运和转移，可自由地在施工楼面上流水作业段转移，独立性强，无须依赖其他的构件；缺点是工作幅度、有效作业面积较小，上楼要借助于塔式起重机，给施工带来不便。

(2)固定式布料杆。固定式布料杆又称为塔式布料杆[图 4-11(a)]，包括附着式布料杆及内爬式布料杆，两种布料杆除布料架外，其他部件如转台、回转支撑和机构、操作平台、爬梯、底架均采用批量生产的相应塔式起重机的部件。布料杆的塔架可用钢管或格桁结构制成。布料臂架采用薄壁箱形截面结构，一般由三节组成，末端装有 4 m 长的橡胶软管，其俯、仰、曲、伸动作均由液压系统操纵。

(3)塔架式布料杆。塔架式布料杆也称起重布料两用塔式起重机，布料系统附装在特制的爬升套架上，它是带悬挑支座的特制转台与普通爬升套架的集合体。布料系统及顶部塔身装设于特制转台上。国内自行设计制造的一种布料系统装设在塔帽转台上的起重布料两用机，其小车变幅水平臂架最大幅度 56 m 时，起重量为 1.3 t，布料杆为三节式，液压屈伸俯仰泵管臂架，其最大幅度为 38 m，如图 4-11(b)所示。

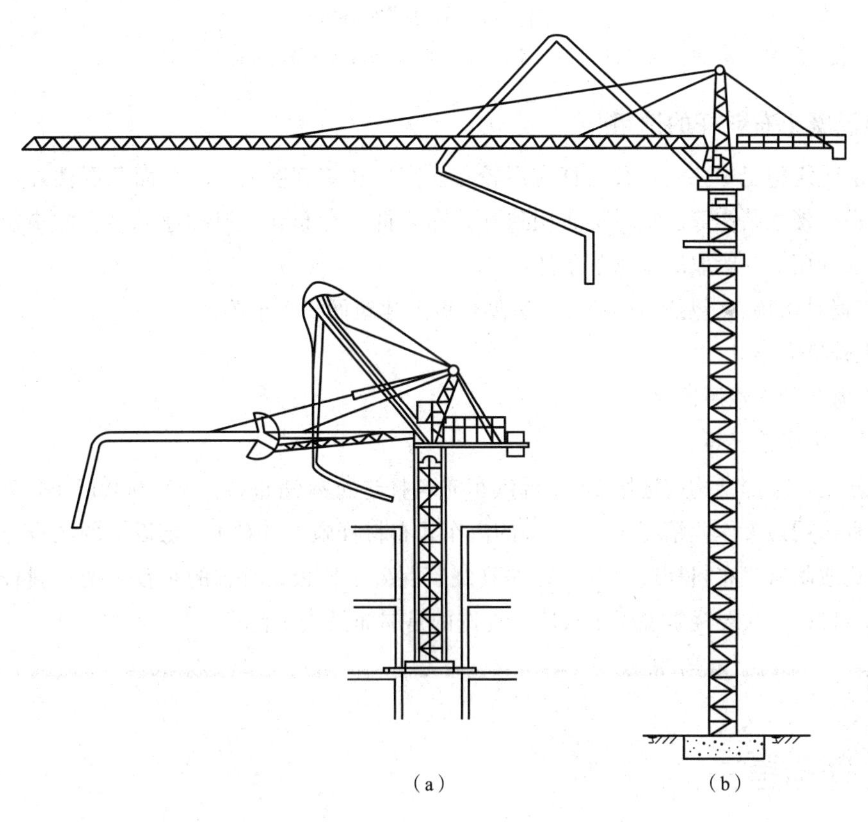

图 4-11　固定式和塔架式混凝土布料杆

(a)固定内爬折臂式混凝土布料杆；(b)塔架式混凝土布料杆

(4)管柱式布料杆。管柱式布料杆由多节钢管组成的立柱、三节式臂架、泵管、转台、回转机构、操作平台、底座等组成，如图 4-12 所示。在钢管立柱的下部设有液压爬升机构，借助爬升套架梁，可在楼层电梯井、楼梯间或预留孔筒中逐层向上爬升。管柱式机动布料杆可做360°回转，最大工作幅度为17 m，最大垂直输送高度为16 m，有效作业面积为900 m²；一般情况下，这种布料杆适用于塔形高层建筑和筒仓式建筑施工，受高度限制较少，但由于立管固定依附在构筑物上，水平距离受到一定的限制。

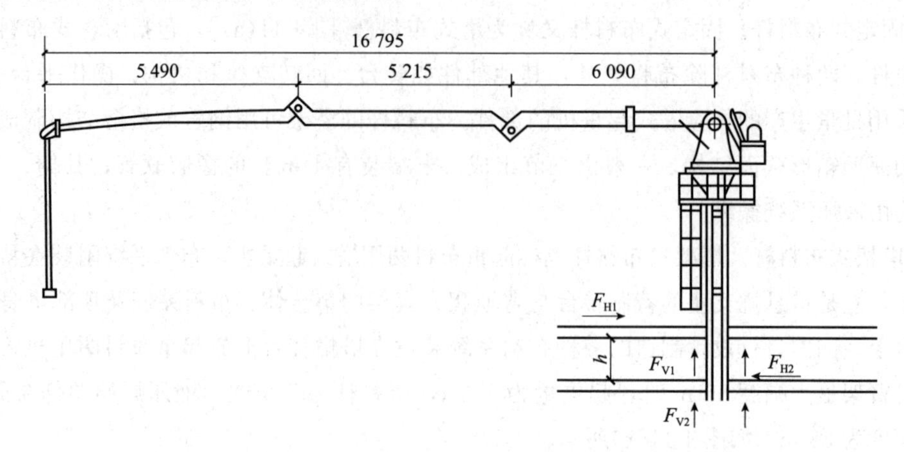

图 4-12　管柱式布料杆

F_H—水平反力；F_V—垂直反力；h—楼层高度

(二)混凝土布料杆的选用

在高层建筑施工中独立式布料杆应用较多。高层建筑高度大，除下面几层楼外，用混凝土泵或泵车进行楼盖结构等浇筑时都宜用独立式布料杆进行布料，以加速混凝土的浇筑工作。至于布料杆的选用，一般取决于以下条件：

(1)工程对象特点(包括结构特点、造型尺度及建筑面积大小等)。

(2)工程量大小。

(3)人力及物力资源情况。

(4)设备供应情况等。

一般来说，下部结构应选用2～4台汽车布料杆进行摊铺布料；±0.000以下，7层以下混凝土结构宜选用最大作业幅度21～23 m的汽车式布料杆施工；对于7层以上的混凝土结构最宜采用内爬式或附着式布料杆进行施工；如只浇筑混凝土楼板，首选的是台灵架布料杆；如既要浇筑混凝土楼板，又要浇筑混凝土板墙，首选的是屋面吊式布料杆。

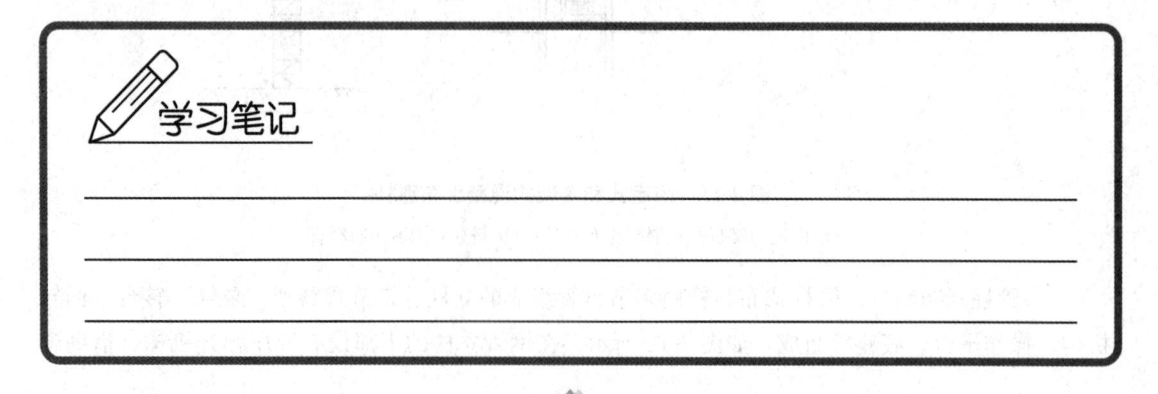

模块小结

在高层建筑施工中建立一个高效能的垂直运输系统(包括起重系统、混凝土输送系统)，对保证施工顺利进行、加快施工速度、缩短工期、降低施工成本都具有极为重要的意义。本模块主要介绍塔式起重机、施工电梯、泵送混凝土施工机械。

复习与提高

一、单项选择题

1. 下列关于塔式起重机的说法不正确的是(　　)。

A. 吊臂长，工作幅度大　　B. 吊绳速度快

C. 吊钩速度快　　D. 吊钩高度小

2. 安装时塔式起重机最大高度处的风速应符合产品说明书的要求，且风速不得超过(　　)m/s。

A. 8　　B. 10　　C. 12　　D. 14

3. (　　)是一种安装于建筑物外部，通过工作笼(吊笼)沿导轨做垂直运动来运送人员和物料的垂直提升机械。

A. 施工电梯　　B. 塔式起重机

C. 爬升式塔式起重机　　D. 附着式塔式起重机

4. (　　)是在压力推动下沿管道输送混凝土的一种设备，它能连续完成高层建筑的混凝土的水平运输和垂直运输，配以布料杆还可以进行混凝土的浇筑。

A. 混凝土泵　　B. 混凝土搅拌运输车

C. 液压活塞式混凝土泵　　D. 混凝土布料杆

二、多项选择题

1. 爬升式塔式起重机的爬升过程主要分(　　)阶段。

A. 准备状态　　B. 平整场地　　C. 提升套架　　D. 提升起重机

2. 塔式起重机的使用应符合(　　)要求。

A. 塔式起重机起重司机、起重信号工、司索工等操作人员应取得特种作业人员资格证书，严禁无证上岗

B. 塔式起重机使用前，应对起重司机、起重信号工、司索工等作业人员进行安全技术交底

C. 塔式起重机起吊前，当吊物与地面或其他物件之间存在吸附力或摩擦力而未采取处理措施时，谨慎考虑后方可起吊

D. 塔式起重机起吊前，应对安全装置进行检查，确认合格后方可起吊；安全装置失灵时，不得起吊

三、简答题

1. 塔式起重机一般具有哪些特点？

2. 什么是爬升式塔式起重机？爬升式起重机的特点有哪些？

3. 塔式起重机的拆卸有哪些要求？

4. 施工电梯的安装要求有哪些？

模块五　高层建筑施工用脚手架

知识目标

1. 了解扣件式钢管脚手架的组成、构造要求；掌握钢管脚手架的搭设。
2. 了解门式脚手架组成、构造要求；掌握门式脚手架搭设、使用、拆除与维护。
3. 掌握附着升降式脚手架设置、悬挑式脚手架设置、悬吊式脚手架设置。
4. 熟悉碗扣式钢管脚手架设置、液压升降整体脚手架设置。

能力目标

能根据现场条件正确选择脚手架；能进行各种脚手架的使用和拆除。

素质目标

1. 有效地计划并实施各种活动。
2. 听取他人的意见，积极讨论各种观点想法，共同努力，达成一致意见。
3. 作风端正，忠诚廉洁，勇于承担责任，善于接纳、宽容、细致、耐心、合作。

模块导学

一、核心知识点及概念

脚手架是建筑施工中不可缺少的临时设施，它是为解决在建筑物高部位施工而专门搭设的，用作操作平台、施工作业和运输通道，并能临时堆放施工用的材料和机具，因此脚手架在砌筑工程、混凝土工程、装修工程中有着广泛的应用。

脚手架可根据与施工对象的位置关系，以及支撑特点、结构形式与使用的材料等划分为多种类型。

1. 按照与建筑物的位置关系划分

(1)外脚手架：沿建筑物外围从地面搭起，既可用于外墙砌筑，又可用于外装饰施工。其主要形式有多立杆式、框式、桥式等。多立杆式应用最广，框式次之，桥式应用最少。

(2)里脚手架：搭设于建筑物内部，每砌完一层墙后即将其转移到上一层楼面，进行新的一层砌体砌筑，它可用于内外墙的砌筑和室内装饰施工。里脚手架用料较少，但装拆频繁，故要求轻便灵活，装拆方便。其结构形式有折叠式、支柱式和门架式等多种。

2. 按照支撑部位和支撑方式划分

(1)落地式脚手架：搭设(支座)在地面、楼面、屋面或其他平台结构之上的脚手架。

(2)悬挑式脚手架：采用悬挑方式支固的脚手架，其悬挑方式又有以下3种：

1)架设于专用悬挑梁上。

2)架设于专用悬挑三角桁架上。

3)架设于由撑拉杆件组合的支挑结构上。其中，支挑结构有斜撑式、斜拉式、拉撑式和顶固式等多种。

(3)附墙悬挂脚手架：在上部或中部挂设于墙体挑挂件上的定型脚手架。

(4)悬吊脚手架：悬吊于悬挑梁或工程结构之下的脚手架。

(5)附着升降脚手架(简称“爬架”)：附着于工程结构、依靠自身提升设备实现升降的悬空脚手架。

(6)水平移动脚手架：带行走装置的脚手架或操作平台架。

3. 按照所用材料划分

按所用材料划分为木脚手架、竹脚手架和金属脚手架。

4. 按照结构形式划分

按结构形式划分为多立杆式、碗扣式、门式、方塔式、附着式及悬吊式等。

二、训练准备

脚手架搭设前，应按专项施工方案向施工人员进行交底。按规范和脚手架专项施工方案要求对钢管、扣件、脚手板、可调托撑等进行检查验收，不合格产品不得使用。经检验合格的构配件应按品种、规格分类，堆放整齐、平稳，堆放场地不得有积水。

脚手架地基与基础的施工，应根据脚手架所受荷载、搭设高度、搭设场地土质情况与现行国家标准《建筑地基基础工程施工质量验收标准》(GB 50202—2018)的有关规定进行。

压实填土地基应符合现行国家标准《建筑地基基础设计规范》(GB 50007—2011)的相关规定；灰土地基应符合现行国家标准《建筑地基基础工程施工质量验收标准》(GB 50202—2018)的相关规定。

立杆垫板或底座底面标高宜高于自然地面50～100 mm，脚手架基础经验收合格后，应按施工组织设计或专项方案的要求放线定位。

单元一　落地式钢管脚手架设置

一、扣件式钢管脚手架设置

扣件式钢管脚手架属于多立杆式外脚手架中的一种，它是由钢管杆件用扣件连接而成的临时结构架，具有杆配件数量少、搭设灵活、工作可靠、装拆方便和适应性强等优点，是目前我国使用最为普遍的脚手架品种。其基本形式有单排和双排两种，单排的限制高度为 24 m，双排为 50 m。对于高度超过 50 m 的双排钢管脚手架，应遵循分段搭设的原则，每段搭设悬挑高度不宜超过 20 m。

(一)扣件式钢管脚手架的组成

扣件式钢管脚手架由钢管、扣件、脚手板、连墙件和底座等组成(图 5-1)，可用于搭设单排脚手架、双排脚手架、满堂脚手架、支撑架及其他用途的架子。

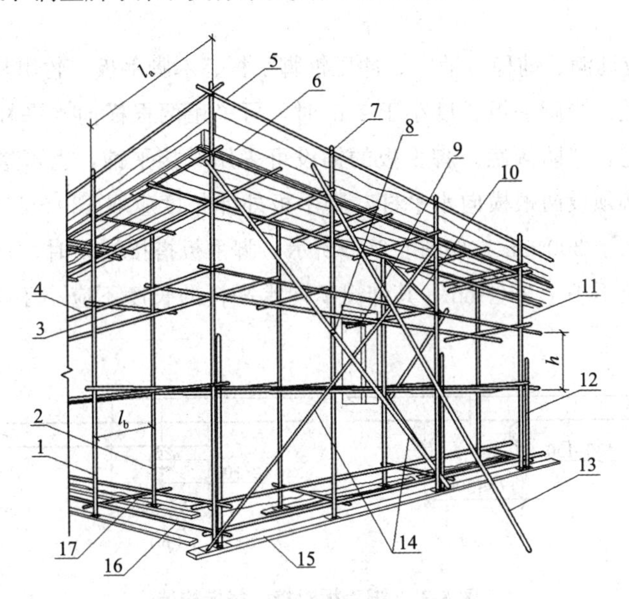

图 5-1　扣件式钢管脚手架的组成

1—外立杆；2—内立杆；3—横向水平杆；4—纵向水平杆；5—栏杆；6—挡脚板；7—直角扣件；8—旋转扣件；9—连墙件；10—横向斜撑；11—主力杆；12—副立杆；13—抛撑；14—剪力撑；15—垫板；16—纵向扫地杆；17—横向扫地杆

(二)扣件式钢管脚手架的构造要求

1. 钢管的要求

钢管一般采用外径为 48 mm、壁厚为 3.5 mm 的镀锌高频焊接钢管，也可采用 ϕ51 mm、壁厚为 3.0 mm 者。最大长度不宜超过 6 500 mm，最大质量不应超过 25 kg。可锻铸铁扣件有三种：供两根垂直相交钢管连接用的直角扣件；供两根任意相交钢管连接用的旋转扣件；供两根对接钢管连接用的对接扣件。扣件质量应符合有关的规定。脚手板有定型冲压钢脚手板、焊接钢脚手板、钢框银板脚手板等，每块质量不宜超过 30 kg。连墙件可用管材、型材或线材。

2. 扣件的要求

扣件是钢管与钢管之间的连接件，其基本形式有直角扣件、对接扣件和旋转扣件三种，如图 5-2 所示，用于钢管之间的直角连接、直角对接或成一定角度的连接。

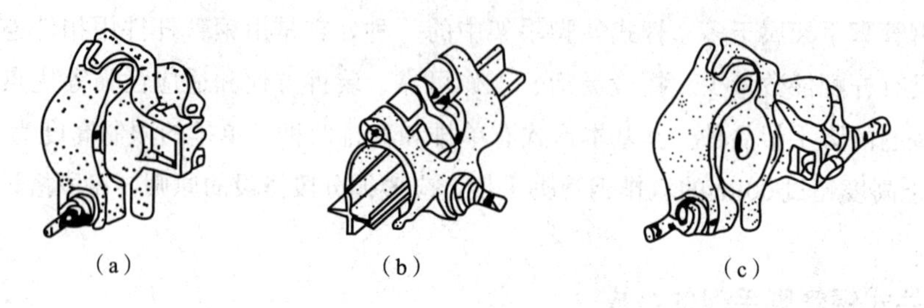

图 5-2　扣件形式图

(a)直角扣件；(b)对接扣件；(c)旋转扣件

3. 脚手板

作业层脚手板应铺满、铺稳、铺实。冲压钢脚手板、木脚手板、竹串片脚手板等，应设置在三根横向水平杆上。当脚手板长度小于 2 m 时，可采用两根横向水平杆支承，但应将脚手板两端与其可靠固定，严防倾翻。脚手板的铺设可采用对接平铺，也可搭接铺设。脚手板对接平铺时，接头处必须设两根横向水平杆，脚手板外伸长度应取 130～150 mm，两块脚手板外伸长度之和不应大于 300 mm，如图 5-3(a)所示；脚手板搭接铺设时，接头必须支在横向水平杆上，搭接长度应不小于 200 mm，其伸出横向水平杆的长度不应小于 100 m，如图 5-3(b)所示。

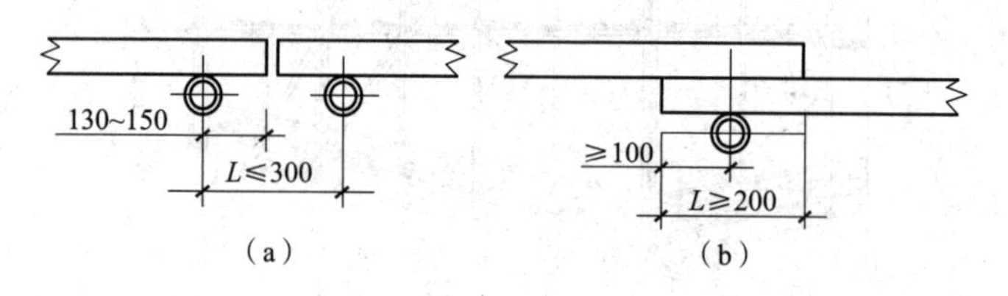

图 5-3　脚手板对接、搭接构造

(a)脚手板对接；(b)脚手板搭接

竹笆脚手板应按其主竹筋垂直于纵向水平杆方向铺设，且采用对接平铺，四个角应用直径为 1.2 mm 的镀锌钢丝固定在纵向水平杆上。作业层端部脚手板探头长度应取 150 mm，其板长两端均应与支撑杆可靠固定。

4. 连墙件

脚手架连墙件设置的位置、数量应按专项施工方案确定。脚手架连墙件数量的设置除应满足计算要求外，还应符合表 5-1 的规定。

表 5-1　连墙件布置最大间距

脚手架高度/m		竖向间距 h/m	水平间距 l_a/m	每根连墙件覆盖面积/m²
双排	≤50	3	3	≤40
	>50	2	3	≤27
单排	≤24	3	3	≤40

连墙件的布置应符合下列规定：

(1)应靠近主节点设置，偏离主节点的距离不应大于 300 mm。

(2)应从底层第一步纵向水平杆处开始设置，当该处设置有困难时，应采用其他可靠措施固定。

(3)应优先采用菱形布置，或采用方形、矩形布置。

开口型脚手架的两端必须设置连墙件，连墙件的垂直间距不应大于建筑物的层高，并且不应大于 4 m。连墙件中的连墙杆应呈水平设置，当不能水平设置时，应向脚手架一端下斜连接。连墙件必须采用可承受拉力和压力的构造。对高度 24 m 以上的双排脚手架，应采用刚性连墙件与建筑物连接。当脚手架下部暂不能设置连墙件时应采取防倾覆措施。当搭设抛撑时，抛撑应采用通长杆件，并用旋转扣件固定在脚手架上，与地面的倾角在 45°～60°；连接点中心至主节点的距离不应大于 300 mm。抛撑应在连墙件搭设后方可拆除。架高超过 40 m 且有风涡流作用时，应采取抗上升翻流作用的连墙措施。

5. 底座

底座容易承受脚手架上部传来的荷载，由钢板或可锻铸铁制作，如图 5-4 所示。

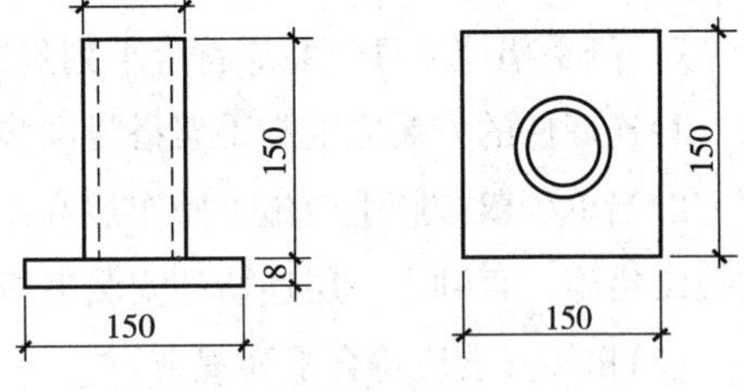

图 5-4　底座

(三)扣件式脚手架的搭设

(1)单、双排脚手架必须配合施工进度搭设，一次搭设高度不应超过相邻连墙件以上两步；如果超过相邻连墙件以上两步，无法设置连墙件时，应采取撑拉固定等措施与建筑结构拉结。

(2)每搭完一步脚手架，应按规定校正步距、纵距、横距及立杆的垂直度。

(3)底座安放应符合下列规定：

1)底座、垫板均应准确地放在定位线上。

2)垫板应采用长度不少于 2 跨、厚度不小于 50 mm、宽度不小于 200 mm 的木垫板。

(4)立杆搭设应符合下列规定：

1)相邻立杆的对接连接应符合设计要求及相关规范规定；

2)脚手架开始搭设立杆时，应每隔 6 跨设置一根抛撑，直至连墙件安装稳定后，方可根据情况拆除。

3)当架体搭设至有连墙体的主节点时，在搭设完该处的立杆、纵向水平杆、横向水平杆后，应立即设置连墙件。

(5)脚手架纵向水平杆的搭设应符合下列规定：

1)脚手架纵向水平杆应随立杆按步搭设，并应采取直角扣件与立杆固定。

2)纵向水平杆的搭设应符合纵向水平杆的构造要求。

3)在封闭性脚手架的同一步中，纵向水平杆应四周交圈设置，并应用直角扣件与内外部立杆固定。

(6)脚手架横向水平杆件搭设应符合下列规定：

1)搭设横向水平杆应符合横向水平杆的构造要求。

2)双排脚手架横向水平杆的靠墙一端至墙装饰面的距离不应大于 100 mm。

3)单排脚手架的横向水平杆不应设置在下列部位：

①设计不允许留脚手眼的部位；

②过梁上与过梁两端成 60°的三角形范围内及过梁净跨度 1/2 的高度范围内；

③宽度小于 1 m 的窗间墙；

④梁或梁垫下及其两侧各 500 mm 的范围内；

⑤砖砌体的门窗洞口两侧 200 mm 和转角处 450 mm 的范围内，其他砌体的门窗洞口两侧 300 mm 和转角处 600 mm 的范围内；

⑥墙体厚度小于或等于 180 mm；

⑦独立或附墙砖柱，空斗砖墙、加气块墙等轻质墙体；

⑧砌筑砂浆强度等级小于或等于 M2.5 的砖墙。

(7)脚手架连墙件安装应符合下列规定：

1)连墙件的安装应随脚手架搭设同步进行，不得滞后安装。

2)当单、双排脚手架施工操作层高出相邻连墙件以上两步时，应采取确保脚手架稳定的临时拉结措施，直到上一层连墙件安装完毕后再根据情况拆除。

(8)扣件安装应符合下列规定：

1)扣件规格应与钢管外径相同。

2)螺栓拧紧扭力矩不应小于 40 N·m，且不应大于 65 N·m。

3)在主节点处固定横向水平杆、纵向水平杆、剪刀撑、横向斜撑等用的直角扣件、旋转扣件的中心点的相互距离不应大于 150 mm。

4)对接扣件开口应朝上或朝内。

5)各杆件端头伸出扣件盖板边缘的长度不应小于 100 mm。

(9)作业层、斜道的栏杆和挡脚板的搭设应符合下列规定(图 5-5)：

1)栏杆和挡脚板均应搭设在外立杆的内侧。

2)上栏杆上皮高度应为 1.2 m。

3)挡脚板高度不应小于 180 mm。

4)中栏杆应居中设置。

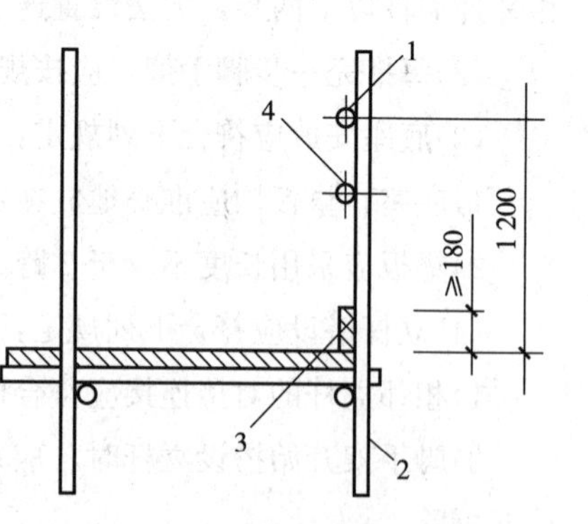

图 5-5　栏杆与挡脚板构造

1—上栏杆；2—外立杆；
3—挡脚板；4—中栏杆

(10)脚手板的铺设应符合下列规定：

1)脚手板应铺满、铺实，离墙面的距离不应大于150 mm。

2)采用对接或搭接时均应符合脚手板构造要求，脚手板探头应用直径为3.2 mm的镀锌钢丝固定在支承杆件上。

3)在拐角、斜道平台口处的脚手板，应用镀锌钢丝固定在横向水平杆上，防止滑动。

(四)扣件式脚手架的拆除

(1)脚手架拆除应按专项方案施工，拆除前应做好下列准备工作：

1)应全面检查脚手架的扣件连接、连墙件、支撑体系等是否符合构造要求。

2)应根据检查结果补充完善脚手架专项方案中的拆除顺序和措施，经审批后方可实施。

3)拆除前应对施工人员进行交底。

4)应清除脚手架上杂物及地面障碍物。

(2)单、双排脚手架拆除作业必须由上而下逐层进行，严禁上下同时作业；连墙件必须随脚手架逐层拆除，严禁先将连墙件整层或数层拆除后再拆脚手架；分段拆除高差大于两步时，应增设连墙件加固。

(3)当脚手架拆至下部最后一根长立杆(高度约为6.5 m)时，应先在适当位置搭设临时抛撑加固后，再拆除连墙件。当单、双排脚手架采取分段、分立面拆除时，对不拆除的脚手架两端，应先按有关规定设置连墙件和横向斜撑加固。

(4)架体拆除作业应设专人指挥，当有多人同时操作时，应明确分工、统一行动，且应具有足够的操作面。

(5)卸料时各构配件严禁抛掷至地面。

(6)运至地面的构配件应按规定及时检查、整修与保养，并应按品种、规格分别存放。

知识小贴士

扣件式钢管脚手架优点、缺点

(1)优点。

1)承载力大。当脚手架的几何尺寸及构造符合有关要求时，脚手架的单管立柱的承载力可达15～35 kN。

2)加工、装拆简便。钢管和扣件均有国家标准，加工简单，通用性好，且扣件连接简单，易于操作，装拆灵活，搬运方便。

3)搭设灵活，使用范围广。钢管长度易于调整，扣件连接不受高度、角度、方向的限制，因此，扣件式钢管脚手架适用于各种类型建筑物的施工。

(2)缺点。

1)扣件(特别是它的螺旋)容易丢失。

2)节点处的杠杆为偏心连接，靠抗滑力传递荷载和内力，因而降低了承载力。

3)扣件节点的连接质量、扣件本身质量和工人操作的影响显著。

二、门式脚手架设置

门式钢脚手架是一种工厂生产、现场搭设的脚手架，它不仅可作为外脚手架，还可作为内脚手架或满堂脚手架。门式钢脚手架因其几何尺寸标准化、结构合理、受力性能好、施工中装拆容易、安全可靠、经济适用等特点，广泛应用于建筑、桥梁、隧道、地铁等工程施工，若在门架下部安放轮子，也可以作为机电安装、油漆粉刷、设备维修、广告制作的活动工作平台。

(一)门式脚手架的组成

门式脚手架由千斤顶底座、门式框架、腕臂锁扣、十字剪刀撑、承插连接扣、梯子、脚手板、脚手板托梁框架、扶手拉杆、桁架式拖梁等部件组成，如图 5-6 所示。

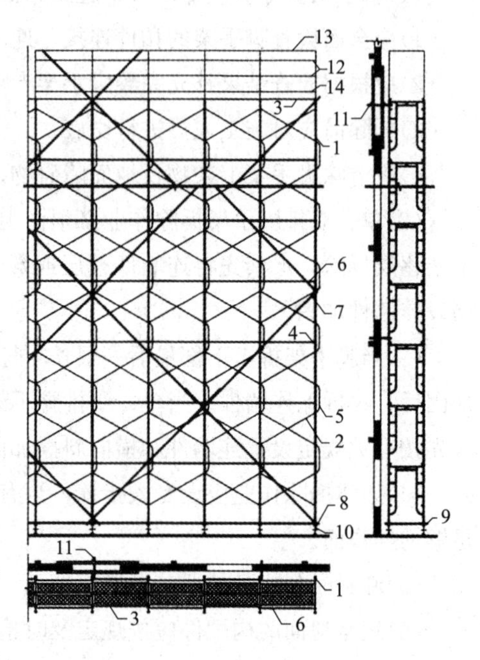

图 5-6　门式钢管脚手架的组成

1—门架；2—交叉支撑；3—水平架(挂扣式脚手板)；4—连接棒；5—锁臂；6—水平加固杆；7—剪刀撑；8—纵向扫地杆；9—横向扫地杆；10—底座；11—连墙件；12—栏杆；13—扶手；14—挡脚板

(二)门式脚手架的构造要求

1. 门架

门架应能配套使用，在不同组合情况下，均应保证连接方便、可靠，且应具有良好的互换性。不同型号的门架与配件严禁混合使用。

上下榀门架立杆应在同一轴线位置上，门架立杆轴线的对接偏差不应大于 2 mm。门式脚手架的内侧立杆离墙面净距不宜大于 150 mm；当大于 150 mm 时，应采取内设挑架板或其他隔离防护的安全措施。门式脚手架顶端栏杆宜高出女儿墙上端或檐口上端 1.5 m。

2. 配件

配件应与门架配套，并应与门架可靠连接。门架的两侧应设置交叉支撑，并应与门架立杆上的锁销锁牢。上下榀门架的组装必须设置连接棒，连接棒与门架立杆配合间隙不应大于 2 mm。门式脚手架或模板支架上下榀门架间应设置锁臂，当采用插销式或弹销式连接棒时，可不设锁臂。门式脚手架作业层应连续满铺与门架配套的挂扣式脚手板，并应有防止脚手板松动或脱落的措施。当脚手板上有孔洞时，孔洞的内切圆直径不应大于 25 mm。底部门架的立杆下端宜设置固定底座或可调底座。可调底座和可调托座的调节螺杆直径不应小于 35 mm，可调底座的调节螺杆伸出长度不应大于 200 mm。

3. 加固杆

门式脚手架应在门架两侧的立杆上设置纵向水平加固杆，并应采用扣件与门架立杆扣紧。水平加固杆设置应符合下列要求：

(1)在顶层、连墙件设置层必须设置。

(2)当脚手架每步铺设挂扣式脚手板时，至少每 4 步应设置一道，并宜在有连墙件的水平层设置。

(3)当脚手架搭设高度小于或等于 40 m 时，至少每两步门架应设置一道；当脚手架搭设高度大于 40 m 时，每步门架应设置一道。

(4)在脚手架的转角处、开口型脚手架端部的两个跨距内，每步门架应设置一道。

(5)悬挑脚手架每步门架应设置一道。

(6)在纵向水平加固杆设置层面上应连续设置。

门式脚手架的底层门架下端应设置纵、横向通长的扫地杆。纵向扫地杆应固定在距门架立杆底端不大于 200 mm 处的门架立杆上，横向扫地杆宜固定在紧靠纵向扫地杆下方的门架立杆上。

4. 转角处门架连接

在建筑物的转角处，门式脚手架内、外两侧立杆上应按步设置水平连接杆、斜撑杆，将转角处的两榀门架连成一体(图 5-7)。

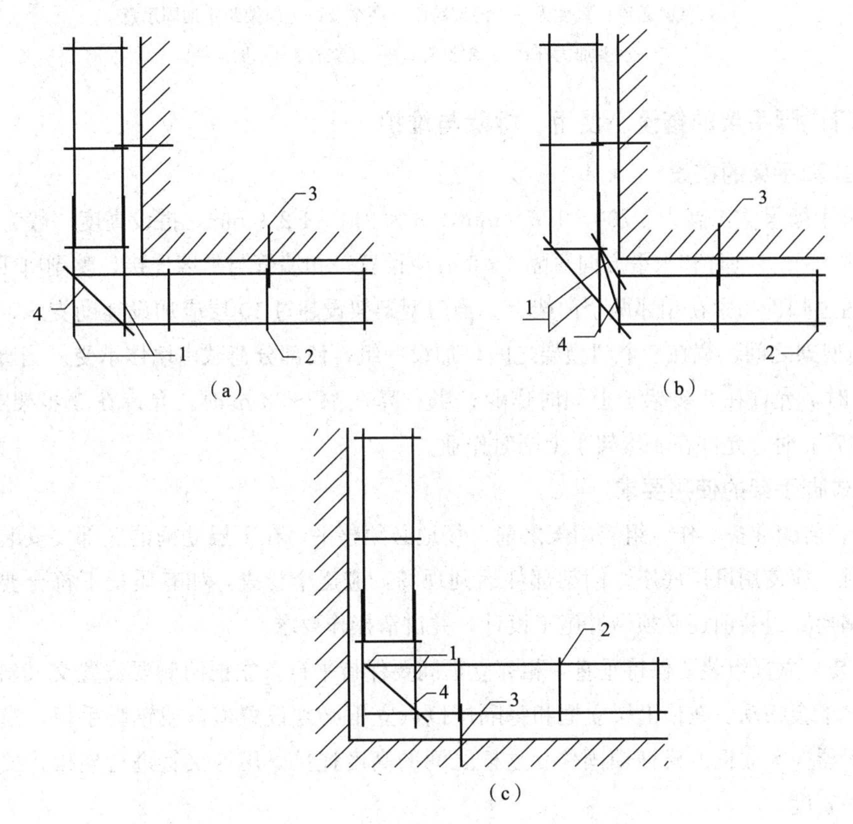

图 5-7　转角处脚手架连接

(a)、(b)阳角转角处脚手架连接；(c)阴角转角处脚手架连接

1—连接杆；2—门架；3—连墙件；4—斜撑杆

5. 通道口

门式脚手架通道口高度不宜大于 2 个门架高度，宽度不宜大于 1 个门架跨距。门式脚手架通道口应采取加固措施，并应符合下列规定：

(1)当通道口宽度为一个门架跨距时，在通道口上方的内外侧应设置水平加固杆，水平加固杆应延伸至通道口两侧各一个门架跨距，并应在两个上角内外侧加设斜撑杆[图 5-8(a)]。

(2)当通道口宽为两个及以上跨距时，在通道口上方应设置经专门设计和制作的托架梁，并应加强两侧的门架立杆[图 5-8(b)]。

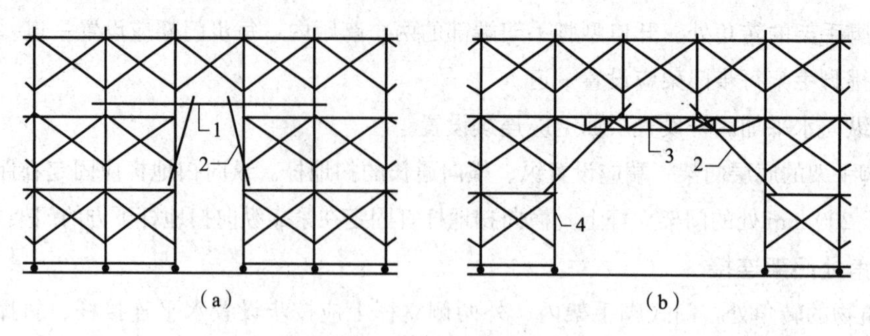

图 5-8　通道口加固示意

(a)、(b)通道口宽度为一个门架跨距、两个及以上门架跨距加固示意

1—水平加固杆；2—斜撑杆；3—托架杆；4—加强杆

(三)门式脚手架的搭设、使用、拆除与维护

1. 门式脚手架的搭设

门式脚手架尺寸：高为 1 700～1 950 mm，宽为 914～1 219 mm，搭设高度一般为 25 m，最高不得超过 45 m。垂直和水平方向每隔 4～6 m 应设置一扣墙管与外墙连接，整副脚手架的转角应用钢管通过扣件扣紧在相邻两个门架上。当门型架架设超过 10 层应加设辅助支承，一般高在 8～11 层门型架之间，宽在 5 个门型架之间，加设一组，使部分荷载由墙体承受。当脚手架高度超过 45 m 时，允许在 2 步架子上同时作业；当总高在 19～38 m 时，允许在 3 步架子上作业；当高度为 17 m 时，允许在 4 步架子上同时作业。

2. 门式脚手架的使用要求

(1)组装前的准备工作。组装门架之前，场地必须整平。在下层立框的底部要安装底座，基础有高差时，应使用可调底座。门架部件运到现场，应逐个检查，如有质量不符合要求，应及时修整或调换。组装前还必须做好施工设计，并讲清操作要求。

(2)组装。立框组装要保持垂直，相邻立框间要保持平行，立框两侧要设置交叉斜撑。要求使用时斜撑不会松动。在最上层立框和每隔层以内立框必须设置横框或钢脚手板，横框或钢脚手板的锁紧器应与立框的横杆锁固住。立框之间的高度连接，用连接管进行连接，要求立框连接能保持垂直度。

(3)使用。立框的每个立杆容许荷载为 25 kN，每一单元的容许荷载为 100 kN。横框在承受中心集中荷载时，容许荷载为 2 kN，承受均布荷重时为每横框 4 kN。可调底座的容许荷载为 50 kN，连墙杆的容许荷载为 5 kN，在使用过程中，要增加施工荷载时，必须先经过核算，要经常清扫脚手板上的积雪、雨水、砂浆及垃圾等杂物。对电线、电灯的架设需要采取安全措施。同时每隔 30 m 直接装一组地线，安上避雷针。在钢脚手板上搁放预制构件或设备时，必须铺设垫木，以免荷载集中，压坏脚手板。

3. 门式脚手架的拆除和维护管理

拆除门式脚手架时，应用滑轮或绳索吊下，严禁从高处向下摔。拆除的部件应及时清理，如因碰撞等造成变形、开裂等情况，应及时校正、修补或加固，使各部件保持完好。拆除的门架部件应按规格分类堆放，不可任意交叉堆放。门架尽可能放在场棚内。如露天堆放时，应选地势平坦干燥之处，地下用砖垫平，同时盖上雨布，以防生锈。

门式脚手架作为专用施工工具，应切实加强管理责任制，尽可能建立专职机构，进行专职管理和维修，积极推行租赁制，制定使用管理奖惩办法，以利于提高周转使用次数和减少损耗。

学习笔记

单元二　非落地式脚手架设置

一、附着升降式脚手架设置

附着升降脚手架(爬架)是指搭设一定高度并通过附着支撑结构附着于高层、超高层工程结构上，具有防倾覆、防坠落装置，依靠自身升降的设备和装置。它随工程结构施工逐层爬升，直至结构封顶。为满足外墙装饰作业要求，也可实现逐层下降。它可以满足结构施工、安装施工、装修施工等施工阶段中工人在建筑物外侧进行操作时的施工工艺及安全防护需要。

附着式升降脚手架按爬升机具的不同，可分为手拉葫芦式和电动葫芦式；按爬升导向装置，则可分为套筒(管)式和导杆式；按脚手架构造尺寸和操作层数的特点，又可分为双层区段式和多层整体式。目前，用于剪力墙施工的附着式升降脚手架大多是双层套筒(管)式，而用于框架结构施工的则是导杆式整体多层附着升降脚手架。

(一)套筒(管)式附着升降脚手架

套筒(管)式附着升降脚手架是由提升机具、操作平台、爬杆、套管(套筒或套架)、横梁、吊环和附墙支座等部件组成的，如图 5-9 所示。

提升机具采用起重量为 1.5～2 t 的手拉葫芦(倒链)。

操作平台是脚手架的主体，又分为上操作平台(也称小爬架)和下操作平台(也称大爬架)。下操作平台焊装有细而长的立杆，起着爬杆的作用。上操作平台与套管或套筒联结成一体，可沿爬杆爬升或下降，套管或套筒在爬架升降过程中起着导向作用。在爬杆顶部横梁上，上、下操作平台顶部横梁以及上操作平台底部横梁上均焊装有安装手拉葫芦用的吊环。另外，各操作平台面向混凝土墙体的一侧均焊装有 4 个附墙支座，其中两个在上，两个在下，通过穿墙螺栓联结作用，使爬架牢固地附着在混凝土墙体上。

在这种爬升脚手架的上操作平台上，工人可进行钢筋绑扎，大模板安装与校正，在预留孔处安装穿墙钢管、浇灌混凝土及拆除大模板等作业。

套筒式附着升降脚手架的爬升过程(图 5-10)如下：

(1)首先拔出爬架上操作平台的 4 个穿墙螺栓；

(2)将手拉葫芦挂在爬杆顶端横梁吊环上；

(3)启动手拉葫芦，提升上操作平台；

(4)使上操作平台向上爬升到预留孔位置，插好穿墙螺栓，拧紧螺母，将上操作平台固定牢靠；

(5)将手拉葫芦挂在上操作平台底横梁吊环上；

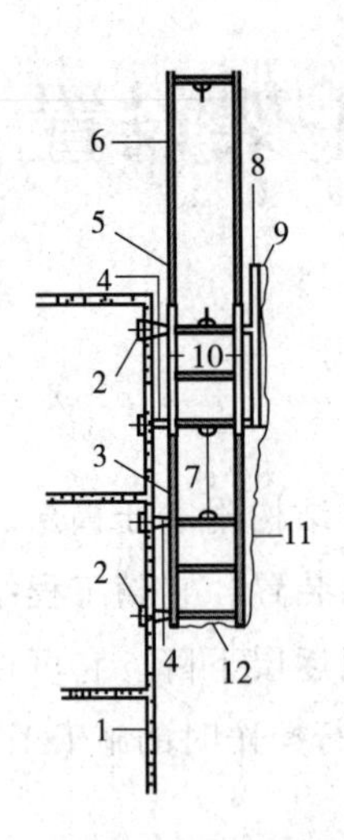

图 5-9　套筒式附着升降脚手架示意

1—剪力墙；2—穿墙螺栓；3—下操作平台；
4—附墙支座；5—上操作平台；6—立柱(爬杆)；
7—吊环；8—上操作平台护栏；9—镀锌薄钢板；
10—套筒；11—细眼安全网；12—兜底安全网

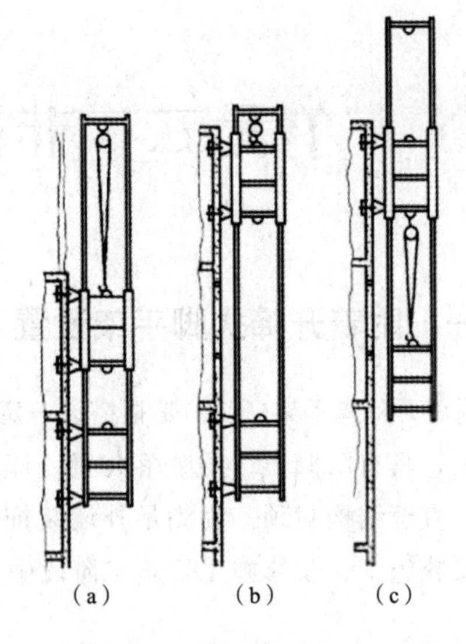

图 5-10　套筒式附着升降脚手架的爬升过程示意

(a)爬升脚手架爬升；(b)用手拉葫芦提升上操作平台；
(c)用手拉葫芦提升下操作平台

(6)松动下操作平台附墙支座的穿墙螺栓；

(7)启动手拉葫芦，将下操作平台提升到上操作平台原所在的预留孔位置处；

(8)安装穿墙螺栓并加以紧固，使下操作平台牢固地附着在混凝土墙体上，爬升脚手架至此完成向上爬升一个楼层的全过程，如此反复进行，爬升到顶层完成混凝土浇筑作业。

套筒式附着升降脚手架的下降过程是爬升的逆过程。工人可登上操作平台进行外墙粉刷及其他装饰作业。

(二)整体式附着升降脚手架

整体式附着升降脚手架或称整体提升脚手架，是一种省工、省料，结构简单，提升时间短，能够满足高层建筑结构、装修阶段施工要求的脚手架，主要用于框架结构。

整体式附着升降脚手架由承力架、承重桁架、悬挑钢梁、吊架、电控升降系统、脚手架、防外倾装置、导向轮、附墙临时拉结、安全挡板、安全扣杆、安全网、兜底网、防雷装置、脚手板、抗风浮力拉杆及手拉葫芦等组成，如图 5-11 所示。

整体式附着升降脚手架的提升步骤如下：

(1)检查电动葫芦是否挂妥，挑梁安装是否牢固；

(2)撤出架体所有人员及杂物(包括材料、施工机具等)；

(3)试开动电动葫芦，使电动葫芦与吊架(承力托)之间的吊链拉紧，且处于初始受力状态；

(4)拆除(松开)与建筑物的拉结，检查是否有阻碍脚手架体向上升的物件；

(5)松解承力托与建筑物相连的螺栓和斜拉杆，观察架体稳定状态；

(6)开动电动葫芦开始爬升，爬升过程中指定专人负责观察机具运行及架体同步情况，如发现有异常或不同步情况，应立即暂时停机进行检查和调整，整体式附着升降脚手架的提升速度一般为 80～100 mm/min，每爬升一个层高平均需 1～2 h；

(7)架体爬升到位后，立即安装承力托与混凝土边梁的紧固螺栓，将承力托的斜拉杆固定于上层混凝土的边梁，然后再安装架体上部与建筑物的各拉结点；

(8)检查脚手板及相应的安全措施，切断电动葫芦电源，即可开始使用，进行上一层结构施工；

(9)将电动葫芦及悬挑钢梁摘下，用手动葫芦及滑轮组将其倒至上一层相应部位重新安装好，准备下一层爬升。

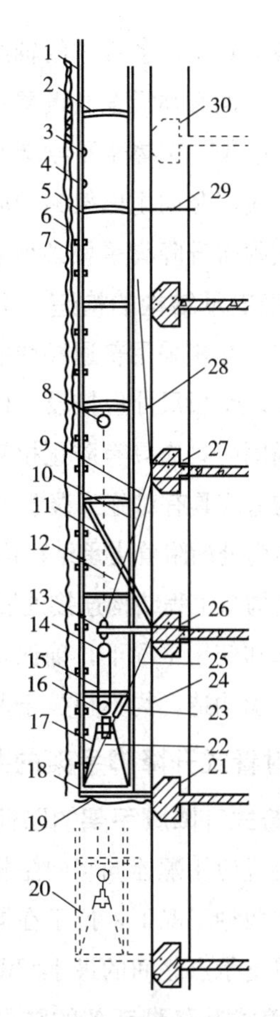

图 5-11 整体式附着升降脚手架构造示意

1—立杆；2—横杆；3—扶手；4—护栏扶手；5—纵向水平杆；6—细眼安全网；7—镀锌薄钢板；8—手拉葫芦；9—挑梁拉杆上节；10—挑梁拉杆中节；11—临时固定钢管；12—挑梁拉杆下节；13—挑梁；14—电动葫芦；15—提升链条；16—提升机动滑轮；17—承力架吊架；18—承力架；19—兜底安全网；20—起始提升位置；21—承力架穿梁螺栓；22—承力架拉杆下节；23—承力架拉杆中节；24—导向轮；25—承力架拉杆上节；26—挑梁穿梁螺栓；27—穿梁承重螺栓；28—防外倾装置；29—临时固定钢管；30—待浇筑混凝土梁

(三)附着式升降脚手架的构造

1. 附着式升降脚手架架体的尺寸

架体高度不应大于 5 倍楼层层高；架体宽度不应大于 1.2 m；直线布置的架体支承跨度不应大于 8 m；折线或曲线布置的架体支承跨度不应大于 5.4 m；整体式附着升降脚手架架体的悬挑长度不得大于 1/2 水平支承跨度和 3 m；单片式附着升降脚手架架体的悬挑长度不应大于 1/4 水平支承跨度。升降和使用工况下，架体悬臂高度均不应大于 6 m 和 2/5 架体高度，架体全高与支承跨度的乘积不应大于 110 m^2。

2. 附着式升降脚手架架体的结构

架体必须在附着支承部位沿全高设置定型加强的竖向主框架，竖向主框架应采用焊接或螺栓连接的片式框架或格构式结构，并能与水平梁架和架体构架整体作用，且不得使用钢管扣件或碗扣架等脚手架杆件组装。竖向主框架与附着支承结构之间的导向构造不得采用钢管扣件、碗扣架或其他普通脚手架连接方式。

架体水平梁架应满足承载和与其余架体整体作用的要求，采用焊接或螺栓连接的定型桁架梁式结构；当用定型桁架构件不能连续设置时，局部可采用脚手架杆件进行连接，但其长度不能大于 2 m，并且必须采取加强措施，确保其连接刚度和强度不低于桁架梁式结构。主框架、水平梁架的各节点中，各杆件的轴线应汇交于一点。

架体外立面必须沿全高设置剪刀撑，剪刀撑跨度不得大于 6 m；其水平夹角为 45°～60°，并应将竖向主框架、架体水平梁架和构架连成一体。

悬挑端应以竖向主框架为中心成对设置对称斜拉杆，其水平夹角应不小于 45°。

单片式附着升降脚手架必须采用直线形架体。

3. 附着支承结构的构造

附着支承结构采用普通穿墙螺栓与工程结构连接时，应采用双螺母固定，螺杆露出螺母应不少于 3 扣。垫板尺寸应按设计确定，且不得小于 80 mm×80 mm×8 mm。当附着点采用单根穿墙螺栓锚固时，应具有防止扭转的措施。

附着构造应具有对施工误差的调整功能，以避免出现过大的安装应力和变形；位于建筑物凸出或凹进结构处的附着支承结构应单独进行设计，确保相应工程结构和附着支承结构的安全；对附着支承结构与工程结构连接处混凝土的强度要求应按计算确定，并不得小于 C15。

在升降和使用工况下，确保每一架体竖向主框架能够单独承受该跨全部设计荷载和倾覆作用的附着支承构造，均不得少于两套。

(四)附着式升降脚手架的装置

1. 附着式升降脚手架的防倾装置

防倾装置应用螺栓同竖向主框架或附着支承结构连接，不得采用钢管扣件或碗扣方式；在升降和使用两种工况下，位于在同一竖向平面的防倾装置均不得少于两处，并且其最上和最下一个防倾覆支承点之间的最小间距不得小于架体全高的 1/3；防倾装置的导向间隙应小于 5 mm。

2. 附着式升降脚手架的防坠落装置

防坠落装置应设置在竖向主框架部位，且每一竖向主框架提升设备处必须设置一个；防坠装置必须灵敏、可靠，其制动距离对于整体式附着升降脚手架不得大于 80 mm，对于单片式附着升降脚手架不得大于 150 mm；防坠装置应有专门详细的检查方法和管理措施，以确保其工作可靠、有效；防坠装置与提升设备必须分别设置在两套附着支承结构上，若有一套失效，另一套必须能独立承担全部坠落荷载。

3. 附着式升降脚手架的安全防护

架体外侧必须采用密目安全网（≥800 目/100 cm^2）围挡；密目安全网必须可靠固定在架体上；架体底层的脚手板必须铺设严密，且应用平网及密目安全网兜底。应设置架体升降时底层脚手板可折起的翻板构造，保持架体底层脚手板与建筑物表面在升降和正常使用中的间隙，防止物料坠落；在每一作业层架体外侧必须设置上、下两道防护栏杆（上杆高度为 1.2 m，下杆高度为 0.6 m）和挡脚板（高度为 180 mm）；单片式和中间断开的整体式附着升降脚手架，在使用工况下，其断开处必须封闭并加设栏杆；在升降工况下，架体开口处必须有可靠的防止人员及物料坠落的措施。

附着式升降脚手架在升降过程中，必须确保升降平稳。升降吊点超过两点时，不能使用手拉葫芦。同步及荷载控制系统应通过控制各提升设备间的升降差和控制各提升设备的荷载来控制各提升设备的同步性，且应具备超载报警停机、欠载报警等功能。

遇五级(含五级)以上大风和大雨、大雪、浓雾和雷雨等恶劣天气时，禁止进行升降和拆卸作业，并应预先对架体采取加固措施。夜间禁止进行升降作业。当附着升降脚手架预计停用超过一个月时，停用前采取加固措施。当附着式升降脚手架停用超过一个月或遇六级以上大风后复工时，必须进行安全检查。

二、悬挑式脚手架设置

悬挑式脚手架利用建筑结构外边缘向外伸出的悬挑构架作施工上部结构用，或递作外装修用。这种脚手架要求必须有足够的强度、刚度和稳定性，并能将脚手架的荷载有效地传递给建筑结构；对于房屋结构，也需作施工期间承受这个外加荷载的验算。

按悬挑构件的构造形式的不同，悬挑式脚手架分为斜拉式和下撑式。斜拉式是在由建筑结构伸出的型钢挑梁端部加钢丝绳斜拉，钢丝绳另一端固定到顶埋在建筑物内的吊环上[图 5-12(a)]；下撑式悬挑脚手架是在挑梁端部下面加一斜杆支撑[图 5-12(b)]。在挑梁所耗的材料及挑梁的制作和安装、拆卸用工方面，斜拉式远低于下撑式，但在使用方面斜拉式不如下撑式方便。

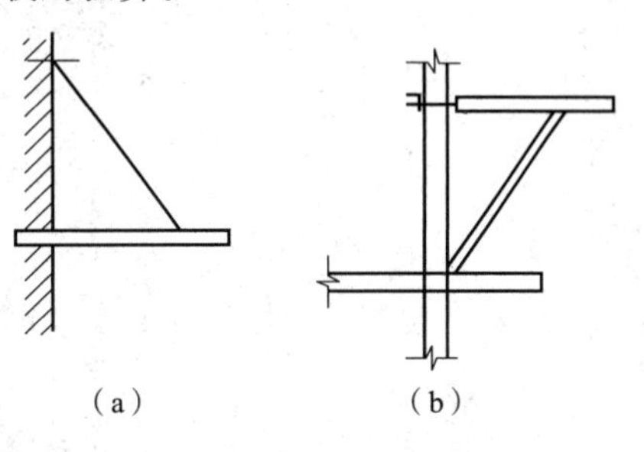

图 5-12　悬挑式脚手架形式

(a)悬挂式挑梁；(b)下撑式挑梁

施工中遇到下述情况时可采用挑架：±0.000 以下结构工程的回填土未能及时回填，而上部主体结构工程因工程要求必须立即进行；高层建筑主体结构四周有裙房，脚手架不能直接支在地面上；超高层建筑施工，脚手架搭设高度超过其容许高度，需要将其分成几个高度段来搭设。

悬挑式脚手架的搭设应满足以下要求：

(1)悬挑式脚手架每段搭设高度不宜大于 18 m。

(2)悬挑式脚手架立杆底部与悬挑型钢连接应有固定措施，防止滑移。

(3)悬挑架步距不应大于 1.8 m，立杆纵向间距不应大于 1.5 m。

(4)悬挑式脚手架的底层和建筑物的间隙必须封闭防护严密，以防坠物。

(5)与建筑主体结构的连接应采用刚性连墙件。连墙件间距水平方向不应大于 6 m，垂直方向不应大于 4 m。

(6)悬挑式脚手架在下列部位应采取加固措施：

1)架体立面转角及一字形外架两端处。

2)架体与塔式起重机、电梯、物料提升机、卸料平台等设备需要断开或开口处。

3)其他特殊部位。

(7)悬挑式脚手架的其他搭设要求，按照落地式脚手架规定执行。

三、悬吊式脚手架设置

悬吊与悬挑梁或工程机构之下的脚手架，称为悬吊脚手架。当采用篮式作业架时，称为“吊篮”。悬吊脚手架结构轻巧、操纵简单，安装、拆除速度快，升降和移动方便，在玻璃和金属幕墙的安装、外墙钢窗及装饰物的安装、外墙面涂料施工、外墙面的清洁、保养、修理等作业中得到广泛应用，它也适用于外墙面其他装饰施工。

吊篮的构造是由结构顶层伸出挑梁，挑梁的一端与建筑结构连接固定，挑梁的伸出端上通过轮滑和钢丝绳悬挂吊篮。

手动吊篮由支承设施(建筑物顶部悬挑或桁架)、吊篮绳(钢丝绳或钢筋链杆)、安全钢丝绳、手扳葫芦(或手拉葫芦)和篮型架子(一般称吊篮架体)组成，如图 5-13 所示。

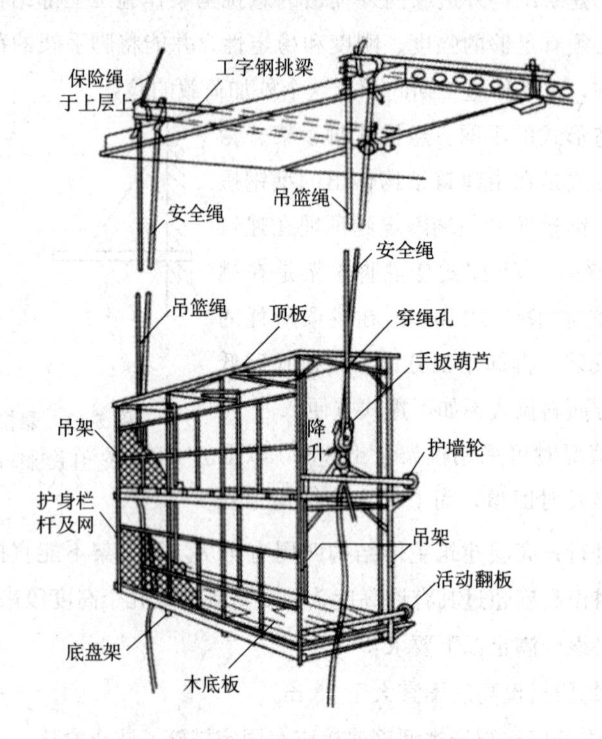

图 5-13　双层作业的手动提升吊篮示意

电动吊篮主要由工作吊篮、提升机构、绳轮系统、屋面支承系统及安全锁组成。

学习笔记

单元三　其他脚手架设置

一、碗扣式钢管脚手架设置

(一)碗扣式钢管脚手架的组成

碗扣式钢管脚手架又称多功能碗扣型脚手架，是我国参考国外同类型脚手架接头和配件构造自行研制而成的一种多功能脚手架。该种脚手架由钢管立杆、横杆、碗扣接头组成。其核心部件为碗扣接头，由上碗扣、下碗扣、横杆接头和限位销等组成(图 5-14)。

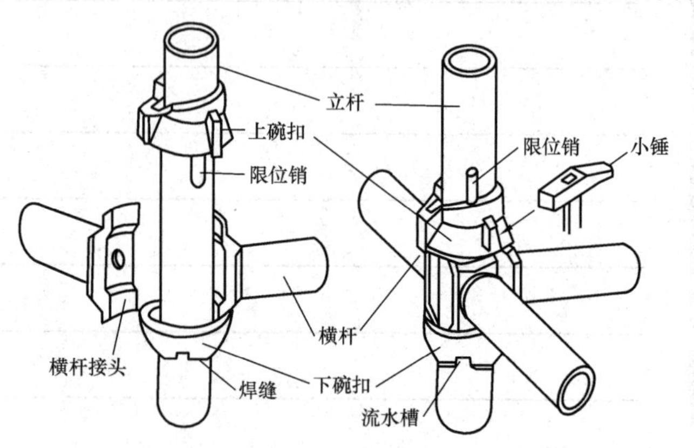

图 5-14　碗扣式钢管脚手架的组成

(二)碗扣式钢管脚手架的构造要求

1. 双排脚手架

双排脚手架应按构造要求搭设；当连墙件按二步三跨设置，二层装修作业层、二层脚手板、外挂密目安全网封闭，且应符合下列基本风压值时，其允许搭设高度宜符合表 5-2 的规定。

表 5-2　双排落地脚手架允许搭设高度

步距/m	横距/m	纵距/m	允许搭设高度/m		
			基本风压值 ω_0/(kN·m^{-2})		
			0.4	0.5	0.6
1.8	0.9	1.2	68	62	52
		1.5	51	43	36
	1.2	1.2	59	53	46
		1.5	41	34	26
注：本表计算风压高度变化系数，是按地面粗糙度为 C 类采用。当具体工程的基本风压值和地面粗糙度与此表不相符时，应另行计算。					

当曲线布置双排脚手架组架时，应按曲率要求使用不同长度的内外横杆组架，曲率半径应大于 2.4 m。当双排脚手架拐角为直角时，宜采用横杆直接组架[图 5-15(a)]；当双排脚手架拐角为非直角时，可采用钢管扣件组架[图 5-15(b)]。双排脚手架首层立杆应采用不同的长度交错

布置，底层纵、横向横杆作为扫地杆距地面高度应小于或等于 350 mm，严禁施工中拆除扫地杆，立杆应配置可调底座或固定底座(图 5-16)。

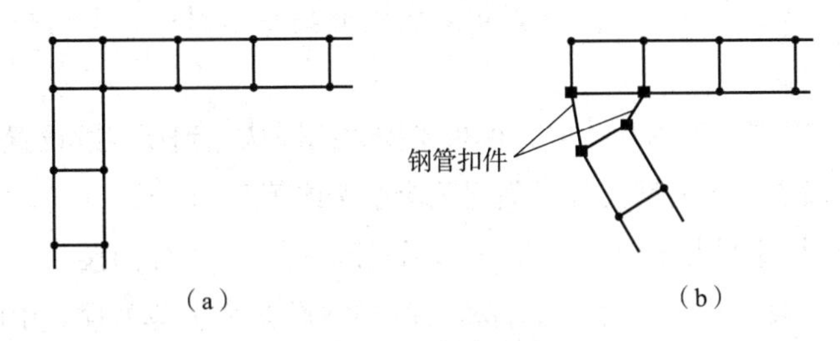

图 5-15　拐角组架

(a)横杆直接组架；(b)钢管扣件组架

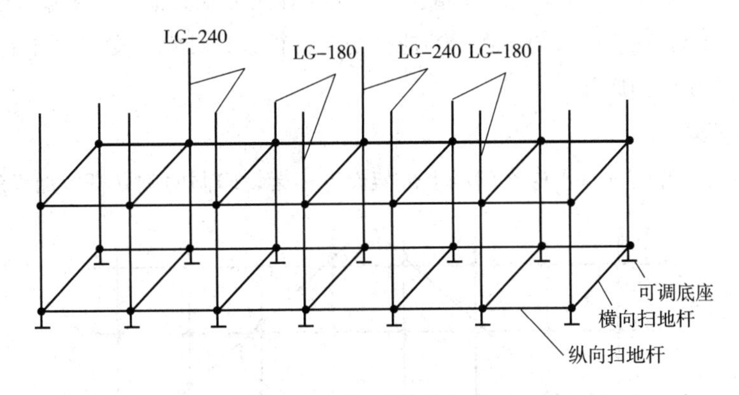

图 5-16　首层立杆布置示意

双排脚手架斜杆应设置在有纵、横向横杆的碗扣节点上，如图 5-17 所示。在封圈的脚手架拐角处及“一”字形脚手架端部，应设置竖向通高斜杆。当脚手架高度小于或等于 24 m 时，每隔 5 跨应设置一组竖向通高斜杆；当脚手架高度大于 24 m 时，每隔 3 跨应设置一组竖向通高斜杆。斜杆应对称设置。当斜杆临时拆除时，拆除前应在相邻立杆间设置相同数量的斜杆。

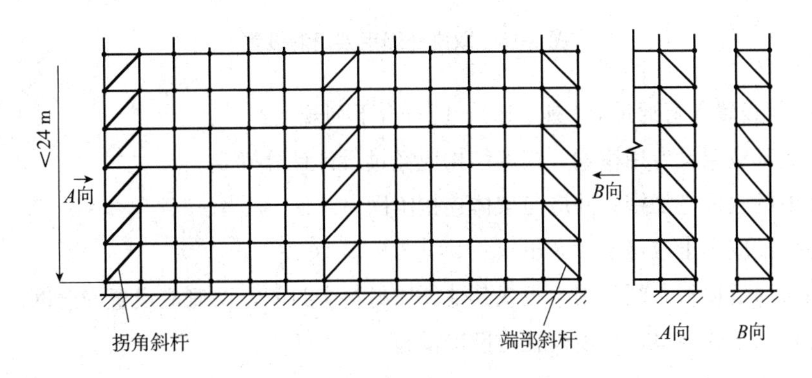

图 5-17　专用外斜杆布置示意

2. 模板支撑架

模板支撑架应根据所承受的荷载选择立杆的间距和步距，底层纵、横向水平杆作为扫地杆，距地面高度应小于或等于 350 mm。立杆底部应设置可调底座或固定底座，立杆上端包括可调螺杆伸出顶层水平杆的长度不得大于0.7 m。

模板支撑架斜杆设置应符合下列要求：

(1)当立杆间距大于1.5 m时，应在拐角处设置通高专用斜杆。中间每排每列应设置通高“八”字形斜杆或剪刀撑。

(2)当立杆间距小于或等于1.5 m时，模板支撑架四周从底到顶连续设置竖向剪刀撑；中间纵、横向由底至顶连续设置竖向剪刀撑，其间距应小于或等于4.5 m。

(3)剪刀撑的斜杆与地面夹角应在45°～60°，斜杆应每步与立杆扣接。

当模板支撑架高度大于4.8 m时，顶端和底部必须设置水平剪刀撑，中间水平剪刀撑设置间距应小于或等于4.8 m。当模板支撑架周围有主体结构时，应设置连墙件。模板支撑架高宽比应小于或等于2；当高宽比大于2时可采取扩大下部架体尺寸或其他构造措施。模板下方应放置次楞(梁)与主楞(梁)，次楞(梁)与主楞(梁)应按受弯杆件设计计算。支架立杆上端应采用U形托撑，支撑应在主楞(梁)底部。

3. 门洞设置要求

当双排脚手架设置门洞时，应在门洞上部架设专用梁，门洞两侧立杆应加设斜杆(图5-18)。

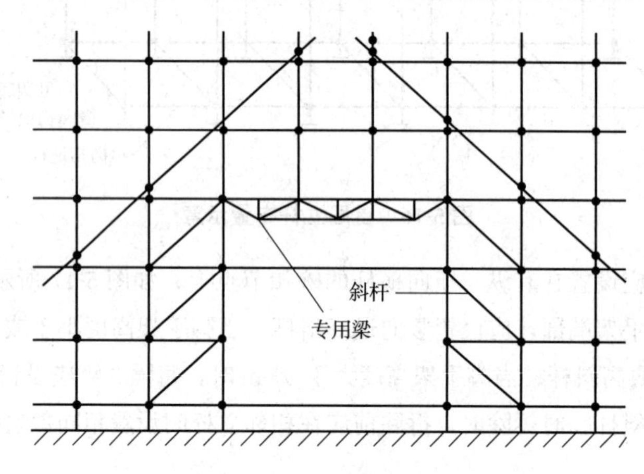

图5-18　双排外脚手架门洞设置

模板支撑架设置人行通道时(图5-19)，应符合下列规定：

(1)通道上部应架设专用横梁，横梁结构应经过设计计算确定。

(2)横梁下的立杆应加密，并应与架体连接牢固。

(3)通道宽度应小于或等于4.8 m。

(4)门洞及通道顶部必须采用木板或其他硬质材料全封闭，两侧应设置安全网。

(5)通行机动车的洞口，必须设置防撞击设施。

(三)碗扣式钢管脚手架的搭设与拆除

1. 双排脚手架的搭设

(1)底座和垫板应准确地放置在定位线上；垫板宜采用长度不少于立杆二跨、厚度不小于50 mm的木板；底座的轴心线应与地面垂直。

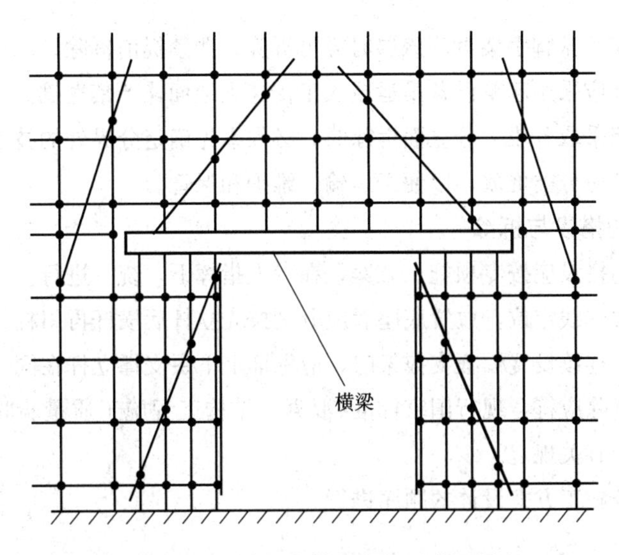

图 5-19 模板支撑架人行通道设置

(2)双排脚手架搭设应按立杆、横杆、斜杆、连墙件的顺序逐层搭设，底层水平框架的纵向直线度偏差应小于 1/200 架体长度；横杆间水平度偏差应小于 1/400 架体长度。

(3)双排脚手架的搭设应分阶段进行，每段搭设完毕后必须经检查验收合格后，方可投入使用。

(4)双排脚手架的搭设应与建筑物的施工同步上升，并应高于作业面 1.5 m。

(5)当双排脚手架高度 H 小于或等于 30 m 时，垂直度偏差应小于或等于 $H/500$；当高度 H 大于 30 m 时，垂直度偏差应小于或等于 $H/1\ 000$。

(6)当双排脚手架内外侧加挑梁时，在一跨挑梁范围内不得超过一名施工人员操作，严禁堆放物料。

(7)连墙件必须随双排脚手架升高及时在规定的位置处设置，严禁任意拆除。

(8)作业层设置应符合下列规定：

1)脚手板必须铺满、铺实，外侧应设 180 mm 挡脚板及两道 1 200 mm 高防护栏杆。

2)防护栏杆应在立杆 0.6 m 和 1.2 m 的碗扣接头处搭设两道。

3)作业层下部的水平安全网设置应符合现行行业标准《建筑施工安全检查标准》(JGJ 59—2011)的规定。

(9)当采用钢管扣件作加固件、连墙件、斜撑时，应符合现行行业标准《建筑施工扣件式钢管脚手架安全技术规范》(JGJ 130—2011)的有关规定。

2. 双排脚手架的拆除

(1)双排脚手架拆除时，必须按专项施工方案，在专人统一指挥下进行。

(2)拆除作业前，施工管理人员应对操作人员进行安全技术交底。

(3)双排脚手架拆除时必须划出安全区，并设置警戒标志，派专人看守。

(4)拆除前应清理脚手架上的器具及多余的材料和杂物。

(5)拆除作业应从顶层开始，逐层向下进行，严禁上下层同时拆除。

(6)连墙件必须在双排脚手架拆到该层时方可拆除，严禁提前拆除。

(7)拆除的构配件应采用起重设备吊运或人工传递到地面，严禁抛掷。

(8)当双排脚手架采取分段、分立面拆除时，必须事先确定分界处的技术处理方案。

(9)拆除的构配件应分类堆放，以便于运输、维护和保管。

3. 模板支撑架的搭设与拆除

(1)模板支撑架的搭设应按专项施工方案，在专人指挥下，统一进行。

(2)应按施工方案弹线定位，放置底座后应分别按先立杆后横杆再斜杆的顺序搭设。

(3)在多层楼板上连续设置模板支撑架时，应保证上下层支撑立杆在同一轴线上。

(4)模板支撑架拆除应符合现行国家标准《混凝土结构工程施工质量验收规范》(GB 50204—2015)中混凝土强度的有关规定。

(5)架体拆除应按施工方案设计的顺序进行。

二、液压升降整体脚手架设置

液压升降整体脚手架是一种高层建筑施工用的外脚手架，是目前高层建筑主体结构和装修施工进行高空作业的一种新型脚手架。液压升降整体脚手架是指由竖向主框架、水平支承结构、附着支承结构、工作脚手架等组成，并依靠液压升降装置，附着在建(构)筑物上，实现整体升降的脚手架。

液压升降整体脚手架架体及附着支承结构必须具有足够的强度、刚度和稳定性；防坠落装置必须灵敏、制动可靠；防倾覆装置必须稳固、安全可靠。

液压升降整体脚手架的主要特点是：定型加工，一次安装，多次使用；结构简单，拆装方便；服务面积固定，生产效率高；脚手架使用材料少，便于维护、管理，造价相对较低；脚手架固定(附着)在建筑物上，脚手架本身带有升降机构和液压升降动力的设备，随着工程的进展，脚手架可沿建筑物升降，满足结构和外装饰施工的需要。

液压升降整体脚手架的关键技术是：与建筑物有牢固的固定措施；升降过程均有可靠的防倾覆措施；有安全防坠落装置和措施；具有升降过程中的同步控制措施。

液压升降整体脚手架构造要求如下。

1. 架体结构的构造要求

(1)架体结构高度不应大于5倍楼层高；

(2)架体全高与支撑跨度的乘积不应大于110 m^2；

(3)架体宽度不应大于1.2 m；

(4)直线布置的架体支承跨度不应大于8 m，折线或曲线布置的架体中心线处支承跨度不应大于5.4 m；

(5)水平悬挑长度不应大于跨度的1/2，且不得大于2 m；

(6)当两主框架之间架体的立杆作承重架时，纵距应小于1.5 m，纵向水平杆的步距不应大于1.8 m。

液压升降整体脚手架总装配示意如图5-20所示。

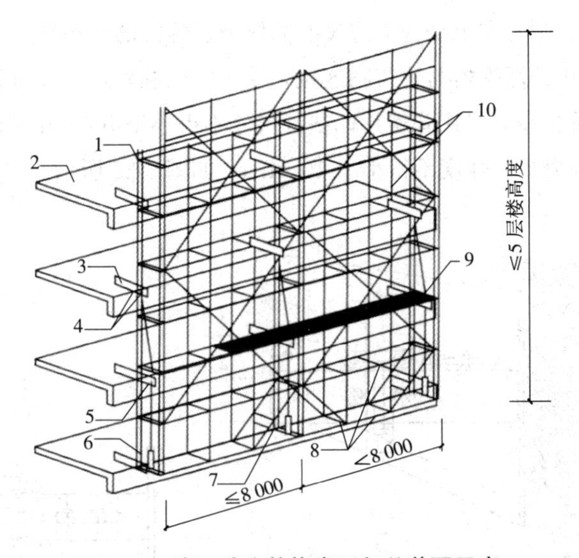

图 5-20　液压升降整体脚手架总装配示意

1—竖向主框架；2—建筑结构混凝土楼面；3—附着支撑结构；4—导轨及防倾覆装置；5—悬臂(吊)梁；6—液压升降装置；7—防坠落装置；8—水平支承结构；9—工作脚手架；10—架体结构

液压升降整体脚手架架体结构的作用就是提供操作平台、物料搬运、材料堆放、操作人员通行和安全防护等。

2. 竖向主框架的构造要求

(1)竖向主框架可采用整体结构或分段对接式结构，结构形式应为桁架或门式刚架两类；施工时，各杆件的轴线应汇交于节点处，并采用螺栓或焊接连接；

(2)竖向主框架内侧应设有导轨或导轮；

(3)在竖向主框架的底部设置水平支承，其宽度与竖向主框架相同，平行于墙面，其高度不宜小于 1.8 m，用于支撑工作脚手架，如图 5-21 所示。

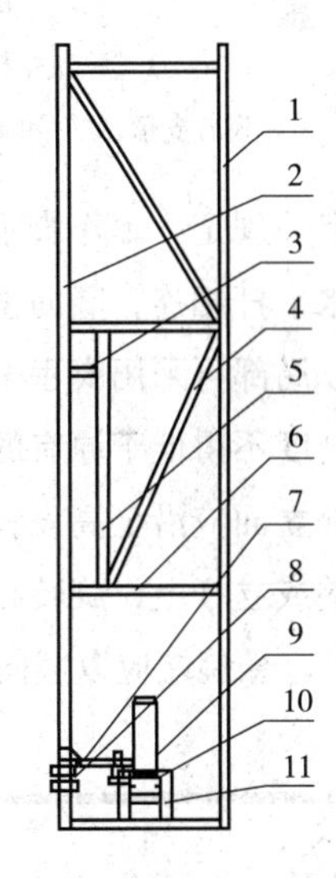

图 5-21　竖向主框架示意

1—外立杆；2—内立杆及导轨；3—竖向主框架与附着支承搁置杆件；4—斜腹杆；5—与附着支承搁置杆件的立杆；6—横杆；7—液压升降装置与防坠落装置的联动机构；8—防坠落装置；9—液压升降装置；10—液压升降装置组装附件；11—升降装置组装附件导向及受力架

3. 水平支承的构造要求

(1)水平支承施工时，应使水平支承各杆件的轴线相交于节点上，并应采用节点板构造连接，节点板的厚度不得小于 6 mm；水平支承上、下弦应采用整根通长杆件，或于跨中设一拼接的刚性接头；

(2)腹杆与上、下弦连接应采用焊接或螺栓连接；

(3)水平支承斜腹杆宜设计成拉杆。

4. 附着支承的构造要求

附着支承应符合下列规定：

(1)在建筑物对应于竖向主框架的部位，每一层应设置上下贯通的附着支承；

(2)在使用工况时，竖向主框架应固定于附着支承结构上；

(3)在升降工况时，附着支承结构上应设有防倾覆、导向的结构装置；

(4)附着支承应采用锚固螺栓与建筑物连接，受拉端的螺栓露出螺母长度不应少于 3 个螺距或 10 mm，为防止螺母松动宜采用弹簧片，垫片尺寸不得小于 100 mm×100 mm×10 mm，附着支承与建筑物连接处混凝土的强度不得小于 10 MPa，如图 5-22 所示。

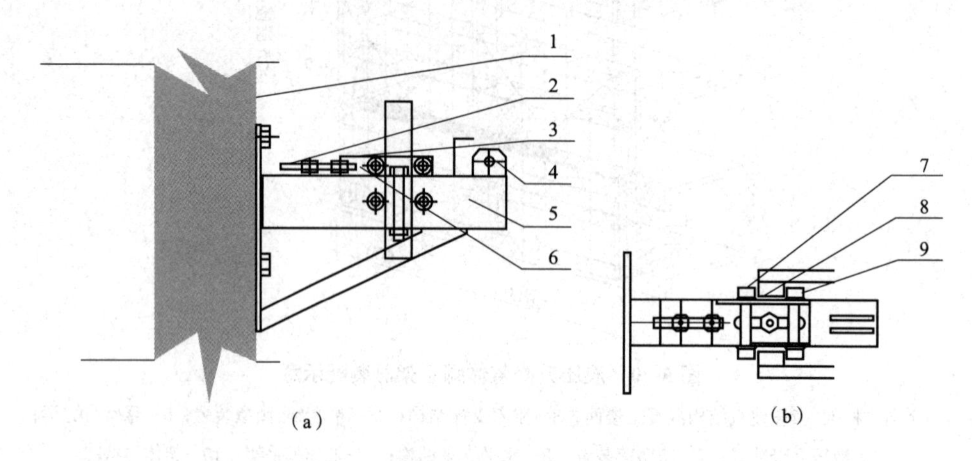

图 5-22　附着支承及防倾覆、导轨结构示意

1—建筑结构混凝土墙体；2—调节螺栓；3—调节螺母；4—拉杆耳板；
5—附着支承；6—可前后移动的防倾覆装置组装架；7—内导向轮；8—导轨；9—外导向轮

其他有关规定：工作脚手架宜采用扣件式钢管脚手架，其应设置在两竖向主框架之间，并应与纵向水平杆相连。竖向主框架悬臂高度不得大于 6 m 或架体高度的 2/5。当水平支承不能连续设置时，局部可采用脚手架杆件进行连接，但其长度不得大于 2.0 m，且必须采取加强措施，其强度和刚度不得低于原有的水平支撑。液压升降整体脚手架不得与物料平台相连接。

架体外立面应沿全高设置剪刀撑，剪刀撑斜杆应采用旋转扣件固定在与之相交的横向水平杆件伸出端或立杆上，旋转扣件中心轴线至主节点的距离不宜大于 150 mm，剪刀撑水平夹角应为 45°～60°，悬挑端应以竖向主框架为中心设置对称斜拉杆，其水平夹角不应小于 45°。

学习笔记

模块小结

在高层建筑施工中，脚手架占有很重要的位置，它的选用对施工安全、工程质量、施工进度、工程成本都将产生极大的影响。本模块主要介绍落地式钢管脚手架设置、非落地式脚手架设置、其他脚手架设置。

复习与提高

一、单项选择题

1. 扣件式钢管脚手架其基本形式有单排和双排两种，单排的限制高度为(　　)m，双排为(　　)m。

A. 24；50　　B. 22；50

C. 24；60　　D. 22；60

2. 下列关于钢管扣件脚手架优点，说法不正确的是(　　)。

A. 通用性强　　B. 装拆灵活　　C. 搬运方便　　D. 承载力强

3. 高层建筑特有的脚手架种类有(　　)。

A. 扣件式脚手架　B. 碗扣式脚手架　C. 门式脚手架　D. 附着升降式脚手架

4. (　　)是指搭设一定高度并通过附着支撑结构附着于高层、超高层工程结构上，具有防倾覆、防坠落装置，依靠自身升降的设备和装置。

A. 附着升降脚手架(爬架)　　B. 整体式附着升降脚手架

C. 悬挑式脚手架设置　　D. 碗扣式脚手架

5. 当双排脚手架设置门洞时，应在门洞上部架设专用梁，门洞两侧立杆应加设(　　)。

A. 垫板　　B. 斜杆　　C. 模板　　D. 支撑架

6. (　　)是一种高层建筑施工用的外脚手架，是目前高层建筑主体结构和装修施工进行高空作业的一种新型脚手架。

A. 碗扣式钢管脚手架　　B. 液压升降整体脚手架

C. 悬挑式脚手架　　D. 悬吊式脚手架

二、多项选择题

1. 扣件式钢管脚手架中扣件为钢管与钢管之间的连接件，其基本形式有(　　)。

A. 直角扣件　　B. 转角扣件　　C. 对接扣件　　D. 旋转扣件

2. 扣件式钢管脚手架连墙件的布置应符合(　　)的规定。

A. 应靠近主节点设置，偏离主节点的距离不应大于500 mm

B. 应从底层第一步纵向水平杆处开始设置，当该处设置有困难时，应采用其他可靠措施固定

C. 应优先采用菱形布置，或采用方形、矩形布置

D. 连墙件中的连墙杆应呈水平设置，当不能水平设置时，应向脚手架一端下斜连接

3. 门式脚手架水平加固杆设置应符合(　　)要求。

A. 在顶层、连墙件设置层必须设置，悬挑脚手架每步门架应设置一道

B. 当脚手架每步铺设挂扣式脚手板时，至少每4步应设置一道，并宜在有连墙件的水平层设置

C. 当脚手架搭设高度小于或等于60 m时，至少每两步门架应设置一道；当脚手架搭设高度大于60 m时，每步门架应设置一道

D. 在脚手架的转角处、开口型脚手架端部的两个跨距内，每步门架应设置一道

4. 附着式升降脚手架按爬升机具的不同，可分为(　　)。

A. 手拉葫芦式　B. 电动葫芦式　C. 套筒(管)式　D. 导杆式

三、简答题

1. 扣件式脚手架的搭设要求有哪些?

2. 门式脚手架搭设使用要求有哪些?

3. 简述套筒式附着升降脚手架的爬升过程。

4. 悬挑式脚手架的搭设应满足哪些要求?

5. 简述双排脚手架的搭设要求。

模块六 高层建筑主体结构施工

知识目标

1. 了解组织模板施工，熟悉大模板的构造、常见大模板的布置，掌握大模板安装、拆除与堆放。

2. 熟悉滑升模板的组成，掌握墙体滑模的一般施工工艺、采用滑模施工时楼板的施工工艺。

3. 了解画框倒模施工、爬升模板施工、粗钢筋连接技术、高强度混凝土施工工艺。

4. 熟悉装配式预制框架结构施工、装配整体式框架结构施工、装配式大板剪力墙结构施工的结构要求，高层预制盒子结构体系，掌握装配式预制框架结构施工、装配整体式框框架结构施工、装配式大板剪力墙结构施工、高层预制盒子结构的施工要点。

5. 熟悉超高层钢结构建筑的结构体系、高层钢结构用钢材及构件，掌握超高层钢结构加工与拼装、安装。

6. 了解钢管混凝土结构施工结构特点，熟悉钢管混凝土结构材料要求、施工要求；熟悉组合结构施工。

能力目标

1. 能进行现浇钢筋混凝土结构施工。

2. 能进行高层建筑预备装置结构施工。

3. 能进行超高层钢结构建筑施工。

素质目标

1. 有足够的业务知识，具有较强的组织领导能力。

2. 对工作认真负责、任劳任怨、注重作业跟进。

3. 能及时解决、排除设备运行故障。

模块导学

一、核心知识点及概念

房屋建筑承受的各种荷载，是通过横向和竖向结构(主体结构)传到地基基础的。建筑结构包括柱、墙、梁、桁架、板及筒体等。高层建筑主体结构体系的三个要素是结构材料、设计构造(结构类型)及其相应的施工方法。结构材料不同，相应的施工方法也不同，我国高层建筑的施工以钢筋混凝土为主。

现浇钢筋混凝土结构高层建筑的施工，与一般多层建筑施工一样，也是涉及模板、钢筋和混凝土三个部分。

现浇钢筋混凝土结构模板工程，是结构成型的一个重要组成部分，其造价为钢筋混凝土结构工程总价的25%～30%，总用工量的50%。因此，模板工程对于提高工程质量、加快施工速度、提高劳动生产率、降低工程成本和实现文明施工，都具有重要的影响。对全现浇高层建筑主体结构施工而言，关键在于科学、合理地选择模板体系。

预制装配式施工方法的优点是：施工工业化、节省现场施工人力；各种构件的成批预制可以保证较好的施工质量；不依赖于气候情况，工期短。预制装配式施工方法可分为大板建筑和盒子结构(把整个房间作为一个构件，在工厂预制后送到工地进行整体安装的一种施工方法)。这种预制装配结构通常由机械施工专业队来完成。安装的节点有两种形式，一种是构件通过预埋件焊接的柔性节点连成整体，完成速度快；另一种是现浇混凝土刚性节点，所连成的结构整体性能好，但因混凝土强度的发展，需要一定的养护时间。

现浇与预制相结合施工方法，在结构的刚度方面，取现浇结构的优点弥补预制装配结构的不足；在施工速度方面，取预制装配结构的方便，弥补现浇结构复杂的缺点。此法一般对承重柱和剪力墙采用现浇，其余梁、板、梯等均为预制，这样建造的房屋，结构刚度比较大，整体性好，施工速度也比较快。

二、训练准备

1. 模板施工准备

工程施工准备除去施工现场为顺利开工而进行的一些准备工作外，主要就是编制施工组织设计，在这方面主要解决吊装机械选择、流水段划分、施工现场平面布置等问题。

(1)吊装机械选择。用大模板施工的高层建筑，吊装机械都采用塔式起重机。模板的装拆、外墙板的安装、混凝土的垂直运输和浇筑、楼板的安装等工序均需利用塔式起重机进行。因此，正确选择塔式起重机的型号十分重要。在一般情况下，塔式起重机的台班吊次是决定大模板结构施工工期的主要因素。为了充分利用模板，一般要求每一流水段在一个昼夜内完成从支模到拆模的全部工序，所以，一个流水段内的模板数量要根据塔式起重机的台班吊次来决定，模板数量决定流水段的大小，而流水段的大小又决定了劳动力的配备。

(2)流水段划分。划分流水段要力求各流水段内的模板型号和数量尽量一致，以减少大模板落地次数，充分利用塔式起重机的吊运能力；要使各工序合理衔接，确保达到混凝土拆模强度和安装楼板所需强度的养护时间，以便在一昼夜时间内完成从支模到拆模的全部工序，使一套模板每天都能重复使用；流水段划分的数量与工期有关，故划分流水段还要满足规定的工期。

(3)施工现场平面布置。大模板工程的现场平面布置，除满足一般的要求外，要着重对外墙板和模板的堆放区进行统筹规划安排。

2. 高层建筑预制装配结构施工准备

(1)进行基础施工。预制柱基础一般为钢筋混凝土杯形基础。施工中，必须严格控制轴线位置和杯底标高，因为轴线偏移会影响提升环位置的准确性，杯底标高的误差会导致楼板位置差异。

(2)浇筑预制柱。预制柱一般在现场浇筑。当采用叠层制作时，不宜超过3层。柱上要留设就位孔(当板升到设计标高时作为板的固定支承孔)和停歇孔(在升板过程中悬挂提升机和楼板中途停歇时作为临时支承)。就位孔的位置根据楼板设计标高确定，偏差不应超过±5 mm，孔的大小尺寸偏差不应超过10 mm，孔的轴线偏差不应超过5 mm。停歇孔的位置根据提升程度确定。如果就位孔与停歇孔位置重叠，则就位孔兼作停歇孔。柱子上、下两孔之间的净距一般不宜小于300 mm。预留孔的尺寸应根据承重销来确定。

制作柱模时，为了不使预留孔遗漏，可在侧模上预先开孔，用钢卷尺检查位置无误后，在浇筑混凝土前相对插入两个木楔。如果漏放木楔，混凝土会流出来。

柱上预埋件的位置也要正确。对于剪力块承重的埋设件，中线偏移不应超过5 mm，标高偏差不应超过±3 mm。预埋铁件表面应平整，不允许有扭曲变形。承剪埋设件的楔口面应与柱面相平，不得凹进，凸出柱面不应超过2 mm。

柱吊装前，应将各层楼板和屋面板的提升环依次叠放在基础杯口上，提升环上的提升孔与柱子上承重销孔方向要相互垂直。预制柱可以根据其长度，采用两点或三三点绑扎起吊。柱插入杯口后，要用两台经纬仪校正其垂直度并对中，校正完用钢楔临时固定，分两次浇筑细石混凝土，最后进行固定。

单元一　高层建筑现浇混凝土结构施工

一、组合模板施工

组合模板包括组合式定型钢模板和组合钢框木(竹)胶合板模板等，具有组装灵活、装拆方便、通用性强、周转次数多等优点，用于高层建筑施工，既可以作竖向模板，又可以作横向模板；既可以按设计要求预先组装成柱、梁、墙等大型模板，用起重机安装就位，以加快模板拼装速度，也可以散装散拆。尤其在大风季节，当塔式起重机不能进行吊装作业时，可利用升降电梯垂直运输组合模板，采取散支散拆的施工方式，同样可以保持连续施工并保证必要的施工速度。

(一)组合钢模板

组合钢模板又称组合式定型小钢模，是使用最早且最广泛的一种通用性强的定型组合式模板。其部件主要由钢模板、连接件和支承件三大部分组成。钢模板长度为450～1 500 mm，以150 mm晋级；宽度为100～300 mm，以50 mm晋级；高度为55 mm；板面厚为2.3 mm或2.5 mm，主要包括平面模板、阴角模板、阳角模板、连接角模及其他模板(包括柔性模板、可调模板和嵌补模板)等。连接件包括U形卡、L形插销、钩头螺栓、紧固螺栓、模板拉杆、扣件等。支承件包括支承柱、梁、墙等模板用的钢楞、柱箍、梁卡具、圈梁卡、钢管架、斜撑、组合支柱、支承桁架等。

定型组合钢模板主要用于框架结构的高层建筑施工，其模板配置原则和配置的步骤与多层建筑施工相同。

(二)组合钢框木(竹)胶合板模板

钢框木(竹)胶合板模板，是以热轧异型钢为钢框架，以覆面胶合板作板面，并加焊若干钢肋承托面板的一种组合式模板。面板有木、竹胶合板，单片木面竹芯胶合板等。板面施加的覆面层有热压二聚氰胺浸渍纸、热压薄膜、热压浸涂和涂料等(图 6-1)。

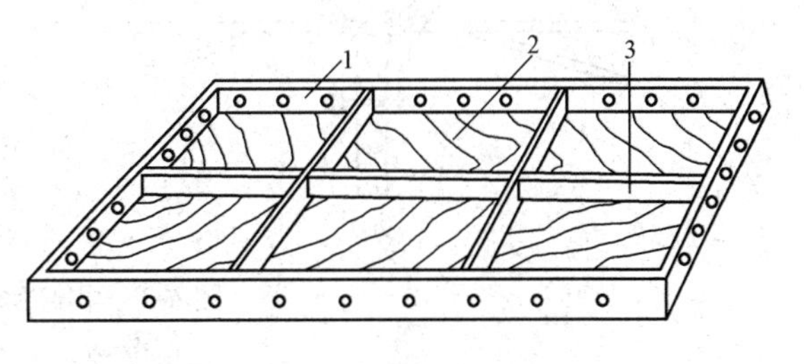

图 6-1　钢框木(竹)胶合板模板

1—钢框；2—胶合板；3—钢肋

品种系列(按钢框高度分)除与组合钢模板配套使用的55系列(即钢框高55 mm，刚度小、易变形)外，现已发展有70、75、78、90系列等，其支承系统各具特色。

钢框木(竹)胶合板的规格长度最长已达到2 400 mm，宽度最宽已达到1 200 mm。其特点有：自重轻，比组合钢模板约减轻三分之一；用钢量少，比组合钢模板约减少二分之一；面积大，单块面积比同样重的组合钢模板可增大40%左右，可以减少模板拼缝，提高结构浇筑后表面的质量；周转率高，板面均为双面覆膜，可以两面使用，使周转次数可达50次以上；保温性能好，板面材料的热传导率仅为钢板面的四百分之一左右，故有利于冬期施工；维修方便，面板损伤后可用修补剂修补；施工效果好，表面平整、光滑，附着力小，支拆方便。

（三）早拆模板体系

早拆模板在用于现浇楼（顶）板结构的模板时，由于支撑系统装有早拆柱头，可以实现早期拆除模板、后期拆除支撑（又称早拆模板、后拆支撑），从而大大加快模板的周转次数，可比组合钢模板减少三分之二的配置量。这对高层建筑施工是很重要的。这种模板也可用于墙、梁模板。

早拆模板由平面模板、支撑系统、拉杆系统、附件和辅助零件组成。平面模板由钢边框内镶可更换的木（竹）胶合板或其他面板组成。支撑系统由早拆柱头、主梁、次梁、支柱、横撑、斜撑、调节螺栓等组成。

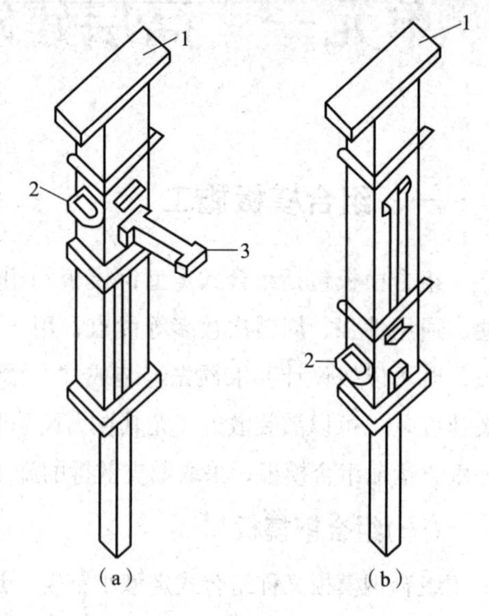

图 6-2　早拆柱头

（a）升起梁托；（b）落下梁托

1—柱顶板；2—梁托；3—支承板

早拆柱头是用于支撑模板梁的支拆装置（图 6-2），其承载力为 35.3 kN。按照现行《混凝土结构工程施工质量验收规范》（GB 50204—2015），当跨度小于 2 m 的现浇结构，其拆模强度可为混凝土设计强度的 50%；在常温条件下，当楼板混凝土浇筑 3～4 d 后即可用锤子敲击柱头的支承板，使梁托下落 115 mm。此时，便可先拆除模板桁架梁及模板，而柱顶板仍然支顶着现浇楼板，直到混凝土强度达到规范要求拆模强度为止。早期拆模原理如图 6-3 所示。

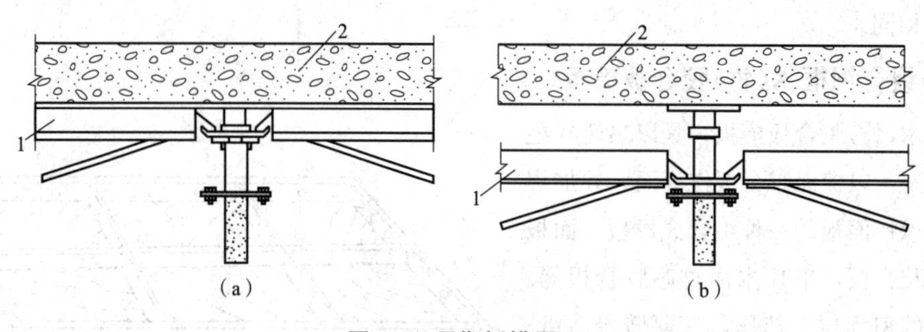

图 6-3　早期拆模原理

（a）支模；（b）拆模

1—支模桁架梁；2—现浇楼板

早拆楼板模板支模工艺（图 6-4）：根据模板设计，先在楼板或地面上弹出立柱（早拆柱头）的位置线，根据楼层标高初步调整好立柱的高度，并将梁托板升起，楔紧支承板。按模板设计要求先立第一根立柱，然后把支模桁架梁挂在第一根立柱的梁托板上，将第二根立柱的梁托板与第一榀桁架梁挂好，并依次支设另一榀桁架梁，然后用水平支撑和连接件先将两根立柱作临时固定，根据桁架梁的长度调整立柱的位置使它垂直，随即铺设模板块，最后用水平尺校正模板周边的水平度和拉线检查起拱高度，无误后安装斜撑并用连接件锁紧。

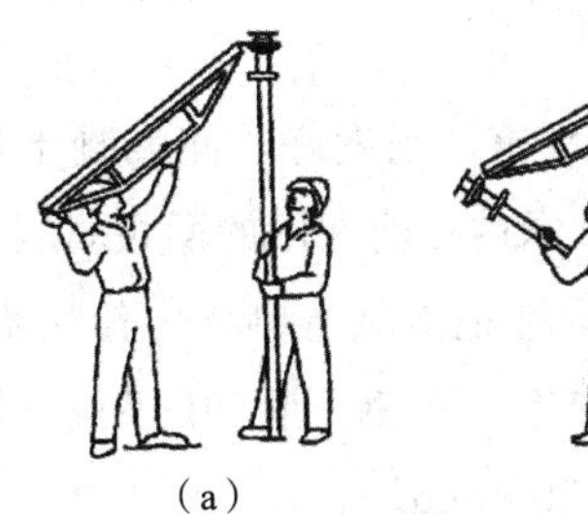

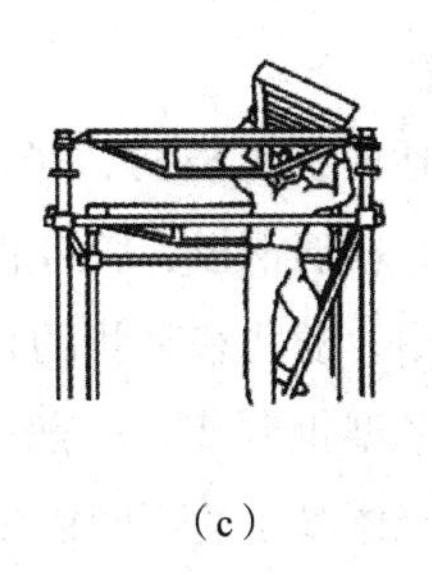

(a)　　(b)　　(c)

图 6-4　楼、顶板支拆示意图

(a)立第一根立柱，挂上支模桁架梁；(b)立第二根立柱；(c)完成第一格构后，铺设模板块

模板的拆除步骤：将楔住梁托板的支承板打下，落下梁托板，支模桁架梁随之落下，即可逐块卸下模板块。卸时可轻轻敲击，使模板脱离混凝土落在桁架梁上，然后把模板稍升起，向一端移开退出卸下。拆下桁架梁，拆除水平支撑和斜撑，将卸下的模板、桁架梁、水平撑、斜撑等逐一整理好备用。待楼板混凝土强度达到设计要求后，再拆除全部立柱。

二、大模板施工

大模板是大型模板与大块模板的简称，是采用专业设计和工业化加工制作而成的一种工具式模板。通常，将承重剪力墙或全部内外墙体混凝土的模板支撑片状的大模板，根据需要每道墙面可制成一块或数块，由起重机进行装拆和吊运。

(一)大模板的构造

大模板主要由面板系统、支撑系统、操作平台系统和附件等组成，如图 6-5 所示。

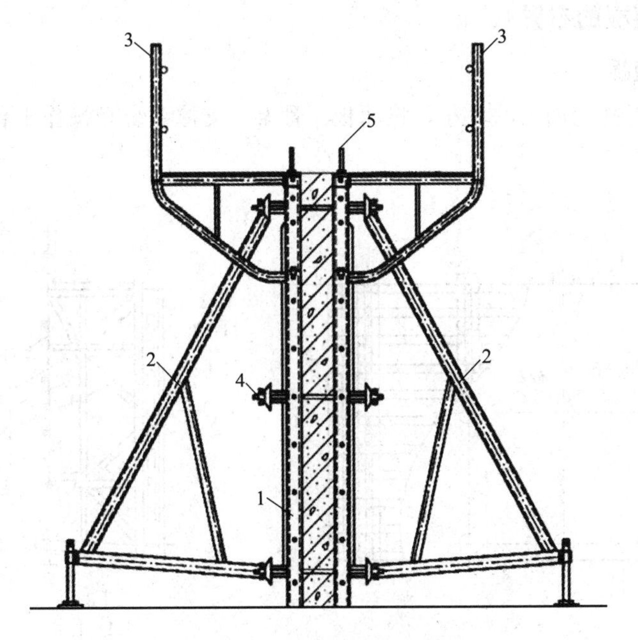

图 6-5　大模板组成示意

1—面板系统；2—支撑系统；3—操作平台系统；4—对拉螺栓；5—钢吊环

1. 面板系统

面板系统包括面板、横肋、竖肋等。面板要求平整、刚度好，使混凝土具有平整的外观，它可以采用钢板、玻璃钢板、胶合板、木材等制作，国内目前常用的面板材料为钢板和胶合板，均能多次重复使用。横肋和竖肋的作用是固定面板，并把混凝土侧压力传递给支撑系统，可采用型钢或冷弯薄壁型钢制作，一般采用[6.5 槽钢或∟8 角钢。肋的间距根据面板的大小、厚度、构造方式和墙体厚度的不同而定，一般为 300～500 mm。

2. 支撑系统

支撑系统包括支撑架和地脚螺栓。每块大模板采用 2～4 榀桁架作为支撑机构，并用螺栓或焊接将其与竖肋连接在一起，主要承受风荷载等水平力，以加强模板的刚度，防止模板倾覆，也可作为操作平台的支座，以承受施工荷载。支撑架横杆下部设有水平与垂直调节螺旋千斤顶，施工时它能把作用力传递给地面或楼板，以调节模板的垂直度。

3. 操作平台

操作平台包括平台架、脚手平台和防护栏杆。它是施工人员操作的平台和运行的通道。平台架插放在焊于竖肋上的平台套管内，脚手板铺在平台架上。防护栏杆可上下伸缩。

4. 穿墙螺栓

穿墙螺栓、上口卡具是模板最重要的附件。穿墙螺栓的作用是加强模板刚度，以承受新浇混凝土侧压力。墙体的厚度由两块模板之间套在穿墙螺栓上的硬制塑料管来控制，塑料管长度等于墙体的厚度，拆模后可敲出重复使用。穿墙螺栓一般设在大模板的上、中、下三个部位。上穿墙管距模板顶部 250 mm 左右，下穿墙螺栓距模板底部 200 mm 左右。模板上口卡具是用来控制墙体厚度，并承受一部分混凝土的侧压力。

(二)常见大模板的布置

1. 整体式大模板

整体式大模板是按每面墙的大小，将面板、骨架、支撑系统和操作平台组拼焊成整体。其构造如图 6-6 所示。

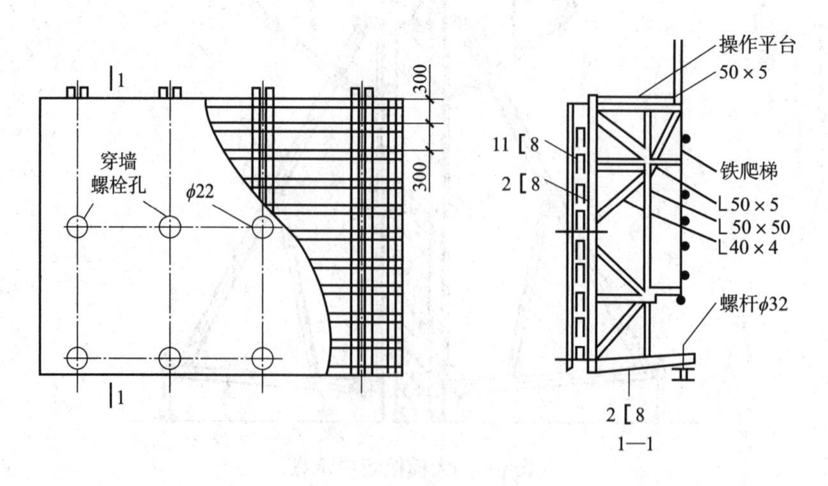

图 6-6　整体式大模板

2. 组合式大模板

组合式大模板由板面、支撑系统、操作平台等部分组成。这种模板是在横墙平模的两端分别附加一个小角模和连接钢板，即横墙平模的一端焊扁钢做连接件与内纵墙模板连接，如图 6-7 中的节点 A 所示。另一端采用长销孔固定角钢与外墙模板连接，如图 6-7 中的节点 B 所示，以使内、外纵墙模板组合在一起，实现能现时浇筑纵横墙混凝土的一种新型模板。

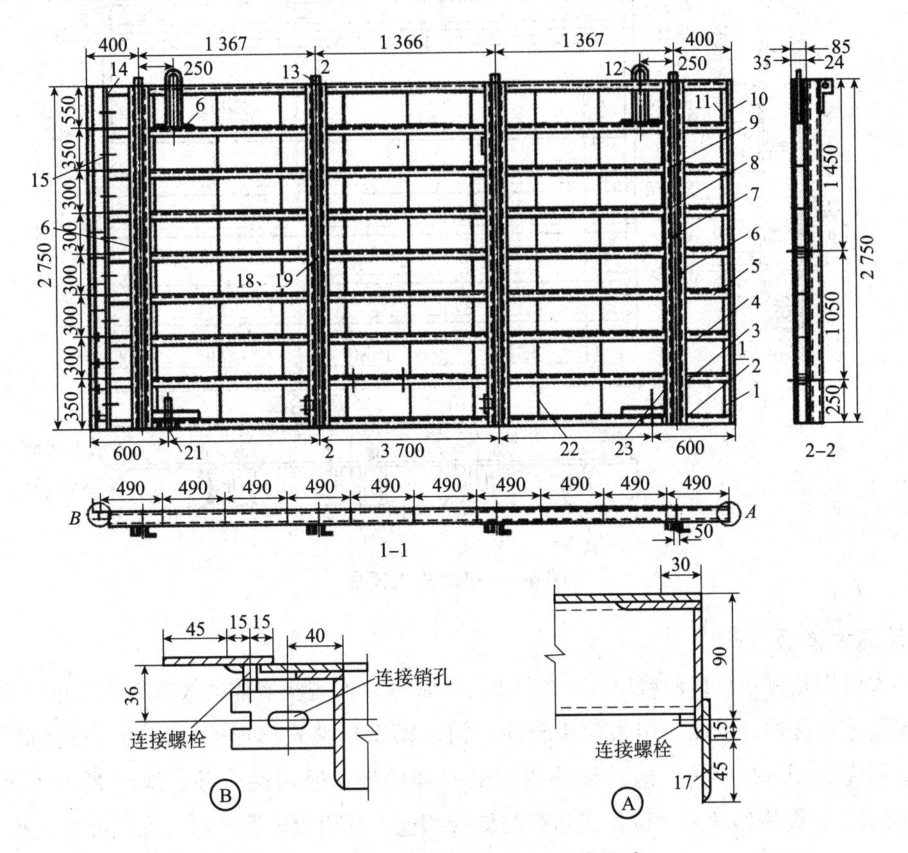

图 6-7　组合式大模板板面系统构造

1—面板；2—底横肋(横龙骨)；3、4、5—横肋(横龙骨)；6、7—竖肋(竖龙骨)；8、9、22、23、24—小肋(扁钢竖肋)；10、17—拼缝扁钢；11、15—角龙骨；12—吊环；13—上卡板；14—顶横龙骨；16—撑板钢管；18—螺母；19—垫圈；20—沉头螺钉；21—地脚螺钉

为了适应开间、进深尺寸的变化，除以常用的轴线尺寸为基数作为基本模板外，还另配以 300 mm、600 mm 的竖条模板，与基本模板端部用螺栓连接，做到能使大模板的尺寸扩展，因而能适应不同开间、进深尺寸的变化。

板面系统由面板、横肋和竖肋及竖向(或横向)龙骨所组成，如图 6-7 所示。面板通常采用 4～6 mm 的钢板，也可选用胶合板等材料。横肋一般采用[8 槽钢，间距为 280～350 mm；竖肋一般用 6 mm 扁钢，间距为 400～500 mm，使板面能双向受力。

3. 拼装式大模板

拼装式大模板是将面板、骨架、支撑系统及操作平台全部采用螺栓或销钉连接固定组装成的大模板，如图 6-8 所示。面板可以采用钢板或木(竹)胶合板，也可以采用组合式钢模板或钢框胶合板模板。采用组合钢模板或者钢框胶合板模板作面板，以管架或型钢作横肋和竖肋，用角钢(或槽钢)作上、下封底，用螺栓和角部焊接作连接固定。

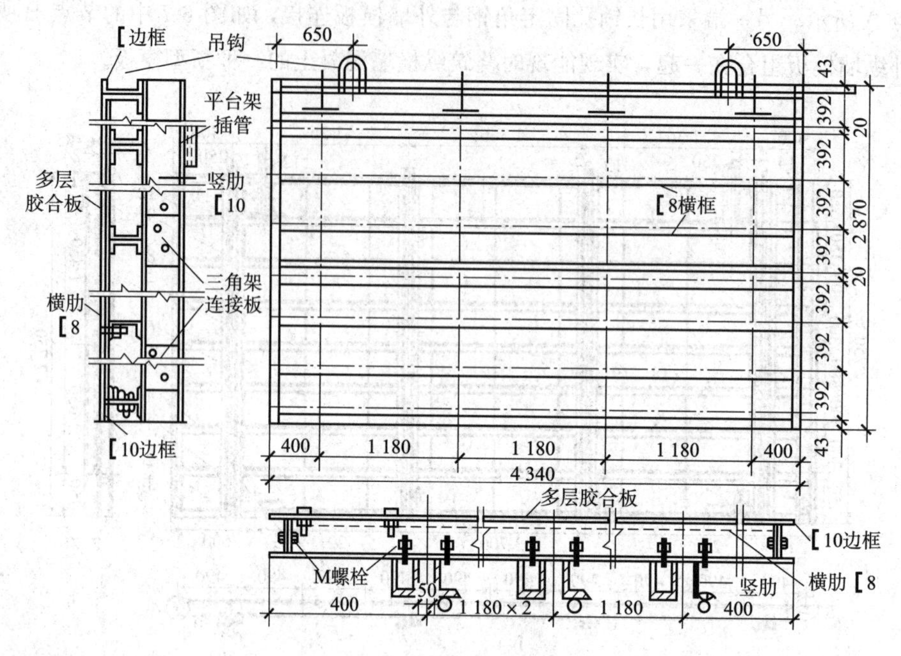

图 6-8　拼装式大模板

4. 筒形大模板

筒形大模板是将一个房间或电梯井的 2 面、3 面或 4 面现浇墙体的大模板，通过固定架和铰链、脱模器等连接件，组成一组大模板整体。筒形模有模架式筒形模和组合式铰接筒模两种。模架式筒形模如图 6-9 所示，这是较早使用的一种筒模，通用性较差；组合式铰接筒形模如图 6-10 所示，在筒模四角采用铰接式角模与模板相连，利用脱模器开启，完成模板支拆。

电梯井筒形模如图 6-11 所示，是将模板与提升机及支架结合为一体，可用于进深为 2～2.5 m、开间为 3 m 的电梯井施工。

(三)大模板的安装、拆除与堆放

1. 大模板的安装

大模板安装应符合模板配板设计要求，施工前必须制订合理的施工方案，安装前应进行施工技术交底，大模板安装必须保证工程结构各部分形状、尺寸和预留、预埋位置正确，安装施工应按工期要求，并根据建筑物的工程量、平面尺寸、机械设备条件等组织均衡的流水作业。模板编号顺序遵循先内侧、后外侧，先横墙、后纵墙的原则安装就位，具体安装施工应符合下列规定：

(1)大模板进现场后，应根据配板设计要求清点数量，核对型号。

(2)组装式大模板现场组拼时，应用醒目字体按模位对模板重新编号；大模板应进行样板间的试安装，经验证模板几何尺寸、接缝处理、零部件等准确后方可正式安装。

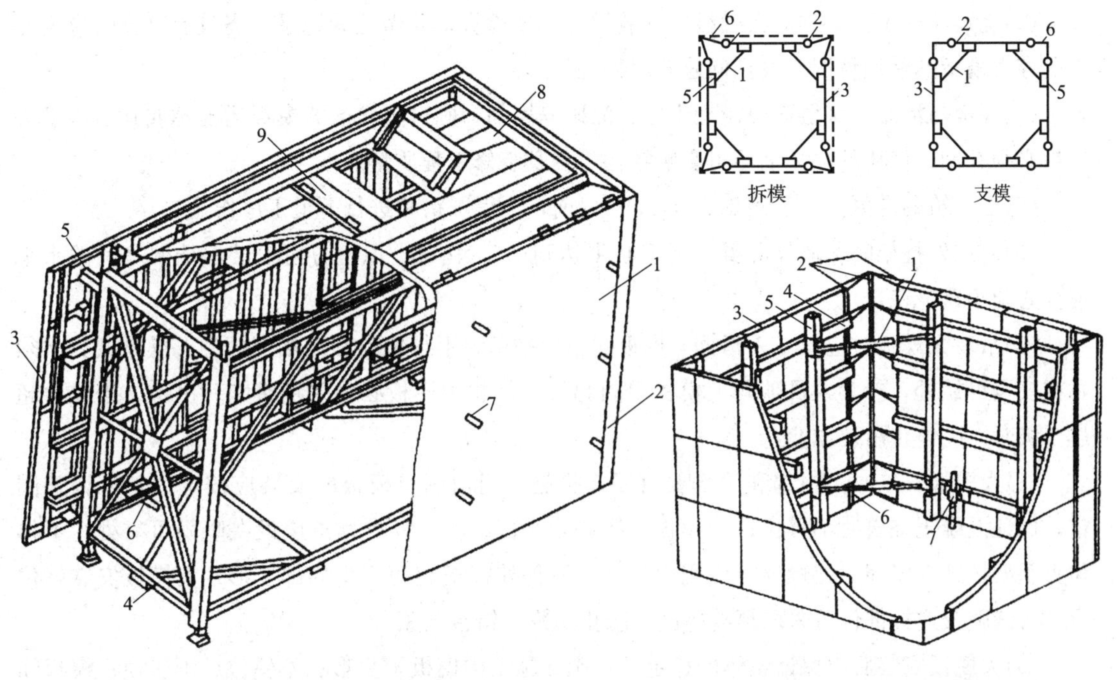

图 6-9　模架式筒形模

1—模板；2—内角模；3—外角模；4—钢架；5—挂轴；6—支杆；7—穿墙螺栓；8—操作平台；9—进出口

图 6-10　组合式铰接筒形模

1—脱模器；2—铰链；3—组合式模板；4—横龙骨；5—竖龙骨；6—三角铰；7—支脚

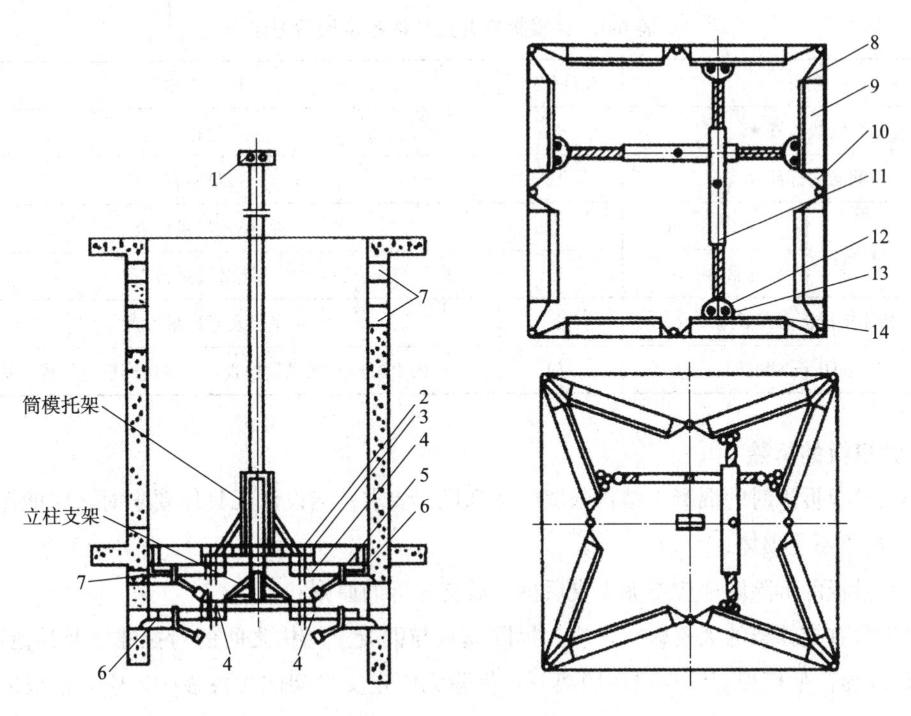

图 6-11　电梯井形模

1—吊具；2—面板；3—方木；4—托架调节梁；5—调节丝杠；6—支腿；7—支腿洞；8—四角角模；9—模板；10—直角形铰接式角模；11—退模器；12—3 形扣件；13—竖龙骨；14—横龙骨

(3)浇筑混凝土前必须对大模板的安装进行专项检查，并做检验记录，浇筑混凝土时应设专人监控大模板的使用情况，发现问题及时处理。

(4)模板与混凝土接触面应清理干净，涂刷隔离剂，刷过隔离剂的模板遇雨淋或其他因素失效后必须补刷；使用的隔离剂不得影响结构工程及装修工程质量。

(5)已浇筑的混凝土未达到 1.2 N/mm^2 以前，不得踩踏和进行下道工序作业。

(6)使用外挂架时，墙体混凝土强度必须达到 7.5 N/mm^2 以上方可安装，挂架之间的水平连接必须牢靠、稳定。

(7)吊装大模板时应设专人指挥，模板起吊应平稳，不得偏斜和大幅度摆动。操作人员必须站在安全可靠处，严禁人员随同大模板一同起吊；吊装大模板必须采用带卡环吊钩。当风力超过 5 级时，应停止吊装作业。

(8)大模板安装时，根部和顶部要有固定措施；门窗洞口模板的安装应按定位基准调整固定，保证混凝土浇筑时不移位；大模板支撑必须牢固、稳定，支撑点应设在坚固可靠处，不得与脚手架拉结；紧固对拉螺栓时应用力得当，不得使模板表面产生局部变形；大模板安装就位后，对缝隙及连接部位可采取堵缝措施，防止漏浆、错台现象。

(9)大模板安装后应保证整体的稳定性，确保施工中模板不变形、不错位、不胀模；模板间的拼缝要平整、严密，不得漏浆；模板板面应清理干净，隔离剂涂刷应均匀，不得漏刷；大模板安装允许偏差及检验方法的规定见表 6-1。

表 6-1　大模板安装允许偏差及检验方法

项目		允许偏差	检验方法
轴线位置		4	尺量检查
截面内部尺寸		±2	尺量检查
层高垂直度	全高≤5 m	3	线坠及尺量检查
	全高＞5 m	5	线坠及尺量检查
相邻模板板面高低差		2	平尺及塞尺量检查
表明平整度		＜4	20 m 内上口拉直线尺量检查，下口按模板定位线为基准检查

2. 大模板的拆除

(1)大模板拆除时的混凝土结构强度应达到设计要求；当设计无具体要求时，应能保证混凝土表面及棱角不受损坏；

(2)大模板的拆除顺序应遵循先支后拆、后支先拆的原则；

(3)拆除有支撑架的大模板时，应先拆除模板与混凝土结构之间的对拉螺栓及其他连接件，松动地脚螺栓，使模板后倾与墙体脱离开；拆除无固定支撑架的大模板时，应对模板采取临时固定措施；

(4)任何情况下，严禁操作人员站在模板上口采用晃动、撬动或用大锤砸模板的方法拆除模板；

(5)拆除的对拉螺栓、连接件及拆模用工具必须妥善保管和放置，不得随意散放在操作平台上，以免吊装时坠落伤人；

(6)起吊大模板前应先检查模板与混凝土结构之间所有对拉螺栓、连接件是否全部拆除，必须在确认模板和混凝土结构之间无任何连接后方可起吊大模板，移动模板时不得碰撞墙体；

(7)大模板及配件拆除后，应及时清理干净，对变形和损坏的部位应及时进行维修。

3. 大模板的堆放

(1)大模板现场堆放区应在起重机的有效工作范围之内，堆放场地必须坚实、平整。

(2)大模板堆放时，有支撑架的大模板必须满足自稳角要求；当不能满足要求时，必须另外采取措施，确保模板放置的稳定。没有支撑架的大模板应存放在专用的插放支架上，不得倚靠在其他物体上，防止模板下脚滑移倾倒。

(3)大模板在地面堆放时，应采取两块大模板板面对板面相对放置的方法，且应在模板中间留置不小于600 mm的操作间距；当长时期堆放时，应用相应的吊具将模板连接成整体。

三、滑模施工

(一)滑升模板的组成

滑升模板装置主要由模板系统、操作平台系统、液压系统及施工精度控制系统等部分组成，如图6-12所示。

1. 模板系统

(1)模板。模板又称围板，依赖围圈带动其沿混凝土的表面向上滑动。模板的主要作用是承受混凝土的侧压力、冲击力和滑升时的摩擦阻力，并使混凝土按设计要求的截面形状形成。模板可采用钢材、木材或钢木混合制成，也可采用胶合板等其他材料制成。钢模板可采用厚2～3 mm的钢板冷压成型，或采用厚2～3 mm钢板与∟30～∟50角钢制成。模板的高度主要取决于滑升速度和混凝土达到出模强度所需的时间，一般采用900～1 200 mm。墙体模板为1.0 m左右，柱模板可为1.2 m高，烟囱等筒壁结构可采用1.4～1.6 m。为防止混凝土浇筑时向外溅出，外模上端可比内模高100～200 mm。模板的宽度可设计成几种不同的尺寸。考虑组装及拆卸方便，一般宜采用150～500 mm。当所施工的墙体尺寸变化不大时，也可根据实际情况适当加宽模板，以节约装卸用工。

(2)围圈。围圈又称围檩，沿水平方向布置在模板背面，一般上、下各一道，形成闭合框，用于固定模板并带动模板滑升。围圈主要承受模板传来的侧压力、冲击力、摩阻力及模板与围圈的自重。若操作平台支撑在围圈上时，还承受平台自重和其上的施工荷载。为保证模板的几何形状不变，围圈要有一定的强度和刚度，其截面应根据荷载大小由计算确定。一般采用∟75～∟80的角钢、[8～[10的槽钢或110的工字钢。在每侧模板背后，按建筑物所需要的结构形状，通常设置上下各一道闭合式围圈，其间距一般为450～750 mm。

模板与围圈的连接，一般采用挂在围圈上的方式。当采用横卧工字钢作围圈时，可用双爪钩将模板与围圈钩牢，并用顶紧螺栓调节位置，如图6-13所示。

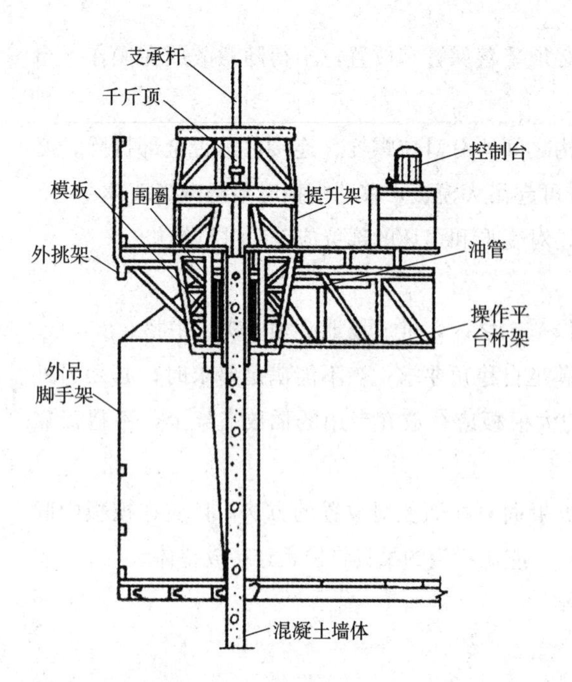

图 6-12　滑动模板装置组成示意

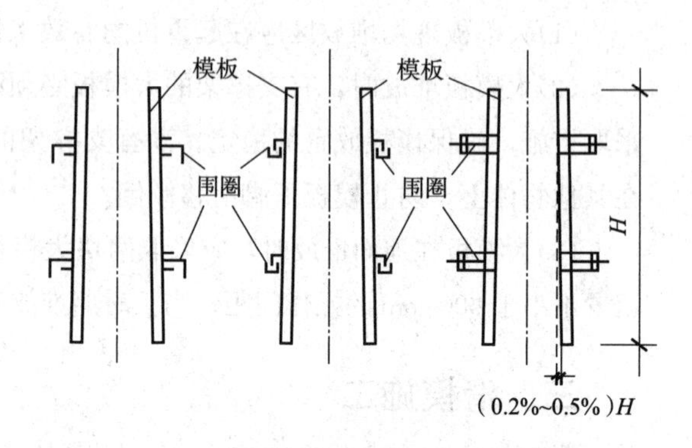

图 6-13　模板倾斜度及与围圈连接示意

H—模板高度

(3)提升架。提升架又称千斤顶架。提升架的作用是固定围圈的位置，防止模板侧向变形；承受全部竖向荷载并传递给千斤顶，再通过千斤顶传递给支撑杆；通过它带动围圈、模板和操作平台系统一起滑升。提升架由横梁和立柱组成。立柱上设有支撑围圈和操作平台的支托，以承受它们传来的全部竖向荷载，并通过横梁传递到千斤顶及支撑杆；同时，立柱又承受围圈传来的水平侧压力，并以横梁作为其支座。所以，提升架必须有足够的强度和刚度，应按实际的水平荷载、竖向荷载进行设计，其横梁与立柱必须刚性连接。目前一般采用双横梁式，刚度较好，横梁一般用槽钢制作，立柱用槽钢、角钢或方形钢管制作。提升架的布置应与千斤顶的位置相适应。当均匀布置时，间距不宜超过2.0 m。当非均匀布置或集中布置时，可根据结构部位的实际情况确定。

2. 操作平台系统

(1)操作平台。滑模的操作平台即工作平台，是绑扎钢筋、浇筑混凝土、提升模板、安装预埋件等工作的场所，也是钢筋、混凝土、预埋件等材料和千斤顶、振捣器等小型备用机具的暂时存放场地。液压控制机械设备，一般布置在操作平台的中央部位。有时还利用操作平台架设垂直运输机械设备，也可利用操作平台作为现浇混凝土顶盖的模板。操作平台一般分为内操作平台和外操作平台两部分。内操作平台一般由承重钢桁架(或梁)、楞木和铺板组成，承重钢桁架支撑在提升架的立柱上，也可通过托架支撑在桁架式围圈上；外操作平台一般由外挑三脚架、楞木和铺板组成。三脚挑架固定在提升架的立柱上或固定在围圈上。外操作平台的外挑宽度为0.8～1.0 m，并在其外侧设置防护栏杆和安装安全网，以便安全操作。

(2)吊脚手架。吊脚手架的作用是为滑升过程中进行检查混凝土质量、修整混凝土表面和养护、调整和拆卸模板等工作提供场所。内吊脚手架挂在提升架立柱和操作平台的钢桁架上，外吊脚手架挂在提升架立柱和外挑三脚架上。吊脚手架的吊杆可用 ϕ16～ϕ18 的圆钢制成，也可采用柔性链条。其铺板宽度一般为 500～800 mm，每层高度为 2.0 m 左右。

3. 液压提升系统

(1)液压千斤顶。滑模工程中所用的千斤顶为穿心式液压千斤顶，支承杆从其中心穿过。在液压动力作用下，千斤顶可沿支承杆做爬升动作，以带动提升架、操作平台和模板随之一起上升。

(2)液压控制台。液压控制台是液压传动系统的控制中心，是整套滑模装置的心脏。它主要由电动机、齿轮油泵、溢流阀、换向阀、分油器和油箱等组成。其工作过程为：电动机带动齿轮油泵运转，将油箱中的油液通过溢流阀控制压力后，经换向阀输送到分油器，然后经油管将油液输入各千斤顶，使千斤顶沿支承杆爬升。当活塞走满行程之后，换向阀变换油液的流向。在千斤顶排油弹簧回弹作用下，油液回流到油箱。每一个工作循环，可使千斤顶爬升一个行程，历时 3～5 min。

(3)油路系统。油路系统是连接控制台到千斤顶的液压通路，主要由油管、管接头、分油器和截止阀等组成。油管一般采用高压无缝钢管及高压橡胶管两种。根据滑升工程面积大小和荷载，决定液压千斤顶的数量及编组形式。主油管内径应为 14～19 mm，分油管内径应为 10～14 mm，连接千斤顶的油管内径应为 6～10 mm。

(4)支承杆。支承杆又称爬杆、千斤顶杆或钢筋轴等。它支承着作用于千斤顶的全部荷载。为了使支承杆不产生压屈变形，应用一定强度的圆钢或钢管制作。目前使用的额定起重量为 3 t 的滚珠式卡具液压千斤顶，其支承杆一般采用直径为 25 mm 的 Q235 圆钢制作。如使用楔块式卡具液压千斤顶时，也可用直径为 ϕ25～ϕ28 的带肋钢筋作支承杆。因此，对于框架柱等结构，可直接以受力钢筋作支承杆使用。为了节约钢材用量，应尽可能采用工具式支承杆。采用工具式支承杆时，应在支承杆外侧加设内径大于支承杆直径的套管，套管的上端与提升架横梁底部固定，套管的下端至模板底平，套管外径最好做成上大下小的锥度，以减少滑升时的摩阻力。套管随千斤顶和提升架同时上升，在混凝土内形成管孔，以便最后拔出支承杆。

4. 施工精度控制系统

滑模施工的精度控制系统主要起到控制滑模施工的水平度和垂直度的作用。

(1)滑模施工水平度控制。在模板滑升过程中，由于千斤顶的不同步，数值的累积就会使模板系统产生很大的升差，如不及时加以控制，不仅建筑物的垂直度难以保证，也会使模板结构产生变形，影响工程质量。水平度的观测，可采用水准仪、自动安平激光测量仪等设备，精度不应低于 1/10 000。对千斤顶升差的控制，可以根据不同的控制方法选择不同的水平度控制系统。常用的方法有用激光控制仪控制的自动调平控制法、用限位仪控制的限位调平法、限位阀控制法、截止阀控制法等。

(2)滑模施工垂直度控制。在滑模施工中，影响建筑物垂直度的因素很多，如千斤顶的升差、滑模装置变形、操作平台荷载、混凝土的浇筑方向及风力、日照的影响等。为了解决上述问题，除采取一些有针对性的预防措施外，在施工中还应经常加强观测，并及时采取纠偏、纠扭措施，以使建筑物的垂直度始终得到控制。垂直度的观测主要采用经纬仪、激光铅直仪和导电线坠等设备来进行。垂直度调整控制方法主要有平台倾斜法、顶轮纠偏控制法、双千斤顶法、变位纠偏器纠正法等。

(二)墙体滑模的一般施工工艺

1. 模板的组装

滑动模板的组装直接影响到施工进度和质量，因此要合理组织、严格施工。

(1)模板组装前，要做好拼装场地的平整工作，检查起滑线以下已经施工好的基础或结构的标高和平面尺寸，并标出建筑物的结构轴线、墙体边线和提升架的位置线等。

(2)滑模的组装应按图 6-14 所示的顺序进行。

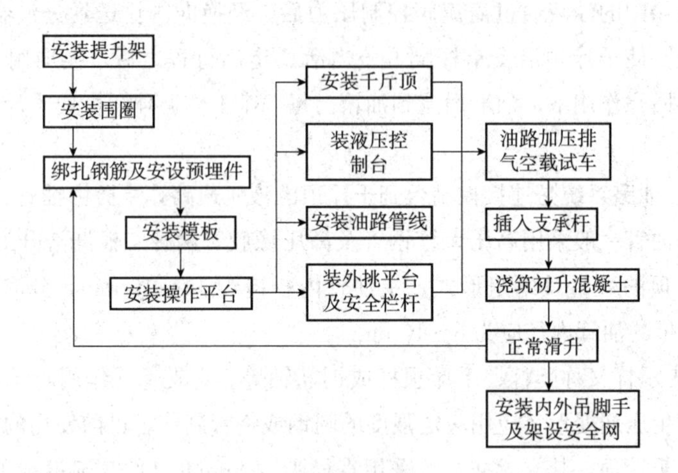

图 6-14　滑模装置的组装顺序

2. 钢筋绑扎

钢筋绑扎的速度应与混凝土浇筑及模板滑升速度相配合。为了操作方便，钢筋在加工时，横向钢筋的长度不宜大于 6.0 m，竖向钢筋的长度不宜大于 5.0 m，一般应与高度一致。为保证钢筋位置准确，钢筋绑扎时应符合下列规定：

(1)每层混凝土浇筑完毕后，在混凝土表面以上至少应有一道绑扎好的横向钢筋。

(2)竖向钢筋绑扎后，其上端应用箍筋临时固定，或在提升架上部设置钢筋定位架，定位架可采用木材或钢筋焊接而成。

(3)应有保证钢筋保护层的措施，可在模板上口设置带钩的圆钢筋进行控制。

3. 支承杆安放

(1)支承杆在安放时，应使相邻支承杆的接头互相错开，且在同一标高上的接头数量不超过接头总数的 25％。

(2)当发生支承杆失稳、被千斤顶带起或弯曲等情况时，应立即进行加固处理。

(3)支承杆兼作结构受力钢筋时，其加固和接头处的焊接质量还应同时满足受力钢筋的有关要求。

(4)当支承杆穿过较高洞口或模板滑空时，应对支承杆进行加固。

4. 混凝土施工

滑模施工的混凝土，除必须满足设计强度外，还必须满足滑模施工的特殊要求，如出模强度、凝结时间、和易性等。混凝土配合比的设计，应根据滑升速度、气候条件和材料品种等因素试配出不同的级配，以便施工中根据实际情况选用。为提高混凝土的和易性，减少滑模时的摩阻力，在颗粒级配中可适当加大细集料用量，粒径在 7 mm 以下的细集料可达 50%～55%，粒径在 0.2 mm 以下的砂子宜在 5%以上。配制混凝土的水泥品种，根据施工时的气温、模板提升速度及施工对象而选用。夏季宜选用矿渣水泥，气温较低时宜选用普通硅酸盐水泥或早强水泥，水泥用量不应少于 250 kg/m^3。

混凝土的浇筑必须严格执行分层交圈、均匀、浇筑的制度。浇筑时间不宜过长，过长会影响各层间的粘结，分层厚度一般以 200 mm 左右为宜。实行“薄层浇灌、微量提升、减少停歇”的提升制度。

混凝土的凝结时间应能保证浇筑上层混凝土时，下层仍处于塑性状态。故混凝土的初凝时间宜控制在 2.0 h 左右，终凝时间可视工程对象而定，一般宜控制在 4～6 h。混凝土的出模强度宜控制在 0.2～0.4 MPa 范围内。此时，混凝土对模板的摩擦阻力小，出模混凝土表面易于抹光。后期强度损失小，并能承受上部混凝土的自重，不坍塌、开裂或变形。

脱模的混凝土必须及时进行修整和养护。混凝土开始浇水养护的时间应视气温情况而定。夏季施工时，不应迟于脱模后 12 h，浇水的次数应适当增加。当气温低于+5 ℃时，不宜浇水，但应用岩棉被等保温材料加以覆盖。并视具体条件采取适当的冬期施工方法进行养护。

近年来，我国采用养护液对滑模工程新脱模的混凝土进行薄膜封闭养护，取得了较好的效果。目前，国内生产的养护液主要有三大类，即石蜡水乳液、氯乙烯-偏氯乙烯(简称氯-偏)和硅酸盐(水玻璃)类。施工时，可以采用喷涂、滚涂等方法。

5. 模板的滑升

(1)模板的初滑阶段。初滑时首次分层交圈浇筑的混凝土至 500～700 mm(或模板高度的 1/2～2/3)高度后，第一层浇筑的混凝土强度达到 0.2 MPa 左右(相当贯入阻力值 4 kPa)应进行 1～2 个千斤顶行程的提升，并对滑模装置和混凝土凝结状态进行检查。确定正常后，方可转为正常滑升。

(2)正常滑升阶段。

1)正常滑升过程中，两次提升的时间间隔不应超过 0.5 h。

2)提升过程中，应使所有的千斤顶充分地进油、排油。在提升过程中，如出现油压增至正常滑升工作压力值的 1.2 倍，尚不能使全部千斤顶升起时，应停止提升操作，立即检查原因，及时进行处理。

3)在正常滑升过程中，操作平台应保持基本水平。每滑升 200～400 mm，应对各千斤顶进行一次调平(如采用限位调平卡等)，特殊结构或特殊部位应按施工组织设计的相应要求实施。各千斤顶的相对标高差不得大于 40 mm。相邻两个提升架上千斤顶相差不得大于 20 mm。

4)连续变截面结构，每滑升 200 mm 高度，至少应进行一次模板收分。模板一次收分量不宜大于 7.0 mm。当结构的坡度大于 3.3%时，应减小每次提升高度。当设计支承杆数量时，应适当降低其设计承载能力。

5)在滑升过程中，应检查和记录结构垂直度、水平度、扭转及结构截面尺寸等偏差数值。

(3)停滑阶段。如因施工需要、气候或其他原因，不能连续滑升时，应采取如下可靠的停滑措施：停滑时混凝土应浇筑到同一水平面上；混凝土浇筑完毕以后，模板应每隔0.5～1 h整体提升一次，每次提升30～60 mm，如此连续进行4 h以上，直至混凝土与模板不会粘结为止。对滑空部位的支承杆，应采取适当的加固措施；当支承杆的套管不带锥度时，应于次日将千斤顶再提升一个行程；框架结构模板的停滑位置，宜设在梁底以下100～200 mm处。

(三)采用滑模施工时楼板的施工工艺

在滑模施工中，楼板与墙体的连接一般可分为预制安装与现浇两大类。由于高层建筑结构抗震要求，50 m以上的高层建筑宜采用现浇结构，故高层建筑不允许采用预制安装方法。采用现浇楼板的施工方法，可提高建筑物的整体性，加快施工进度。属于此类方法的现有“逐层空滑现浇楼板并进施工法”“先滑墙体现浇楼板跟进施工法”和“先滑墙体楼板降模施工法”。

1. 逐层空滑现浇楼板并进施工

逐层空滑现浇楼板施工法，就是施工一层墙体，现浇一层楼板，墙体的施工与现浇楼板逐层连续地进行。其具体做法是：当墙体模板向上空滑一段高度，待模板下口脱空高度等于或稍大于现浇楼板的厚度后，吊开活动平台板，进行现浇楼板支模、绑扎钢筋和浇灌混凝土的施工。

(1)模板与墙体的脱空范围。模板与墙体脱空范围，主要取决于楼板和阳台的结构情况。当楼板为单向板，横墙承重时，只需将横墙模板脱空，非承重纵墙应比横墙多浇灌一段高度(一般为500 mm左右)，使纵墙的模板不脱空，以保持模板的稳定。当楼板为双向板时，则全部内外墙的模板均需脱空。此时，可将外墙的外模板适当加长或将外墙的外侧1/2墙体多浇灌一段高度(一般为5.0 mm左右)，使外墙的施工缝部位成企口状，以防止模板全部脱空后，产生平移或扭转变形。

(2)现浇楼板的模板。逐层空滑楼板并进滑模工艺的现浇楼板施工，是在吊开活动平台板后进行。与普通逐层施工楼板的工艺相同，可采用传统的支柱法，即模板为钢模或木胶合板，下设桁架梁，通过钢管或木柱支承于下一层已施工的楼板上；也可采用早拆模板体系，将模板及桁架梁等部件，分组支承于早拆柱头上，可使模板周转速度提高2～3倍，从而大大减少模板的投入量。

2. 先滑墙体楼板降模施工

(1)先滑墙体现浇楼板跟进施工。当墙体连续滑升至数层高度后，即可自下而上地插入进行楼板的施工。在每间操作平台上，一般需设置活动平台板。其具体做法是：施工楼板时，先将操作平台的活动平台板揭开，由活动平台的洞口吊入楼板的模板、钢筋和混凝土等材料或安装预制楼板。对于现浇楼板的施工，在操作平台上也可不必设置活动平台板，而由设置在外墙窗口处的受料挑台将所需材料吊入房间，再用手推车运至施工地点。

现浇楼板与墙体的连接方式可以为钢筋混凝土键连接。当墙体滑升至每层楼板标高时，沿墙体每隔一定距离预留孔洞。一般情况下，孔洞的宽度可取200～400 mm，孔洞的高度为楼板的厚度，或楼板厚上下各加大50 mm，以便操作。相邻孔洞的最小净距应大于500 mm。相邻两间楼板的主筋可由孔洞穿过，并与楼板的钢筋连成整体，端墙预留洞处楼板钢筋应与墙体钢筋加以联结。孔洞处同楼板一起浇筑混凝土后，即形成钢筋混凝土键。采用钢筋混凝土键连接的现浇楼板，其结构形式可作为双跨或多跨连续密肋梁板或平板，大多用于楼板主要受力方向的支座节点。

采用先滑墙体现浇楼板跟进施工工艺时，楼板的施工顺序为自下而上地进行。现浇楼板的模板，除可采用支柱定型钢模等一般支模方法外，还可利用在梁、柱及墙体预留的孔洞或设置一些临时牛腿、插销及挂钩，作为桁架支模的支承点。当外墙为开敞式时，也可采用飞模法。

(2)先滑墙体楼板降模施工法。该方法是当墙体连续滑升到顶或滑升至一定高度后，将事先在底层按每个房间组装好的模板，用卷扬机或其他提升机具，徐徐提升到要求的高度，再用吊杆、钢丝绳悬吊在墙体预留的孔洞中，即可进行该层楼板的施工，如图 6-15 所示。当该层楼板的混凝土达到拆模强度时(不得低于 15 MPa)，可将模板降至下一层楼板的位置进行下一层楼板的施工。如此反复进行，直至底层。对于楼层较少的工程，可当滑模滑升到顶后，将滑模的操作平台改制作为降模使用。若建筑物高度很大，为保证建筑物施工时的稳定性，则在墙体滑升至 8～10 层左右后，即组装降模模板从上而下进行楼板施工；同时，滑模也逐层向上浇筑墙体，待其到顶后再用操作平台作为降模，从建筑物顶部向下逐层施工楼板。

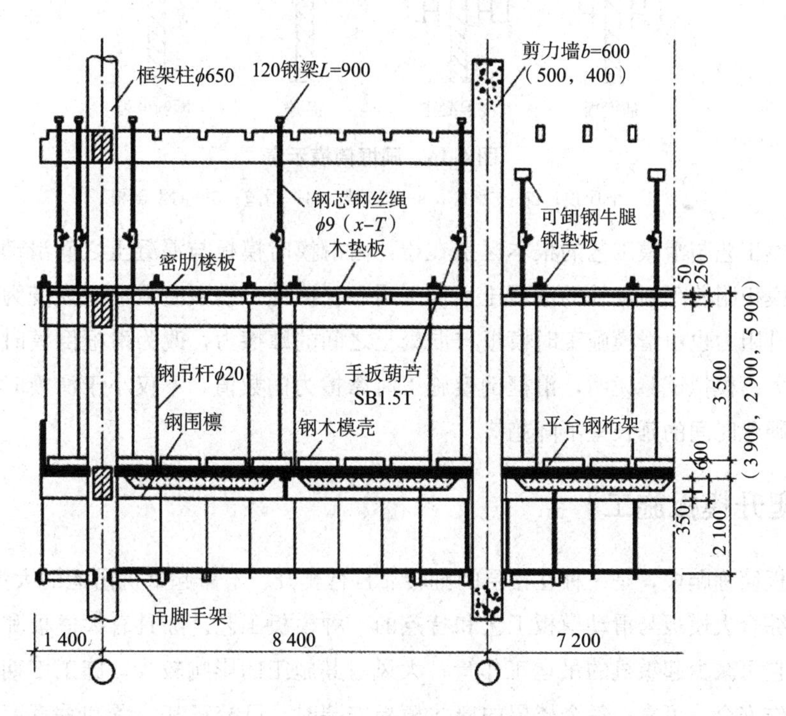

图 6-15　悬吊降模法

采用降模法施工时，现浇楼板与墙体的连接方式，基本与采用间隔数层的楼板跟进法的做法相同。其梁板的主要受力支座部位，宜采用钢筋混凝土键连接；非主要受力支座部位，可采用钢筋销凹槽连接。

降模施工工艺的机械化程度较高，耗用的钢材及模板量较少，垂直运输量也较少，楼层地面可一次完成。但在降模施工前，墙体连续滑升的高度范围内，建筑物无楼板连接，结构的刚度较差，施工周期也较长。同时，降模是一种凌空操作，安全方面的问题也较多。此外，不便于进行内装修及水、暖、电等工序的立体交叉作业。

四、滑框倒模施工

滑框倒模工艺，仍然采用滑模施工的设备和装置，不同点在于围圈内侧增设控制模板的竖向滑道。该滑道随滑升系统一起滑升，而模板留在原地不动，待滑道滑出模板，再将模板拆除倒到滑道上重新插入施工，如图 6-16 所示。滑道的作用相当于模板的支承系统，既能抵抗混凝土的侧压力，又可约束模板位移，且便于模板的安装。滑道的间距按模板的材质和厚度决定，一般为 300～400 mm；长度为 1.0～1.5 m，可采用外径为 30 mm 左右的钢管。

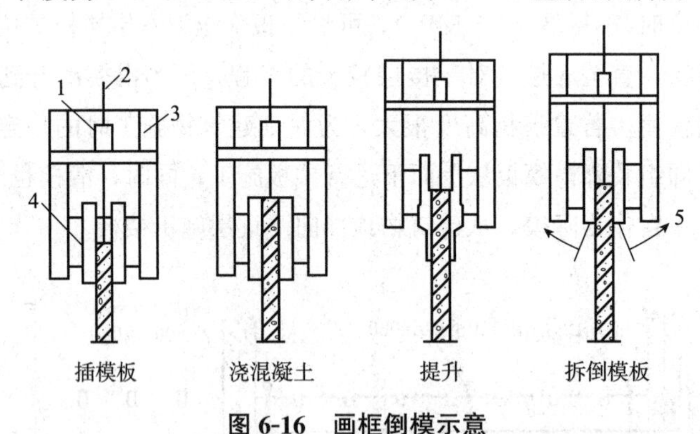

图 6-16　画框倒模示意

1—千斤顶；2—支承杆；3—提升架；4—滑道；5—向上倒模

滑框倒模工艺与滑模工艺的根本区别在于：由滑模时模板与混凝土之间滑动，变为滑道与模板滑动，模板附着于新浇筑的混凝土面而无滑移。因此，模板由滑动脱模变为拆倒脱模。与之相应，滑升阻力也由滑模施工时模板与混凝土之间的摩擦力，改为滑框倒模时的模板与滑道之间的摩擦力。模拟试验说明，滑框倒模施工时摩擦力的数值，不仅小于滑模时的摩阻力，而且随混凝土硬化时间的延长呈下降趋势。

五、爬升模板施工

爬升模板简称爬模，是一种在楼层间翻转靠自行爬升、不需起重机吊运的大型工具式模板。爬升模板是综合大模板与滑动模板工艺和特点的一种模板工艺。除具有大模板和滑动模板共同的优点外，它可减少起重机的吊运工作量；大风对其施工的影响较少，施工工期较易控制；爬升平稳，工作安全、可靠；每个楼层的墙体模板安装时，可校正其位置和垂直度，施工精度较高；模板与爬架的爬升、安装、校正等工序可与楼层施工的其他工序平行作业，因而可有效地缩短结构施工周期。爬升模板在我国高层建筑施工中已得到较广泛的应用。

爬升模板分为有爬架爬模和无爬架爬模。而有爬架爬模又分为外墙爬模和内、外墙整体爬模两种。

(一)有爬架爬模

1. 有爬架爬模构造组成

爬升模板的构造如图 6-17 所示，由模板、爬架和爬升设备三部分组成。

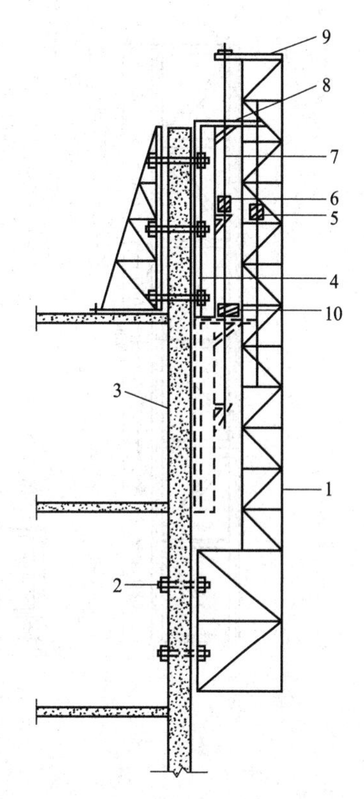

图 6-17　有爬架爬模构造

1—爬架；2—螺栓；3—预留爬架孔；4—模板；5—爬架千斤顶；6—爬模千斤顶；7—爬杆；8—模板挑横梁；9—爬架挑横梁；10—脱模架千斤顶

(1)模板。模板与大模板相似。面板一般采用组合式钢模板组拼或薄钢板，也可用木(竹)胶合板模板。横肋用[6.3 槽钢，竖肋用[8 或[10 槽钢，横、竖肋的间距按计算确定。模板的高度应以标准层的层高来加以确定，一般为标准层层高加 100～300 mm(属于模板与下层已浇筑墙体的搭接高度，用于模板下端的定位和固定)。模板下端与墙体搭接处需加橡胶衬垫，以防止漏浆。如果用于层高较高的非标准层时，可以采用两次爬模两次浇筑、一次爬架的方法施工。模板的宽度，可根据一片墙的宽度和施工段的划分确定，其分块要求要与爬升设备能力相适应。条件允许时越宽越好，以减少模板间的拼接和提高墙面的平整度。模板的吊点，根据爬升模板的工艺要求，应设置两套吊点。一套吊点(一般为两个吊环)用于制作和吊运，在制作时焊在横肋或竖肋上；另一套吊点用于模板爬升，设在每个爬架的位置，要求与爬架吊点位置相对应，一般在模板拼装时进行安装和焊接。

(2)爬架。爬架的作用是悬挂模板和爬升模板。爬架由支承架、附墙架、挑横梁、爬升爬架的千斤顶架(或吊环)等组成，如图 6-18 所示。其中，支承架为由 4 根角钢组成的格构柱，一般做成 2 个标准节，使用时拼接起来。支承架的尺寸除取决于强度、刚度、稳定性验算外，还需满足操作要求。由于操作人员下到附墙架内操作，只允许在支承架内上下，因此支承架的尺寸不应小于 650 mm×650 mm。附墙架紧贴墙面，至少用 4 只附墙螺栓与墙体连接，作为爬架的支承体。螺栓的位置尽可能与模板的穿墙螺栓孔相符，以便用该孔作为附墙架的螺栓孔。附墙架的位置如果在窗洞口处，也可利用窗台作支承。附墙架底部应满铺脚手板，以防工具、螺栓等物件掉落。爬架顶端一般要超出上一层楼层 0.8～1.0 m，爬架下端附墙架应在拆模层的下一层，因此，爬架的总高度一般为 3～3.5 个楼层高度。对于层高 2.8 m 的住宅，爬架总高度为 9.3～10.0 m。由于模板紧贴墙面，爬架的支承架要离开墙面 0.4～0.5 m，以便模板在拆除、爬升和安装时有一定的活动余地。

(3)爬升设备。爬升设备是爬升模板的动力。常用的爬升设备有环链手拉葫芦、单作用液压千斤顶、双作用千斤顶和专用爬模千斤顶，其起重能力一般要求为计算值的两倍以上。

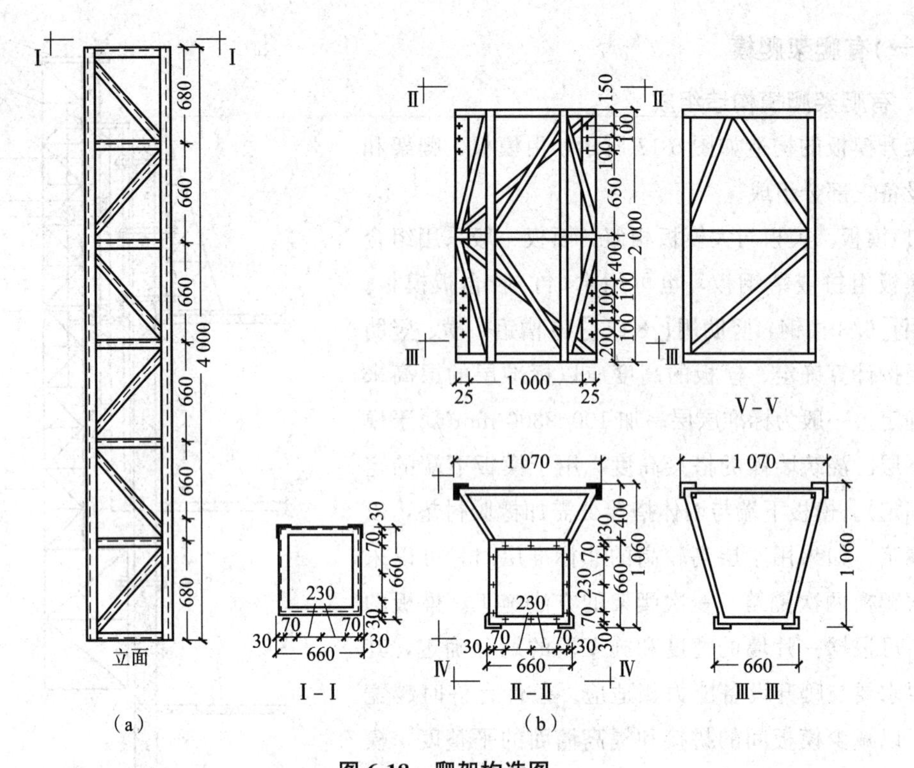

图 6-18　爬架构造图

(a)支承架标准节(两节)；(b)附墙架

2. 有爬架爬模施工程序

有爬架爬模施工程序：以建筑物的钢筋混凝土墙体为支撑主体，通过附着于已完成的钢筋混凝土墙体上的爬升支架或大模板，利用连接爬升支架与大模板的爬升设备，使一方固定，另一方作相对运动，交替向上爬升，以完成模板的爬升、下降、就位和校正等工作。其施工程序如图 6-19 所示。

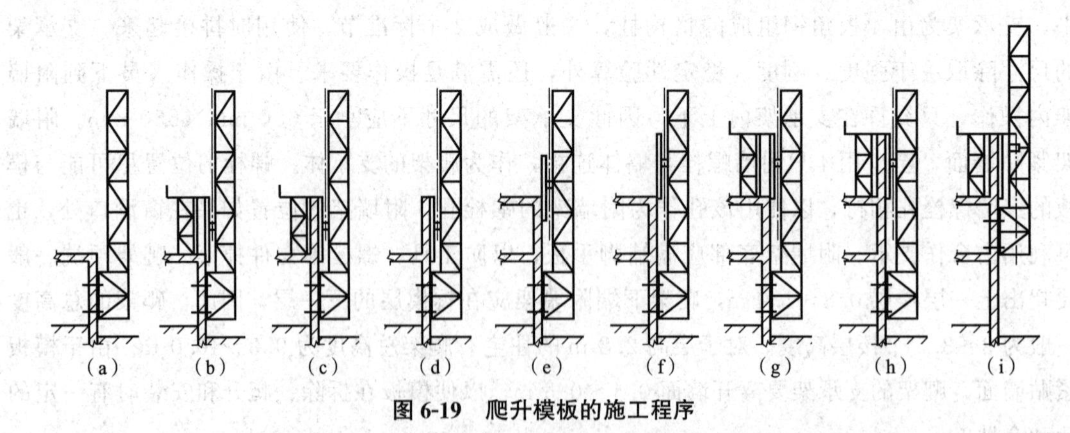

图 6-19　爬升模板的施工程序

(a)头层墙完成后安装爬升支架；(b)安装外模悬挂在爬架上，绑扎钢筋，悬挂内模；

(c)浇筑第二层墙体混凝土；(d)拆除内、外模板；(e)三层楼板施工；

(f)爬升外模并校正固定；(g)绑扎三层墙体钢筋，安装三层墙内模；

(h)浇筑三层墙体混凝土；(i)以外模为支撑爬升爬架，将爬架固定在第二层墙上

(二)无爬架爬模

无爬架爬模的模板由甲、乙两类模板组成，爬升时两类模板互为依托，用提升设备使两类相邻模板交替爬升。

1. 模板

甲型模板为窄板，高度大于 2 个层高；乙型模板按建筑物外墙尺寸配制，高度略大于层高，与下层墙体稍有搭接，以避免漏浆和错台。两类模板交替布置，甲型模板布置在内、外墙交接处，或大开间处墙的中部，如图 6-20 所示。

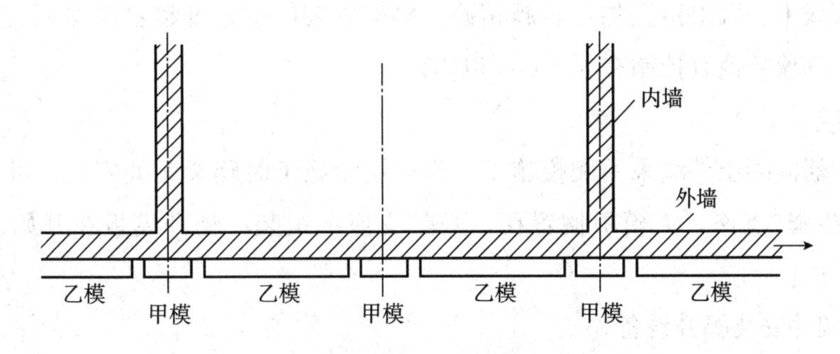

图 6-20　无爬架爬模布置

每块模板的左右两侧均拼接有调节板缝的钢板以调整板缝，并使模板两侧形成轨槽，以利模板爬升。模板背面设有竖向背楞，作为模板爬升的依托，并加强模板刚度。内、外模板用 $\phi16$ 穿墙螺栓拉结固定。模板爬升时，利用相邻模板与墙体的拉结来抵抗爬升时的处张力，所以模板要有足够的刚度。

2. 爬升装置

爬升装置由三角爬架、爬杆、卡座和液压千斤顶组成。

(1)三角爬架插在模板上口两端套筒内，套筒用 U 形螺栓与交通运输部向背楞连接。三角爬架可以自由回转，其作用是支承卡座和爬杆。

(2)爬杆用直径为 25 mm 的圆钢制成，长为 3.0 m，上端用卡座固定，支承在三角爬架上，爬升时处于受拉状态。

(3)每块模板安装 2 台液压千斤顶，最大起重量为 3.5 t。甲型模板的千斤顶安装在模板中间偏下处，乙型模板安装在模板上口两端。供油系统采用齿轮泵(额定压力 10 MPa，排油量 48 L/min)用高压胶管作油管。

3. 操作平台挑架

操作平台用三角挑架作支撑，安装在乙型模板竖向背楞和它下面的生根背楞上，上下放置 3 道。上面铺脚手板，外侧设护身栏和安全网。上、中层平台供安装、拆除模板时使用，并在中层平台上加设模板支撑一道，使模板、挑架和支撑形成稳固的整体，并用来调整模板的角度，也便于拆模时松动模板；下层平台供修理墙面用。甲型模板不设平台挑架。

(三)爬模施工要求

由于爬模的附墙架需安装在混凝土墙面上，故采用爬模施工时，底层结构施工仍须用大模板或一般支模的方法。当底层混凝土墙拆除模板后，方可进行爬架的安装。爬架安装好以后，就可以利用爬架上的提升设备，将二层墙面的大模板提升到三层墙面的位置就位。届时完成了爬模的组装工作，可进行结构标准层爬模施工。

1. 爬架组装

爬架的支承架和附墙架是横卧在平整的地面上拼装的。经过质量检查合格后，再用起重机安装到墙上。

将被安装爬架的墙面需预留安装附墙架的螺栓孔，孔的位置要与上面各层的附墙螺栓孔位置处于同一垂直线上。墙上留孔的位置越精确，爬架安装的垂直度越容易保证。安装好爬架后要校正垂直度，其偏差值宜控制在 $h/1\ 000$ 以内。

2. 模板组装

高层建筑钢筋混凝土外墙采用爬模施工。当底层墙施工时爬架无处安装，可在半地下室或基础顶部设置“牛腿”支座，大模板搁置在“牛腿”支座上组装。爬升模板在开始层的组装程序如下：

(1)安装爬架并安装提升设备；

(2)吊装分块模板；

(3)利用校正工具校正和固定模板；

(4)当爬升模板到达二层墙高度时，开始安装悬挂脚手架及各种安全设施。

3. 爬架爬升

爬架在爬升前必须将外模与爬架间的校正支撑拆去，检查附墙连接螺栓是否都已抽除，清除爬模爬升过程中可能遇到的障碍，还应确定固定附墙架的墙体混凝土强度已达到 10 N/mm。

爬架在爬升过程中两套爬升设备要同步提升，使爬架处于垂直状态。当用环链手拉葫芦时，应两只同时拉动；用单作用液压千斤顶时，应在总油路的分流器上用两根油管分别接到千斤顶的油嘴上，采用并联接法使两只千斤顶同时进油。爬架先爬升 50～100 mm，然后进行全面检查，待一切都通过检验后，就可进入正常爬升。

爬升过程中操作工人不得站在爬架内，可站在模板的外附脚手架上操作。

爬架爬升到位时要逐个及时插入附墙螺栓，校正好爬架垂直度后拧紧附墙螺栓的螺母，使得附墙架与混凝土的摩擦力足够平衡爬架的垂直荷载。

4. 模板爬升

模板的爬升须待模板内的墙身混凝土强度达到 1.2～3.0 N/mm^2 方可进行。

六、粗钢筋连接技术

高层建筑现浇钢筋混凝土结构工程施工中的钢筋连接，主要是水平向和竖向粗直径钢筋连接必须适应高层建筑发展的需要。目前，在高层建筑钢筋连接施工中逐渐发展和采用了电渣压力焊、气压焊、机械连接等技术，大大提高了水平向和竖向粗直径钢筋的连接性能，且取得了较好的经济效益。

(一)钢筋电渣压力焊

电渣压力焊是将钢筋安放成竖向对接形式，利用焊接电流通过两钢筋端面间隙，在焊剂层下形成电弧过程和电渣过程，产生电弧热和电阻热，熔化钢筋，加压完成的一种压焊方法。电渣压力焊适用钢筋的范围为直径 14～20 mm 的 HPB300 级钢筋，直径 14～32 mm 的 HRB400 级钢筋。

电渣压力焊比电弧焊易于掌握、工效高、节省钢材、成本低、质量可靠，适用于现浇钢筋混凝土结构中竖向或斜向(倾斜度在 4∶1 的范围内)钢筋的接长连接，但不宜用于热轧后余热处理的钢筋。

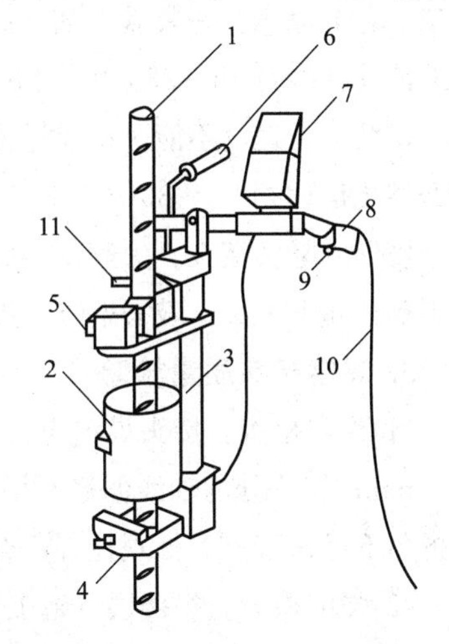

图 6-21　手动杠杆式单柱焊接夹具

1—钢筋；2—焊剂盒；3—单导柱；4—固定夹头；5—活动夹头；6—手柄；7—监控仪表；8—操作把；9—开关；10—控制电缆；11—电缆插座

1. 焊接设备和材料

(1)焊机。电渣压力焊的主要设备是竖向钢筋电渣压力焊机，按控制方式分为手动式、半自动式和全自动式钢筋电渣压力焊机。钢筋电渣压力焊机主要由焊接电源、控制箱、焊接夹具、焊剂盒等几部分组成。

(2)焊接夹具。手动杠杆式单柱焊接夹具由焊剂盒、单导柱、固定夹头、活动夹头、手柄、监控仪表、操作把、开关、控制电缆、电缆插座等组成，如图 6-21 所示。夹具的主要作用：夹住上下钢筋，使钢筋定位同心；传导焊接电流；确保焊剂盒直径与焊接钢筋的直径相适应，便于焊药安装。

(3)焊剂。焊剂牌号为“焊剂×××”，其中第一位数字表示焊剂中氧化锰含量，第二位数字表示二氧化硅和氟化钙含量，第三个数字表示同一牌号焊剂的不同品种。施工中最常用的焊剂牌号为“焊剂 431”，它是高锰、高硅、低氟类型的。焊剂要妥善保管，防止受潮。焊剂在焊接过程中起着保护渣池中熔化金属和高温金属，防止氧化和氮化，使焊接过程稳定，获得良好成形接头等重要作用。

2. 焊接工艺过程

电渣压力焊工艺过程包括引弧、电弧、电渣和顶压过程，如图 6-22 所示。

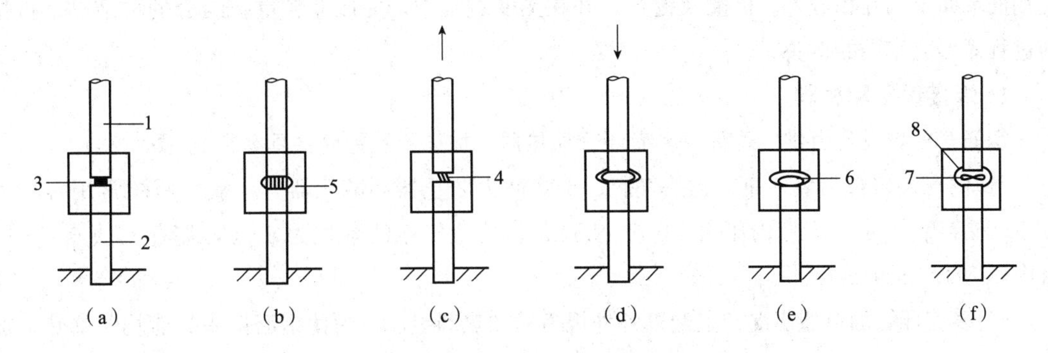

图 6-22　电压压力焊工艺过程

(a)引弧前；(b)引弧过程；(c)电弧过程；(d)电渣过程；(e)顶压过程；(f)凝固后

1—上钢筋；2—下钢筋；3—焊剂盒；4—电弧；5—熔池；6—熔渣；7—焊包；8—渣壳

以下以手动式为例说明焊接过程。焊接时，将钢筋直径端部约 120 mm 范围内铁锈杂质刷净，用夹具夹紧钢筋，当上部钢筋较长时，搭设架子稳定钢筋，严防晃动，以免上、下钢筋错位和夹具变形。钢筋端头应在焊剂盒中部，待上、下钢筋轴线对中后，在上、下钢筋间放入一个由细铅丝绕成直径为 10～15 mm 的小球或导电剂(当钢筋直径较大时)。在焊剂盒底部垫好石棉垫、合上焊剂盒并装满焊剂。施焊时，接通电路，使导电剂、钢筋端部及焊剂熔化，形成导电的渣池，维持 16～23 s 后，借助手柄将上钢筋缓缓下送，且使焊接电压稳定在 22～27 V 范围内。钢筋下送速度不能过快或过慢，以防止造成电流短路或断路，要维持好电渣形成过程。待钢筋熔化量达到 20～30 mm 时，即切断电源，并迅速用力顶锻钢筋，挤出全部熔渣和熔化金属，使形成坚实接头。为避免接头与空气接触氧化，过 1～3 min 冷却后，才可打开焊剂盒，收回焊剂，卸下夹具，敲去熔渣，焊接过程结束。

3. 焊接接头质量检验

(1)外观检查。接头焊包均匀，不得有裂纹，且无烧伤缺陷，四周凸出钢筋表面的高度应大于 4 mm；接头处的轴线偏移不得大于钢筋直径的 10%，且不得大于 2 mm；接头处钢筋轴线的弯折角不得大于 4°。外观检查不合格的接头应切除重焊，或采取补强焊接措施。

(2)强度检验。每楼层或施工区段中，以 300 个同钢筋级别、同钢筋直径接头作为一批，不足 300 个时，仍作为一批，随机切取 3 个试件，进行拉伸试验。3 个试件的抗拉强度均不得小于该级别钢筋规定的抗拉强度，且均呈延性断裂于焊缝之外。若有 1 个试件的抗拉强度低于规定值，应再取 6 个试件进行复验。若仍有 1 个试件的抗拉强度小于规定值，则该批接头为不合格品。

(二)钢筋气压焊

气压焊属热压力焊，是利用氧气、乙炔火焰把接合面及其附近金属加热至塑化状态，同时施加 30～40 N/mm^2 的轴向压力，使钢筋顶锻在一起形成钢筋接头。这种焊接方法设备简单、工效高、成本较低，适用于各种位置的直径为 16～40 mm 的 HPB300 级和部分 HRB400 级钢筋焊接连接。当不同直径钢筋焊接时，两钢筋直径差不得大于 7 mm。

钢筋气压焊的原理是钢筋端部经氧-乙炔火焰加热产生高温并生成还原性气体保护被焊钢筋的结合面，待加热到适当的温度向接合面加压。由于加热和加压钢筋产生强烈的塑性变形，促使钢筋端面金属互相嵌入、扩散及键合，并在热变过程中，完成晶粒重新组合的再结晶、再排列过程而形成牢固的接头。

1. 焊接设备和材料

钢筋气压焊设备由供气装置、多嘴环管加热器、加压器及钢筋夹具等组成(图 6-23)。

(1)供气装置包括氧气瓶、乙炔气瓶、干式回火防止器和减压器等。氧气瓶的常用容积为 40 L，储存氧气 6 m^3，瓶内压力 14.71 N/mm^2。乙炔气瓶的容积为 40 L，储存乙炔 6.0 m^3，瓶内压力 1.52 N/mm^2。

(2)多嘴环管加热器由混合室配以各种规格的加热圈组成，为使钢筋接头处能均匀加热，加热器设计成环状钳形，使多束火焰燃烧均匀，调整方便，其火口数与钢筋直径有关。

(3)加压器由液压泵、液压表、顶压油缸、输油胶管组成。其有手动式、脚踏式和电动式三种。

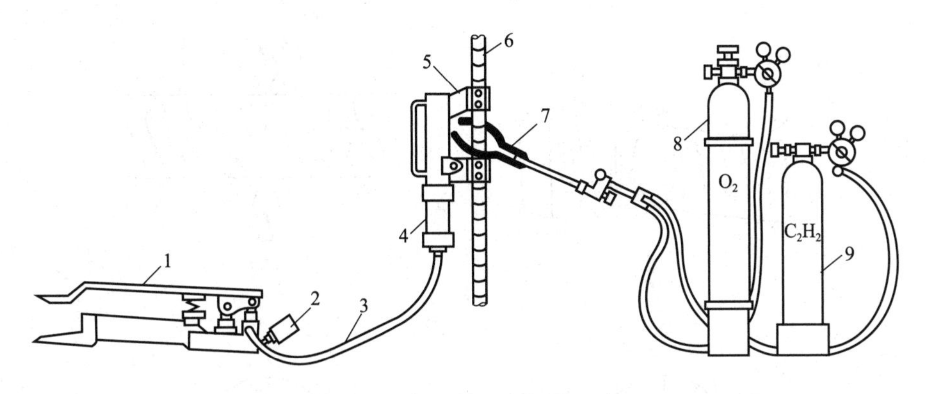

图 6-23　气压焊设备工作示意

1—脚踏液压泵；2—压力表；3—液压胶管；4—油缸；5—钢筋卡具；

6—被焊接钢筋；7—多火口烤枪；8—氧气瓶；9—乙炔瓶

(4)钢筋夹具由可动和固定卡子组成，用于卡紧、调整和压接钢筋用。钢筋夹具对钢筋应有足够的夹紧功能，确保轴向力的传递，既不夹伤钢筋，又要保证钢筋接头不偏心、不弯折并易于操作。

2. 工艺程序

(1)接合前端面处理。用砂轮切平钢筋端面与轴线垂直，矫正或切除端部弯折、扭曲处。用角向磨光机将钢筋端面打磨干净并清除端部 50～100 mm 长度范围上的附着物。将两根钢筋安装于夹具上，夹紧并加压顶紧。钢筋间的缝隙不得大于 3.0 mm。

(2)初期压焊。用碳化焰对准钢筋接缝处集中加热，使淡白色羽状内焰包住或伸入缝隙内，以防接合面氧化。待接缝处钢筋红热时，施加 30～40 N/mm^2 的压力，直至端面闭合。

(3)主压焊。在确认端面闭合后，把加热焰调成乙炔稍多的中性焰，沿钢筋轴向在 $2d$ 的范围内宽辐加热，当接头温度达到 1 200 ℃左右时施加 30～40 N/mm^2 的顶锻压力，并保持压力至接合处形成隆起直径为 $1.4～1.6d$、变形长为 $1.2～1.5d$ 的小灯笼状镦粗为止。钢筋气压焊过程如图 6-24 所示。

进行气压焊时要掌握好变换火焰的时机和火焰的功率(取决于氧、乙炔流量)。火焰功率过大引起过烧现象，过小易造成接合面“夹生”现象，延长压接时间。

3. 质量检验

(1)外观检查。要对全部焊接接头进行外观检查，其检查项目包括：压接区两根钢筋轴线的相对偏心量不得大于钢筋直径的 0.15 倍，且不大于 4.0 mm；两根钢筋的轴线弯折角不得大于 4 mm；镦粗区最大直径不应小于钢筋直径的 1.4 倍，长度应不小于钢筋直径的 1.2 倍；镦粗区最大直径处应为压焊面，压焊面偏移应不大于钢筋直径的 0.2 倍；压焊区表面不得有横向裂纹和严重烧伤。

(2)机械性能检验。机械性能检验必须在外观检查合格后进行。以同一层楼 300 个接头作为一批，不足 300 个接头仍应作为一批。每批接头随机切取 3 个接头作拉伸试验，在梁、板的水平钢筋连接中，应另取 3 个接头作弯曲试验。要求全部试件的抗拉强度均不得低于该级别钢筋的抗拉强度，并均断于压焊面之外，呈延性断裂。若有 1 个试件不合格，应切取双倍试件进行复验。若复验结果仍有 1 个试件不合格，则该批接头判定为不合格，应切除重焊。

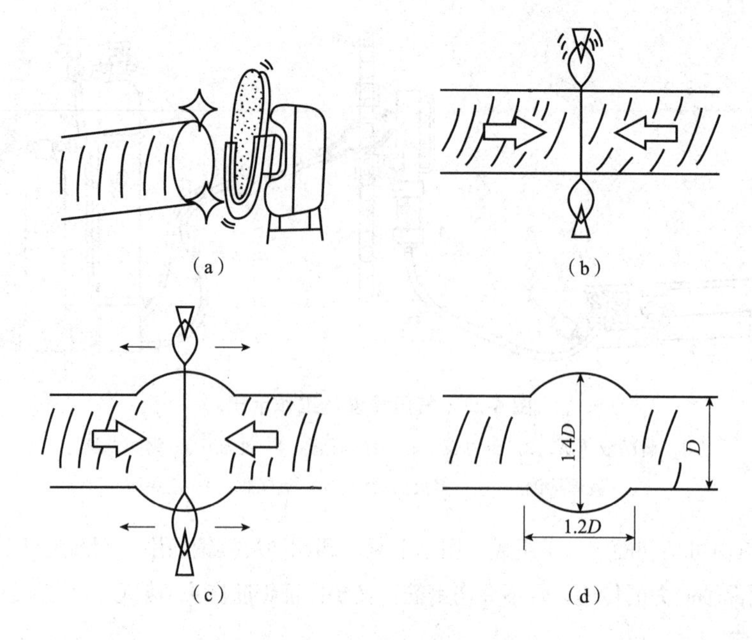

图 6-24　钢筋气压焊工艺过程示意

(a)接合前端面处理；(b)初期压焊(加热、加压)；(c)主压焊(加热、加压)；(d)接合完成

(三)钢筋的机械连接

钢筋机械连接是通过钢筋与连接件的机械咬合作用，将一根钢筋中的力传递至另一根钢筋的连接方法。钢筋机械连接具有工艺简单、接头性能可靠、不受钢筋化学成分的影响、人为因素影响小、施工速度快等优点，适用于钢筋在任何位置与方向的连接，尤其对不能明火作业的施工现场和一些对施工防火有特殊要求的建筑更加安全可靠。常见的钢筋机械连接形式有钢筋挤压套筒连接和钢筋(锥或直)螺纹套筒连接等。

1. 钢筋挤压套筒连接

挤压套筒连接也称钢筋套筒冷挤压连接，属于机械连接。它是将两根待接钢筋的端部插入钢套筒内，用液压便携式大吨位连接设备沿径向或轴向挤压钢套筒，使之产生塑性变形，与带肋钢筋紧密咬合而形成连接接头。与焊接相比，它具有接头性能可靠、操作简单、连接时无明火、施工速度快、节约能源、接头检验方便、适用范围广等特点。

钢筋挤压连接适用于钢筋直径 16～40 mm 的 HRB400 级变形钢筋和焊接性能不好的钢筋的连接，适用于操作净距大于 50 mm 的各种场合。目前，我国应用的钢筋挤压连接技术，有钢筋径向挤压和钢筋轴向挤压两种，如图 6-25 和图 6-26 所示。

以下仅以径向挤压连接为例介绍钢筋套筒挤压连接的设备、材料、工艺及质量检验等。

(1)钢筋径向挤压连接设备。钢筋挤压、连接设备由挤压机、超高压泵、平衡器、吊挂小车、超高压软管等组成(图 6-27)。其中：挤压机有多种，如 YJ 型有 YJ32、YJ65、YJ800 型，其额定压力分别为 650 kN、650 kN 和 800 kN；YJH 型有 YJH25、YJH32、YJH40 型，其额定压力分别为 760kN、760 kN 和 900 kN。挤压设备以超高压泵站为动力源。YJH 型挤压机的技术数据见表 6-2。

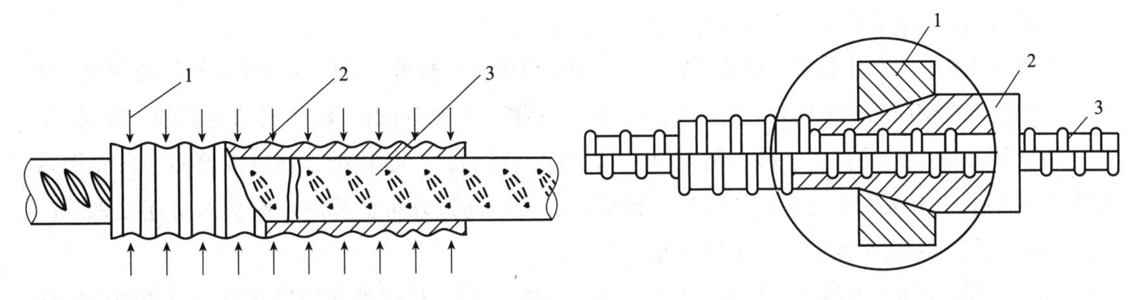

图 6-25　钢筋径向挤压接头

1—压痕；2—钢套筒；3—变形钢筋

图 6-26　钢筋轴向挤压接头

1—压膜；2—钢套筒；3—钢筋

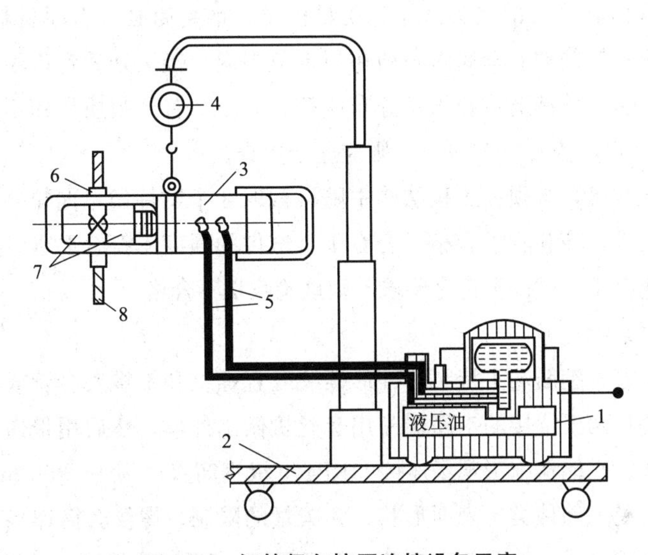

图 6-27　钢筋径向挤压连接设备示意

1—超高压泵站；2—吊挂小车；3—挤压机；4—平衡器；5—超高压软管；6—钢套管；7—模具；8—钢筋

表 6-2　钢筋径向挤压连接设备主要技术参数

项目	设备型号及技术参数			
	YJH-25 挤压钳	YJH-32 挤压钳	YJH-40 挤压钳	超高压泵站
额定工作压力/(N·mm^{-2})	80	80	80	80
额定挤压力/kN	760	760	900	
可连接钢筋的直径/mm	ϕ18～ϕ25	ϕ20～ϕ32	ϕ32～ϕ40	高压流量：0.8 低压流量：4.0～6.0
质量/kg	28	33	40	96
压接钢筋接头指标	2.5～4 min/个	2.5～5 min/个	8～10 min/个	电机功率：1.5 kW

(2)钢筋径向挤压连接材料。钢套筒的材料宜选用强度适中、延性好的优质无缝钢管。考虑到套筒的尺寸及强度偏差，套筒的设计屈服承载力和极限承载力应比钢筋的标准屈服承载力和极限承载力大10%。

(3)钢筋径向挤压连接工艺程序。

1)准备工作。准备工作应完成的内容包括：钢套筒的进场检验；清除钢筋压接部位的油污、铁锈；切除或矫直钢筋端头出现的扭曲弯折；钢套筒与钢筋的规格匹配试套；操作设备启动、调试。

2)挤压工序。钢筋挤压连接一般是分三道工序完成的：一是在施工现场或地面上，先把每根待接的钢筋一端按要求与套筒的一半压接好；二是把连接好带套筒的一端套入待连接钢筋的另一端；三是对套筒连接的另一半压接好。

(4)钢筋径向挤压连接质量检验。挤压接头的现场检验应进行外观质量和单向拉伸试验。接头的检验数量按验收批进行。同一施工条件下采用同一批材料的同等级、同形式、同规格接头，以 500 个为一个验收批进行检查与验收，不足 500 个也作为一个验收批。

每一验收批中应抽取 10%的接头作外观质量检验。钢套筒必须有原材料试验单，其力学、化学性能要符合要求；钢筋伸入套筒内必须在规定范围内；接头处的弯折不得大于 4°；接头不得有裂缝、凹坑、劈裂；压接道数和压痕分布应符合要求。若外观质量的不合格数少于抽检数的 10%，外观质量合格，若大于 10%时，则应逐个检查。

对接头的每一验收批，必须在工程结构中随机截取 3 个试件做单向拉伸试验。当 3 个试件的抗拉强度均符合要求，该验收批合格。若有 1 个试件的强度不符合要求，应再取 6 个试件进行复检。复检中若仍有 1 个试件不符合要求，则该验收批不合格。

2. 螺纹套筒连接

螺纹套筒连接是通过钢筋端头特制的锥形螺纹或直螺纹和锥螺纹套管或直螺纹套管咬合形成的接头。其方法是将两根待接的钢筋端头用套丝机做出外丝，然后用带内丝的专用套筒将钢筋两端拧紧形成接头。它能在施工现场连接 HRB400 级钢筋直径为 16～50 mm 的同径、异径的竖向或水平钢筋，不受钢筋种类、表面形状、含碳量的限制。螺纹套筒连接有锥螺纹套筒连接和直螺纹套筒连接两种形式，如图 6-28 和图 6-29 所示，直螺纹套筒连接是目前最广泛使用的粗钢筋连接新技术，这种接头具有连接可靠、操作简单、不用电源、施工速度快、对中性好、性能稳定、应用范围广、经济效益好、便于管理、全天候施工等优点。

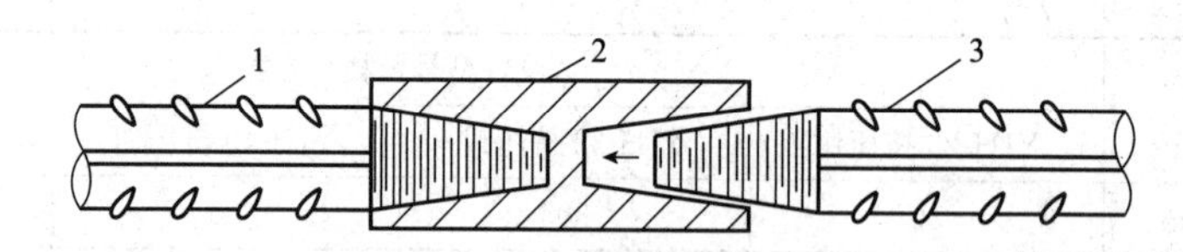

图 6-28　锥螺纹钢筋连接

1—已连接的钢筋；2—锥螺纹套筒；3—未连接的钢筋

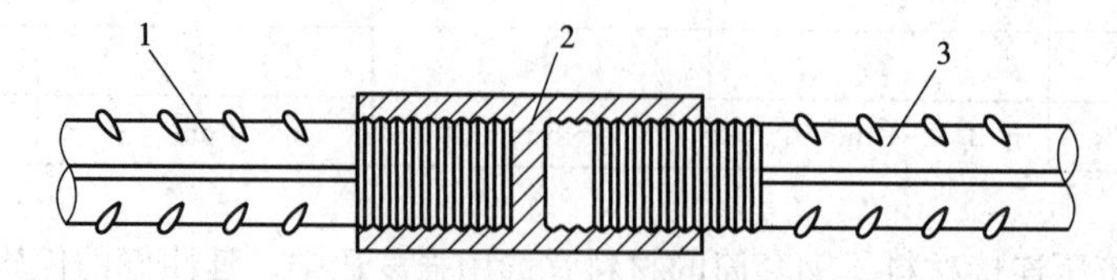

图 6-29　直螺纹钢筋连接

1—已连接的钢筋；2—直螺纹套筒；3—未连接的钢筋

直螺纹套筒连接按钢筋端头丝头的形成方法有冷镦接头和滚压接头两种。滚压直螺纹又分为直接滚压直螺纹、压肋滚压直螺纹、剥肋滚压直螺纹和镦粗滚压直螺纹。其施工连接技术如下：

(1)机具设备。直螺纹接头的机具设备有钢筋的滚压机、牙形规、环规、塞规、角磨石等。滚压机用于通过滚压的方法使带肋钢筋形成所需要的直螺纹丝头，然后用牙形规或环规检查螺纹规格是否符合要求。常用的滚压机类型有 GS-40 型和 JBG40 型等，可以滚压16～40 mm 直径的钢筋。用于直螺纹的连接套筒可用 45 号优质钢来制作。按照施工的实际需要，连接套筒可分为以下四种形式：

标准型——用于一般钢筋的连接部位；

异径型——用于不同直径钢筋的连接部位；

活连接型——用于不能转动钢筋的连接部位；

特型——按特殊要求加工的连接套。

(2)工艺程序。在直螺纹连接的四种形式中，剥肋滚压和墩粗直螺纹接头应用较为广泛，其中剥肋滚压直螺纹技术原理：通过剥肋滚压机上的刀具除去钢筋表面的纵横肋，但不破坏钢筋的基圆，剥到尺寸后滚丝刀具自动张开，开始滚压丝扣。滚压形成的丝扣不是通过切削减少丝底断面来形成螺纹，而是通过滚挤，利用钢筋的塑性变形在钢筋端头滚压出丝扣，形成丝底小于钢筋的直径而丝面大于钢筋直径的螺纹丝扣。如直径为 32 mm 的钢筋，经滚压后，其底径是 31 mm，外径达 32.1 mm。由于丝扣受滚挤后冷作硬化，提高了强度(一般提高 5%)，因而强度性能十分稳定，然后再通过提前预制带内螺纹的套筒连接，拧紧，将两根钢筋连接在一起。其工艺流程：钢筋平头→剥肋滚压螺纹→丝头检验→套筒连接→接头检验。

1)准备工作。

①凡参加接头施工的操作人员，技术管理和质量管理人员应参加技术规程培训，操作工人应经考试合格后持证上岗。

②钢筋应先调直再下料，切口端面应与钢筋轴线垂直，不得有马蹄或挠曲，宜用切割机下料，不得用气割下料。

2)丝头加工。

①加工丝头的牙形、螺距必须与连接套的牙形、螺距一致并用相应的环规检查合格。

②滚压钢筋直螺纹时，应采用水溶性切削润滑液，当气温低于 0 ℃时，应掺入 15%～20% 的亚硝酸钠，不得用机油作润滑液或不加润滑液滚压丝头。

③操作人员应用环规和塞规逐个检查丝头符合质量标准。

④经自检合格的丝头，应对每种规格加工批量随机抽检 10%，且不少于 10 个，并填写丝头加工检验记录，如有一个丝头不合格，即应对该批全数检查，不合格的丝头应重新加工，经复检合格后方可使用。

⑤已检验合格的丝头应加以保护。钢筋一端丝头应戴上保护帽，另一端拧上连接套筒，并按规格分类堆放整齐待用。

3)钢筋连接。钢筋连接时，钢筋的规格应与连接套的规格一致，并确保钢筋和连接套的丝扣干净、无损。被连接的两根钢筋应对正轴线，偏差不大于1个螺距，然后拧入套筒并用工作扳手拧紧，使两根钢筋端面顶紧。

(3)质量检验。

1)连接时，应检查连接套的出厂合格证，钢筋丝头加工检验记录。

2)钢筋连接工程开始前和长期施工过程中，应对每批进场钢筋和接头进行抗拉强度检验。

3)抽取同规格接头数的10%进行外观检查，钢筋与连接套规格一致，接头外露完整丝扣不大于3扣，并填写检查记录。

4)接头的现场检验按验收批进行，同一施工条件下的同一批材料的同等级同规格接头，以500个为一个验收批进行检验与验收，不足500个也作为一个验收批。

5)接头的每一验收批，随机载取3个试件作单向拉伸试验报告。

6)在现场连续10个验收批，全部单向拉伸试件一次抽样均合格时，验收批接头数量可扩大一倍。

七、高强度混凝土施工工艺

高强度混凝土是指用常规的水泥、砂石作原材料，用常规的制作工艺，主要依靠添加高效减水剂，或同时添加一定数量的活性矿物材料，使拌合物具有良好的工作性，并在硬化后具有高强性能的混凝土。长期以来，我国采用的现浇混凝土的强度等级一般低于或等于C30，预制构件混凝土的强度等级一般低于或等于C40。因此，通常将C25以下的混凝土称为低强度混凝土，C30～C45为中强度混凝土，高强度混凝土一般是指强度等级在C50及其以上的混凝土。在高层建筑施工中使用高强度混凝土有着重要的意义。

(一)原材料

1. 水泥

配制高强度混凝土所用的水泥，一般应选用强度等级为42.5级硅酸盐水泥或普通硅酸盐水泥。选择水泥时，首先要考虑其与高效减水剂的相容性，要对所选用的水泥与高效减水剂进行低水胶比水泥净浆的相容性测试。

限制水泥用量应该作为配制高强度混凝土的一个重要要求。C60混凝土的水泥用量不宜超过450 kg/m^3，C80不超过480 kg/m^3。成批水泥的质量必须均匀稳定，不得使用高含碱量的水泥(按当量 $R_2O=0.658K_2O+Na_2O$ 计算低于0.6%)，水泥中的铝酸三钙($3CaO \cdot Al_2O_3$)含量不应超过8%。

2. 集料

集料的性能，对配制高强度混凝土(抗压强度及弹性模量)均起到决定性作用。

(1)粗集料。宜选用最大粒径不超过2.5 cm且质地坚硬、吸水率低的石灰岩、花岗石、辉绿岩等碎石。石料强度应高于所需混凝土强度的30%且不小于100 N/mm^2，粗集料中的针片状颗粒含量不超过3%～5%，不得混入风化颗粒，含泥量应低于1%，宜清洗去除泥土等杂质。配制高强度混凝土，宜用较小粒径粗集料，主要是颗粒较小的粗集料比大颗粒更为致密，并能增加与水泥浆的粘结面积，界面受力比较均匀。试验表明，粗集料最大粒径为 12～15 mm 时，能获得最高的混凝土强度，所以配制高强度混凝土时，通常将粗集料最大粒径控制在 20 mm 以下。但如岩石质地均匀坚硬，或配制的混凝土强度不是很高，则 20～25 mm 的最大粒径也是可以采用的。试验表明，卵石配制的高强度混凝土强度明显地小于碎石配制的混凝土，故一般宜选用碎石。

(2)细集料。宜选用洁净的天然河砂，其中云母和黏土杂质总含量不超过 2%，必要时需经过清洗。砂子的细度模量宜为 2.7～3.1，若采用中砂、细砂时，应进行专门试验。

3. 高效减水剂

掺加高效减水剂(又称超塑化剂)，不仅能降低水胶比，而且使拌合料中的水泥更为分散，使硬化后的空隙率及孔隙分布情况得到进一步改善，从而使强度提高。目前国际上通用的高效减水剂主要有两大类，即以萘磺酸盐甲醛缩合物为代表的磺化煤焦油系减水剂，国内产品大都属于此类，如 NF、UNF 等；以三聚氰胺磺酸盐甲醛缩合物为代表的树脂系列减水剂，国内产品有 SM 等，因价格较贵，用得较少。使用高效减水剂存在的一个主要问题是：拌合料的坍落度损失较快，尤其是气温较高时更为显著。对于采用商品混凝土时，更为不利。因此，新一代高效减水剂中往往混入缓凝剂或某种载体，目的是延迟坍落度的损失，确保混凝土的运输、浇筑、振捣能正常进行。常用的缓凝剂有木质素磺酸盐，它本来是一种普通减水剂，又具有缓凝作用。

4. 掺合料

(1)粉煤灰。掺粉煤灰等矿物掺合料有助于改善水泥和高效减水剂间的相容性，并可以改善拌合料的工作性，减少泌水和离析现象，有利于泵送。粉煤灰应符合Ⅱ级灰标准，烧失量不大于 2%～3%，需水量比不大于 95%，SO_3 含量不大于 3%，配制掺量一般为水泥用量的 15%～30%。

(2)硅粉。硅粉是电炉生产工业硅或硅铁合金的副产品，其平均颗粒直径约为 0.1 μm 的量级，比水泥细 2 个数量级。用硅粉能配制出强度很高，且早强的混凝土，但必须与减水剂一起使用。硅粉的用量，一般为水泥的 5%～10%。

(3)矿粉。矿粉是以天然沸石岩为主要成分，配以少量的其他无机物经磨细而成。沸石岩在我国分布较广，易于开采，成本低廉。F 矿粉与水泥水化过程中释放的 $Ca(OH)_2$ 反应，生成 C-S-H 凝胶物质，能提高水泥石的密实度，使混凝土强度得到发展。矿粉还能使水泥浆与集料的结构得到改善。F 矿粉的掺量，一般为全部胶结材料质量(水泥加 F 矿粉)的5%～10%。

(4)水。拌制混凝土的水，宜用饮用水。

配制高强度混凝土的各种原材料，当在现场或预拌工厂保管和堆放时，应有严格的管理制度，砂石不应露天堆放，砂子的含水量应保持均匀。

(二)高强高性能混凝土的施工

1. 原材料控制

按前述对各种组成材料的性能要求选用好材料并按配合比设计要求准确计量，其称量允许偏差不应超过如下规定：水泥±2%；掺合材料±1%；粗细骨料±3%；水及外加剂±1%。

2. 混凝土的搅拌

拌制高强高性能混凝土应采用强制式搅拌机，搅拌时间可较普通混凝土适当延长，投料顺序按常规做法即可。高效减水剂的投放时间应采取后掺法，宜在其他材料充分拌合后，即混凝土搅拌 1～2 min 后掺入。

搅拌时应严格准确控制用水量，并应仔细测定砂、石中的含水量，从用水量中扣除。

3. 混凝土的运输

高强高性能混凝土坍落度的经时损失较普通混凝土大，因此，施工中应尽量缩短运输时间，以保证混凝土拌合物有较好的工作性。

4. 混凝土的浇筑与振捣

无论普通混凝土还是高强高性能混凝土均要求在混凝土初凝前浇筑完毕，否则会形成施工缝或施工冷缝，影响结构的整体性。高强高性能混凝土因坍落度经时损失较快，因此，要严密制订混凝土的浇筑方案，准确掌握混凝土的初凝、终凝时间，随时根据现场情况，尤其是在高温期(温度超过 28 ℃)测定混凝土的坍落度，以便调整浇筑方案，使混凝土在良好的流动状态浇筑振捣完毕。高强高性能混凝土的振捣宜采用高频振动器，振捣必须充分。对于使用高效减水剂，具有较大坍落度的混凝土，也应充分振捣。

5. 混凝土养护

高强高性能混凝土水胶比小，含水量少，浇筑后的养护好坏对混凝土强度的影响比普通混凝土大，同时加强养护也是避免产生温度裂缝的重要措施。

高强高性能混凝土浇筑完毕后，必须立即覆盖养护、立即喷洒或涂刷养护剂，以保持混凝土表面湿润，养护日期应不少于 7 d。为保证混凝土质量，高强高性能混凝土的入模温度应根据环境状况和构件所受的内、外约束程度加以限制。养护期间混凝土的内部最高温度不宜高于 75 ℃，并应采取措施使混凝土内部与表面、表面与大气的温度差小于 25 ℃。

6. 混凝土的质量检查

在高强高性能的混凝土配制与施工前，应规定质量控制和质量保证实施细则，并明确专人监督执行。混凝土生产单位必须对混凝土的原材料条件及所配制的混凝土性能提出报告，待各方认可后方可施工。高强高性能混凝土的质量检查验收按混凝土结构工程施工质量验收标准，但宜结合高强高性能混凝土的特点，经各方事先商定，对其中强度验收方法作出适当的修正。对大尺寸的高强高性能混凝土结构构件，应监测施工过程中混凝土的温度变化，并采取措施防止开裂及水化热造成的其他有害影响。对于重要工程，应同时抽取多组标准立方体试件，分别进行标准养护、密封下的同温养护(养护温度随结构构件内部实测温度变化)和密封下的标准温度养护，以对实际结构中的混凝土强度作出正确评估。

知识小贴士

高强度混凝土的配合比设计

高强高性能混凝土的配制与普通混凝土相同，应根据设计要求的强度等级、施工要求的和易性并应符合合理使用材料和经济的原则。

(1)混凝土的试配强度。高强高性能混凝土的试配强度可参照普通混凝土的试配强度计算公式来确定，关键是σ值的选取。由于高强高性能混凝土的强度要求高，大多商品混凝土都是用42.5级以上水泥配制的，混凝土强度离散性相对较大，因此混凝土强度标准差σ值不宜小于6.0 MPa。

(2)水胶比。低水胶比是混凝土高强高性能度的必要条件，水胶比越低则混凝土强度越高。当用42.5级水泥配制高强高性能混凝土时，对于C50混凝土，水胶比宜控制在0.32～0.35范围内；C60混凝土，以0.30～0.33为宜；C80混凝土最好小于0.30。

(3)砂率。砂率的大小对混凝土的和易性和强度都有较大影响。较低的砂率可以充分发挥粗集料的骨架作用，也可以降低水泥用量和用水量，因此混凝土强度是随砂率的降低而提高。但过低的砂率，使混凝土的和易性变差，对于一般高强高性能混凝土砂率宜控制在0.28～0.34范围，对泵送混凝土可为0.35～0.37。

八、免振自密实混凝土

免振自密实混凝土即拌合物具有很高的流动性而不离析、不泌水，能不经振捣而自流平并充满模型和包裹钢筋的混凝土。免振自密实混凝土综合效益显著，主要用于浇筑量大、浇筑高度大、钢筋密集、有特殊形状等的工程及地下暗挖、密筋、形状复杂等无法浇筑或浇筑困难的部位。可避免出现因振捣不足而造成的孔洞、蜂窝、麻面等质量缺陷。免振混凝土的出现和成功应用，对于消除城市混凝土施工中高频振捣噪声扰民危害，解决过密配筋的薄壁结构或其他复杂结构无法振捣问题，提高大体积混凝土、水下有特殊要求的混凝土施工速度和有效保证质量具有十分重大的意义。

免振自密实混凝土属于高流动性混凝土的一部分。免振自密实混凝土的拌合物除高流动性外，还必须具有良好的抗材料分离性、间隙通过性和抗堵塞性。

一般情况下，免振自密实混凝土凝结时间较长，可达10 h左右。

(一)免振自密实混凝土施工中应注意的问题

1. 混凝土流动性损失问题控制

混凝土流动性损失问题主要是由高效减水剂与水泥之间的相容性不好造成的。由于水泥颗粒面对减水剂有吸附作用，当水泥浆体中残余减水剂浓度降低至不足以起到分散作用时，随着水泥水化，水泥浆体的流动性损失很快。解决的办法是保持减水剂在混凝土的水泥浆体中具有一定的参与浓度，包括物理和化学两种途径。物理途径包括减水剂的后掺法、多次添加法、矿物载体缓慢释放方法等，但在工程应用过程中不太方便，影响混凝土的质量；化学途径较多，复合缓凝剂在一定程度上可以减缓混凝土流动性损失，防止混凝土凝结过快，但也可能造成混凝土过度缓凝，影响水泥水化等问题。目前，工程上一般通过复合或合成的高性能减水剂，可以较好地控制混凝土坍落度损失，对混凝土硬化影响较小。

2. 混凝土早期裂缝问题

免振自密实混凝土早期收缩较大，易造成混凝土的早期开裂，使渗透性降低，严重危害混凝土的耐久性。目前，有效地抑制混凝土早期干缩微裂及离析裂纹产生的主要途径包括：降低混凝土的单方用水量；增加矿物超细粉用量，减小水泥胶凝材料用量，在混凝土中引入微小气孔，减小混凝土总收缩值；在混凝土中掺入适量比例的 UEA 膨胀剂或纤维，避免连通毛细孔的形成；加强混凝土的早期湿养护等。

(二)混凝土达到免振自密实的技术途径

目前，免振到自密实高性能混凝土时通过掺入高性能减水剂和超细矿物掺合料来实现高性能混凝土。另外，与高性能混凝土相应配套的工艺，包括混凝土的生产、输送、浇筑、养护等各工序应合理优化，可以减少混凝土质量波动，减少初始缺陷，使新拌混凝土更均匀密实，硬化混凝土的集料相与凝胶相粘结更加牢固，从而使混凝土的各项性能指标提高，最终实现混凝土的高性能比。其技术途径如图 6-30 所示。

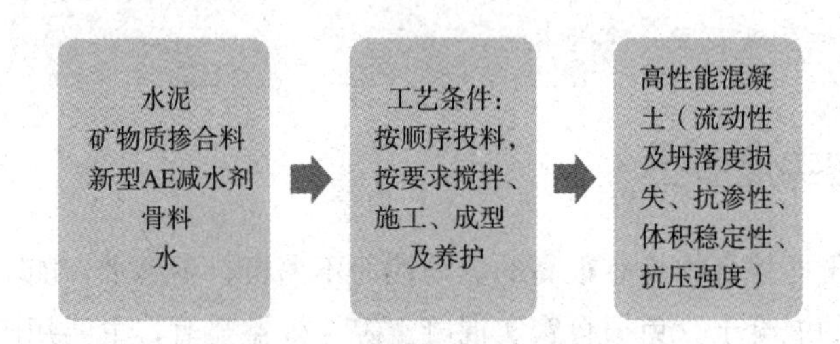

图 6-30　免振自密实混凝土技术途径

1. 高性能减水剂的作用和选择

如果没有高性能减水剂良好的流化作用，那么经济实用的免振自密实混凝土必定难以实现，一般来说，减水剂用于混凝土中主要起以下三个不同的作用：

(1)改善混凝土的施工工作性；

(2)减小水胶比，提高混凝土的强度和耐久性；

(3)节约水泥，减少混凝土初始缺陷。在混凝土中掺入高效减水剂后，许多性能如微观结构、孔隙率、吸附性、硬化速度、强度等都将发生改变，水泥矿物水化和水泥本身的一些性能也会受到影响。

2. 超细矿物掺合料的作用和选择

在混凝土中加入矿物超细粉，有助于改善水泥和高效减水剂之间的相容性。超细粉部分替代水泥熟料或水泥本身，既可改善混凝土的流动性，又能提高其强度与耐久性，成为高性能混凝土中不可缺少的组成。

3. UEA 膨胀剂在免振自密实混凝土中的作用机理

免振自密实混凝土通常由于粗集料用量少，粉体材料用量大，混凝土的干燥收缩会大些，容易产生有害裂缝，尤其对外部腐蚀和反复荷载动力作用的结构，裂缝的发展是影响耐久性的主要原因。在混凝土中掺用适量(胶凝材料的 10%左右)的 UEA 膨胀剂能提高混凝土体积的稳定性，补偿收缩，减免早期内部裂缝，改善混凝土的密实性及增强混凝土的抗渗能力，并且能提高混凝土的后期强度。

4. 胶凝材料的选择

除要求温升很低的大体积免振自密实混凝土需要选用中热或低热水泥外，硅酸盐水泥、普通硅酸盐水泥和矿渣硅酸盐水泥都可选用，按目前我国标准应不低于42.5等级水泥，并且有较低的需水性和与所用高效减水剂的相容性。

5. 选择最适宜的集料

一般粗细集料总量占混凝土体积的65%～75%，是混凝土的主要组成部分，正确选择集料，是配制免振自密实混凝土的基础。因为集料的物理性质对混凝土的耐久性和强度有显著的影响。粗集料的吸水率低，可使混凝土强度较高，且抗冻性好，收缩值较小。粗集料材性过于坚硬，则在混凝土遭受温湿变化而引起体积变化时，混凝土中强度较弱的水泥浆与集料界面处应力大，易于开裂。而大粒径的集料使其与胶凝物的结合面相对较少，造成混凝土强度的微观不连续性，混凝土强度较高，这种影响越明显。

(三)免振自密实混凝土配合比设计依据

免振自密实混凝土的合理工艺参数选择主要是保证满足混凝土的耐久性和强度的要求，因采用不同的矿物掺合料和化学外加剂，其组分较普通混凝土多，配合比设计也比普通混凝土复杂。目前，国际上提出的免振自密实混凝土的配合比设计方法很多，比较典型和应用较多的方法有以下3种：

(1)美国混凝土协会(ACI)推荐方法：此设计适应于抗压强度在40～80 MPa的混凝土。它采用一系列不同的胶凝材料比例和用量来进行试配，最后得到最佳的混凝土配合比。

(2)法国国家路桥实验室推荐方法：它通过在模型材料上大量试验的结论，编制了计算机软件，称为BETONLAB，可较好地预测给定要求下的最佳、最经济的混凝土配合比。

(3)加拿大混凝土协会推荐方法：它在现有高强度混凝土实践的基础上加以总结，对混凝土配合比设计的主要参数给定一些假定，进而设计混凝土的配合比。

我国还没有统一的免振自密实混凝土配合比的设计方法。国内科研部门和施工企业大多采用的是，在普通混凝土设计方法的基础上，主要参数假设给定，通过不同配合比方案试验选定。主要有假定表观密度法和组分体积法两种。

1. 假定表观密度法

免振自密实混凝土密实度大，其表观密度应设定为2 450～2 500 kg/m³。

(1)试配强度。免振自密实混凝土的密实度大，故试配强度 f_{c28} 应适当增大。也可参考下式求出：

$$f_{c28}=(f_{cu,k}+T)+K_1\sigma$$

式中 $f_{cu,k}$——混凝土强度等级标准值；

T——温度修正系数，取4～6 MPa，因为试块强度无法代表实际构件强度而定的修正值；

K_1——常数，取2.0～2.5；

σ——混凝土强度标准值，对C50～C60混凝土取 $\sigma=6$ MPa。

(2)确定水胶比。采用同济大学提出的改进保罗米公式：

$$f_{c28}=0.304f_{ce}(C+M)/W+0.62$$

式中 f_{ce}——测定的水泥实际强度；

C——水泥用量；

M——超细矿粉掺量；

W——用水量。

(3)超细矿粉掺合料的用量。超细矿粉掺合料一般按水泥质量计，硅粉为5%～7%，天然沸石超细粉为5%～7%，粉煤灰则需超量掺入，在单位用水量不变的条件下，要使28天的免振自密实混凝土强度与普通混凝土相同，要用1.2～1.4 kg的粉煤灰取代1 kg的水泥。适宜的取代量可达到25%左右，不超过30%。据此，可算出水泥的用量，一般水泥用量不宜大于500 kg/m³，胶凝材料总量不宜大于600 kg/m³。

2. 组分体积法

通过对大量混凝土试验结果的分析表明，免振自密实混凝土的最佳水泥浆与集料的体积比为35∶65。于是在1 m³混凝土总量中水泥浆总体积为0.35 m³，减去拌合水量和约2%的含气量(即0.02 m³)体积余下为胶凝材料。根据各组分的体积乘以相应的密度便可计算出该种材料的质量。

免振自密实混凝土的配合比应满足混凝土拌合物高施工性能的要求，与相同强度等级的普通混凝土相比，有较大的浆骨比，即较小的集料用量，胶凝材料总量一般要超过500 kg/m³；砂率较大，即粗集料用量较小，砂率最大可达44%左右；使用高效减水剂，掺入量为胶凝材料的3%～5%，由于胶凝材料用量大，必须接用大量矿物细掺料，细掺料总掺量一般大于胶凝材料总量的30%。为了保证耐久性，水胶比一般不宜大于0.38。

免振自密实混凝土配合比的确定是根据以上各参数和混凝土强度、耐久性、施工性、体积稳定性(硬化前的抗离析性，硬化后的弹性模量、收缩徐变)等诸性质间矛盾的统一。例如，流动性和抗离析性要求粗集料用量小，但粗集料用量小时硬化混凝土的弹性模量低，收缩、徐变大；砂率大，有利于施工性而不利于弹性模量；水胶比大，有利于流动性，而不利于强度和耐久性等。因此，与普通混凝土配合比设计不同的是，可根据上述矛盾的统一先确定粗集料的最合适用量、砂子在砂浆中的含量，进而确定其他组分。

学习笔记

单元二　高层建筑预制装配结构施工

在高层建筑主体结构施工中，采取预制构、配件，现场机械化装配的施工模式，具有以下特点：

(1)梁、柱、楼板等构件采用工厂化生产，节省了现场施工模板的支设、拆卸工作；

(2)施工速度快，可以充分利用施工空间进行平行流水立体交叉作业；

(3)施工需要配有相适应的起重、运输和吊装设备；

(4)结构用钢量比现浇结构多，工程造价也比现浇结构高。

一、装配式预制框架结构施工

(一)构造要求

高层建筑中装配式预制框架结构的节点，多采用装配整体式。这种结构体系按地震烈度8度设防，建筑总高度可达50 m。

(1)构件体系。由柱、横梁、纵梁、走道梁，以及楼板(通常为预应力空心板)组成。

(2)节点处理。梁、柱节点构造如图6-31所示。为了增加建筑的抗震性能和保证楼盖的整体刚度，一般在预制板上和梁叠合层上，设40 mm厚度现浇混凝土层，并配置双向ϕ4～ϕ6钢筋，间距为250 mm。这种节点处理，不仅抗震性能好，而且由于柱的安装无须临时支撑，接缝混凝土密实，焊接量少，并且解决了节点核心不便设置箍筋的问题，是较好的节点做法。

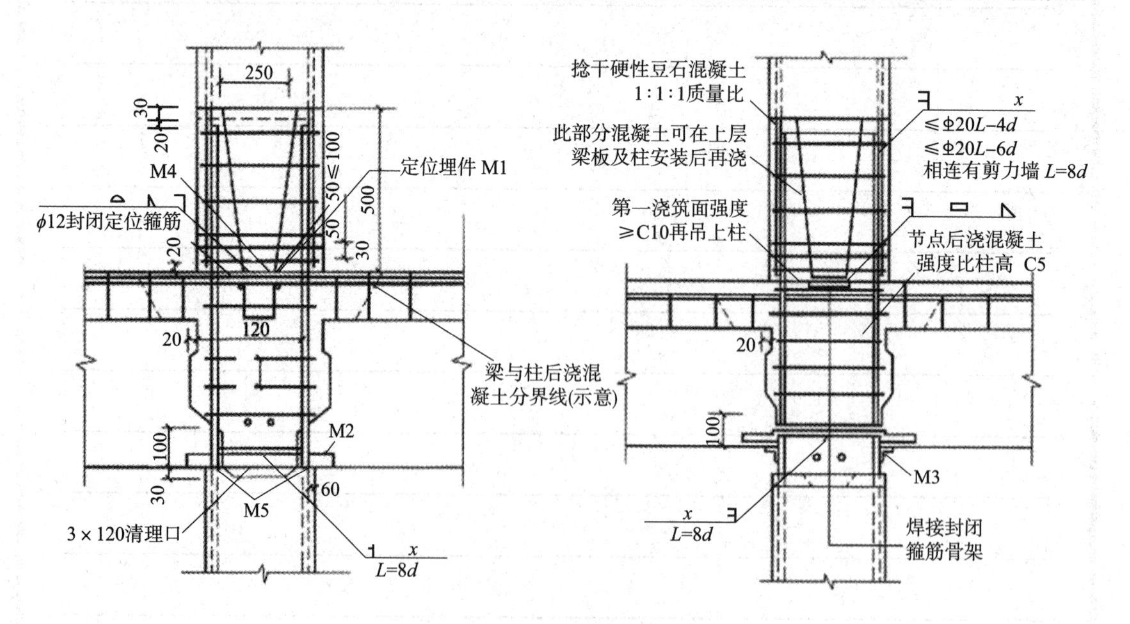

图6-31　梁、柱节点

(二)施工要求

装配式预制框架结构施工前应进行充分的准备工作，重点是抄平、放线及验线工作；无误后即可吊装框架柱，焊接柱根钢筋；支设柱根模板，浇筑柱根混凝土。接下来吊装框架梁，焊接框架梁钢筋；同时绑扎剪力墙钢筋和吊装预制板，剪力墙支设模板，浇筑剪力墙混凝土，养护墙体混凝土后，吊装剪力墙上的预制板；支设叠合梁、柱头模板，支设板缝模板，绑扎叠合梁、叠台板钢筋；浇筑柱头混凝土，浇筑板缝、叠合梁、叠合板混凝土；柱头预埋钢板并找中找平。

1. 结构吊装

(1)吊装前应按结构安装工程的要求进行构件的检查和弹线。为了防止柱子翻身起吊小柱头触地而产生裂缝和外露钢筋弯折，可采用安全支腿(图 6-32)，这种安全支腿在柱子起吊后，即可自动脱落；也可用钢管三脚架套在柱端钢筋处或撑垫木(图 6-33)。

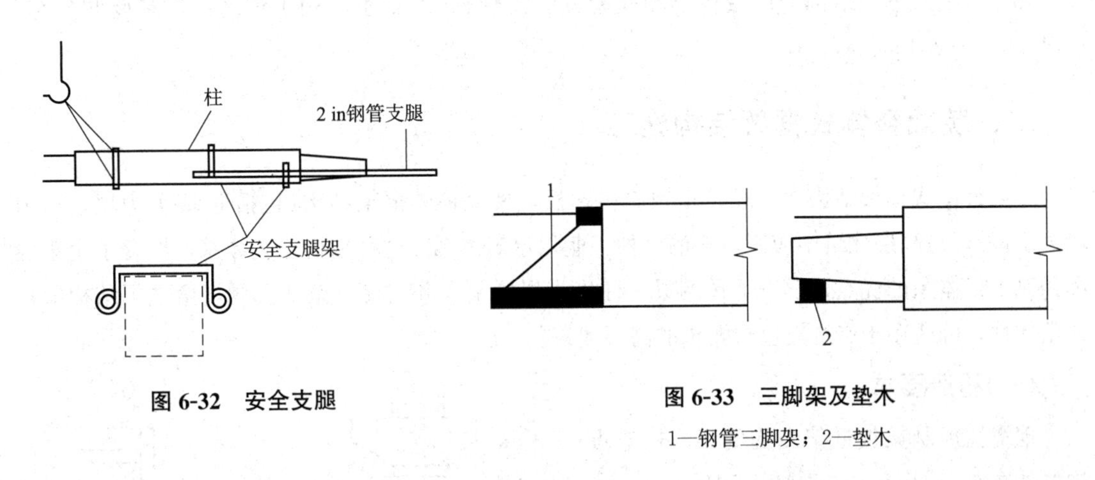

图 6-32　安全支腿

图 6-33　三脚架及垫木

1—钢管三脚架；2—垫木

(2)吊装。一般采用分层、分段流水吊装方法。吊装过程的质量控制：对柱子，控制平面位置和垂直度；对预制梁，重点控制伸入柱内的有效尺寸和顶面标高；对楼板，重点控制顶面标高。

2. 梁、柱节点处理

节点梁端柱体的箍筋，宜采用预制焊接钢筋笼，待主、次梁吊装焊接完毕后，从柱顶往下套。梁、柱节点浇筑混凝土的模板，宜用钢模板，在梁下皮及以下用两道角钢和ϕ12 螺栓组成围圈，或用ϕ18 钢筋围套，并用楔子打紧。节点混凝土浇筑前，应将节点部位清理干净。梁端和柱头存有隔离剂或过于光滑时，应凿毛处理，并在浇筑前用水湿润。

浇筑节点混凝土时，外露柱子的主筋要用塑料套包好，以防止粘结灰浆。节点混凝土浇筑及振捣，宜由一人负责一个节点，采用高频振捣棒，分层浇捣。要加强节点部位混凝土的湿润养护，养护时间不少于 7 d。

3. 叠合层混凝土的浇筑

浇筑前，要将叠合梁上被踏歪斜的外露箍筋扶正，确保负弯矩筋位置正确，并注意钢筋网片的接头和抗震墙下部要甩出连接钢筋。

预制板缝的模板要支撑牢固，浇筑混凝土前要清理湿润基层，同时刷一遍素水泥浆。板缝混凝土宜用 Hz6P30 型振捣器振捣，或用钢钎捣实。

4. 现浇剪力墙的施工

模板在安装前，先在墙下部按轴线作 100 mm 高的水泥砂浆导墙，作为模板的下支点，模板下口与导墙间的缝隙要用泡沫塑料条堵严。

支设墙模时，要反复校正垂直度。模板中部要用穿墙螺栓拉紧，或用钢板条拉带拉紧，防止模板鼓胀，两片模板之间要用钢管或硬塑料管支撑，以保证墙体的厚度。

门洞口四周，钢筋较为密集，绑扎时可错位排列。如用木模作洞口模板，在浇筑混凝土前应浇水湿透。浇筑混凝土前，宜先浇一遍素水泥浆，然后按墙高分步浇筑混凝土。第一步浇筑高度不大于 500 mm。浇筑时要采取人工送料的方法，严禁从料斗中直接卸混凝土入模。电梯井四面墙体在浇筑时，不可先浇满一面，再浇捣另一面，这样会使墙体模板整体变形、移位，应四面同时分层浇筑。

预制装配式框架结构的质量标准和检验方法按现行《混凝土结构工程施工质量验收规范》(GB 50204—2015)执行。

二、装配整体式框架结构施工

装配整体式框架结构，一般是指预制梁、板，现浇柱的框架结构(包括框架-剪力墙，剪力墙为现浇)，是高层建筑中应用较多的一种工业化建筑体系。这种结构工艺体系，综合了全现浇和预制框架体系的优点，解决了预制梁、柱接头焊接量大和工序复杂的问题，增强了结构节点的整体性，可适用于有抗震设防要求的高层建筑。

(一)构造要求

现浇柱预制梁板框架结构的梁、柱节点构造如图 6-34 所示。它具有以下特点：

(1)梁端部留有剪力槽，与现浇混凝土咬合后形成剪力键。梁端下部伸入柱内 95 mm，梁端下部预留出钢筋，与节点混凝土形成一体，增加梁、柱节点的整体性。

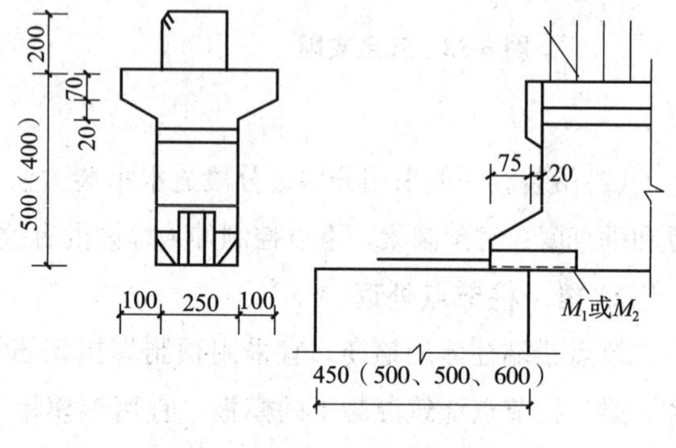

图 6-34　梁、柱节点构造

(2)梁端主筋用角钢加强，并扩大了梁端的承压面。梁节点在二次浇筑后，使混凝土能充满梁底与柱面的空隙，使梁体早期将部分荷载传递给柱。

(二)施工要求

现浇柱预制梁板框架结构的施工特点在于梁、板先预制成型，在施工现场拼装；梁、柱交接处节点与现浇柱同时浇筑混凝土。常见的施工方法有两种：即先浇筑柱子混凝土，后吊装预制梁、板；先吊装预制梁、板，后浇筑柱子混凝土。

1. 先浇筑柱子混凝土，后吊装预制梁、板

这种施工方法是首先绑扎柱子钢筋，然后支设柱模板。再浇筑柱子混凝土到梁底标高，待柱子混凝土强度大于 5 N/mm^2 时，拆除柱模板，然后吊装预制梁、板，再浇筑梁、柱接头混凝土及叠合层混凝土。预制梁吊装就位后的支托方法，通常有以下两种：

(1)临时支柱法。在横梁两端轴线上，分别支设临时支柱(图 6-35)，用以支承横梁、楼板构件自重及施工荷载。然后校正支柱的轴线位置和梁顶标高，并在支柱底部用木楔顶紧，再把支柱上端与梁支撑夹紧固定，同时，将支柱上、下端用连接件与混凝土柱子连接固定，以保证支柱的稳定性。

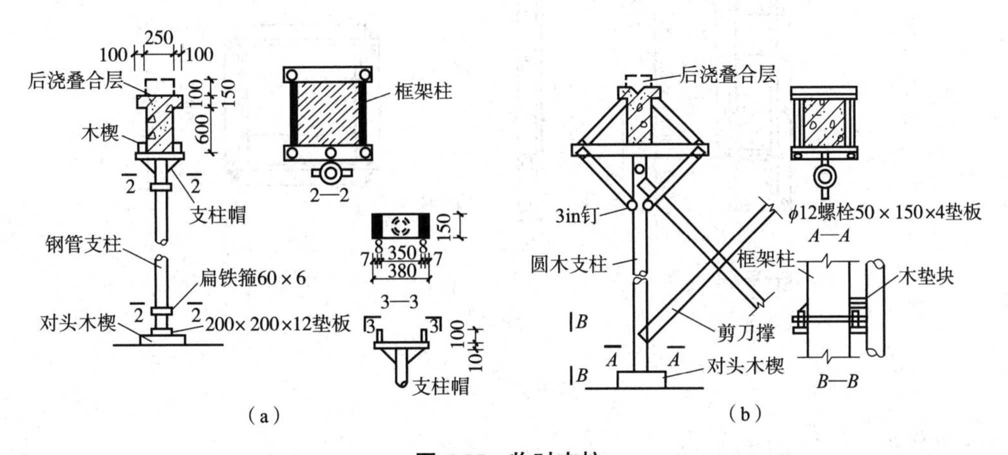

图 6-35　临时支柱

(a)钢支柱；(b)木支柱

(2)木夹板承托法。木夹板承托法是指在柱模板拆模后，当混凝土强度不低于 7.5 N/mm² 时，在柱顶、梁底标高处安装木夹板，利用木夹板与混凝土柱子接触面间的摩擦力来支承框架横梁(图 6-36)。

施工时，一般混凝土柱顶标高应比横梁的设计底标高低 10～20 mm，夹板顶标高与横梁底标高相同，用以传递梁端的荷载，木夹板与柱子接触面的摩擦力是靠螺栓施加给木夹板的预压力而产生的。

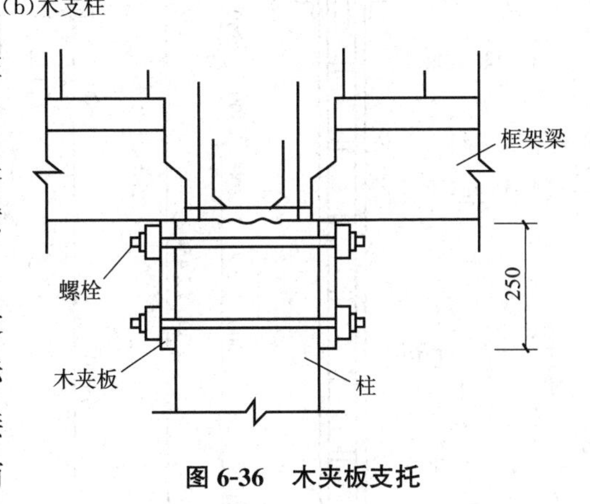

图 6-36　木夹板支托

2. 先吊装梁、板，后浇筑柱子混凝土

这种施工方法是利用承重柱模板支承安装预制梁、板，然后浇筑柱子混凝土及梁、柱接头，最后再浇筑叠合层混凝土。

承重钢柱模板由柱模、梁支承柱、柱顶小耳模和斜支撑等组成。柱模是由 4 块侧模组成，其平面尺寸根据柱子尺寸和主、次梁的标高决定。柱体侧模可用 3 mm 厚钢板，四周用∟50×5 角钢，横肋用 5 号槽钢，其间距为 600 mm(图 6-37)。梁支承柱一般用 10 号槽钢加固而成，上部焊上支承框架梁的托梁，下部焊上 ϕ38 长 250 mm 的可调节高低的顶丝(图 6-38)。斜支撑的作用是调节柱模的垂直度，防止柱模受荷载后产生倾斜和位移(图 6-39)。小耳模是梁的定位模，四框由角钢组成，中间用 3 mm 厚钢板，两边对称设置(图 6-40)。

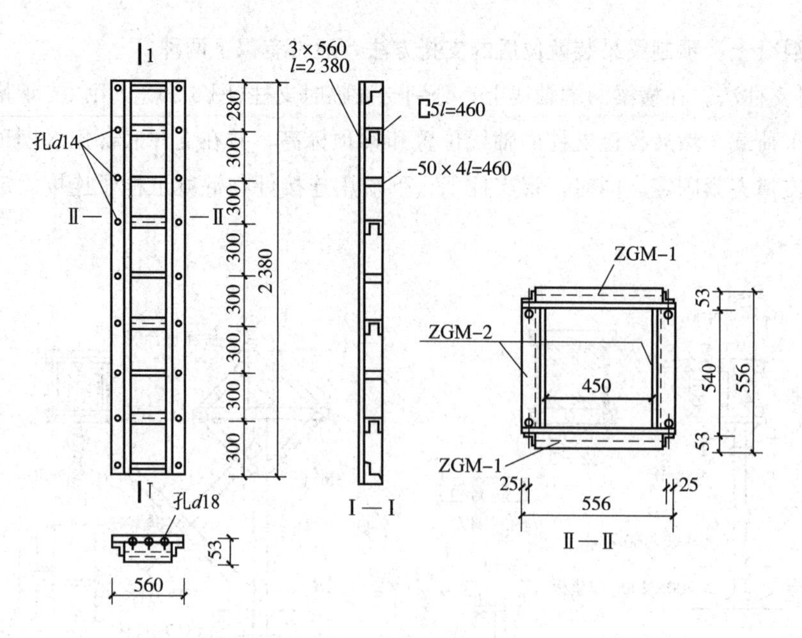

图 6-37 柱模

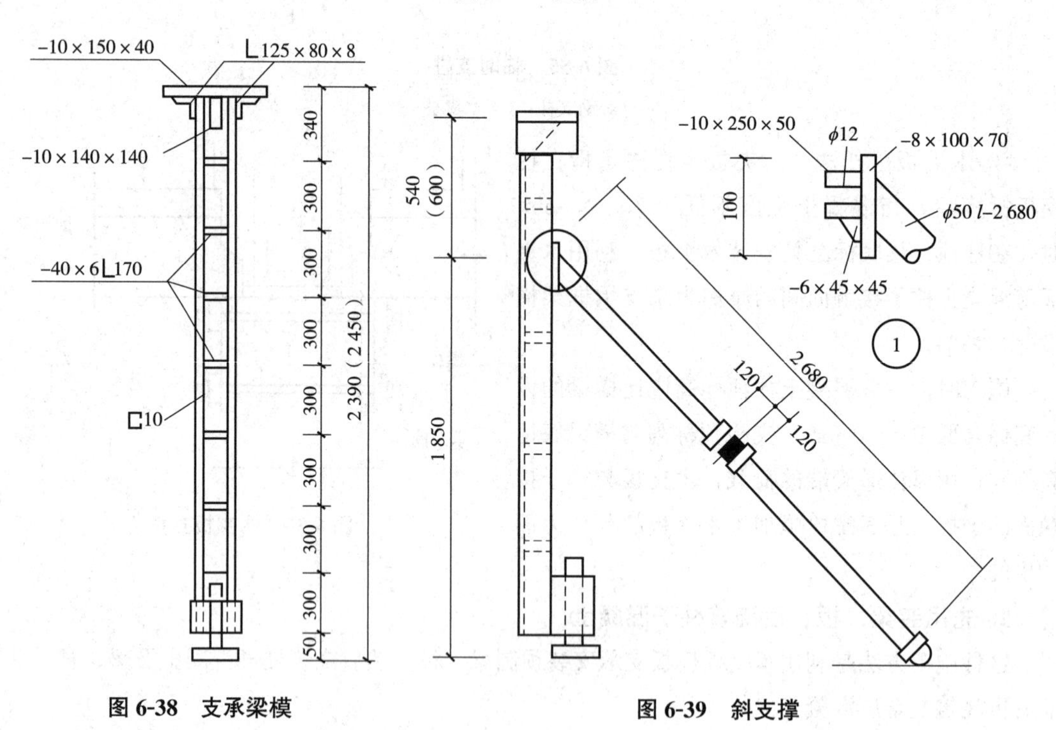

图 6-38 支承梁模

图 6-39 斜支撑

这种施工方法应符合下列要求：

(1)安装钢柱模。钢柱模可采用先拼装、后安装就位的方法。钢柱模就位后，用扣件将梁支承柱与柱体侧模连接起来，并用梁支承柱的顶丝调节其高度。梁支承柱的托板应高出钢柱模10 mm，以防止预制混凝土梁压在柱模上。

(2)安装预制梁板。吊装预制梁、板时，应先吊主梁，后吊次梁，从一端向另一端推进，并逐间封闭。预制混凝土楼板吊装前，应先铺好找平层砂浆。楼板在梁上的搁置长度应按设计要求严格掌握。预制混凝土梁安装后，在其下部应设临时支撑，待叠合层混凝土浇筑养护后，满足规范要求的强度，方可拆除。

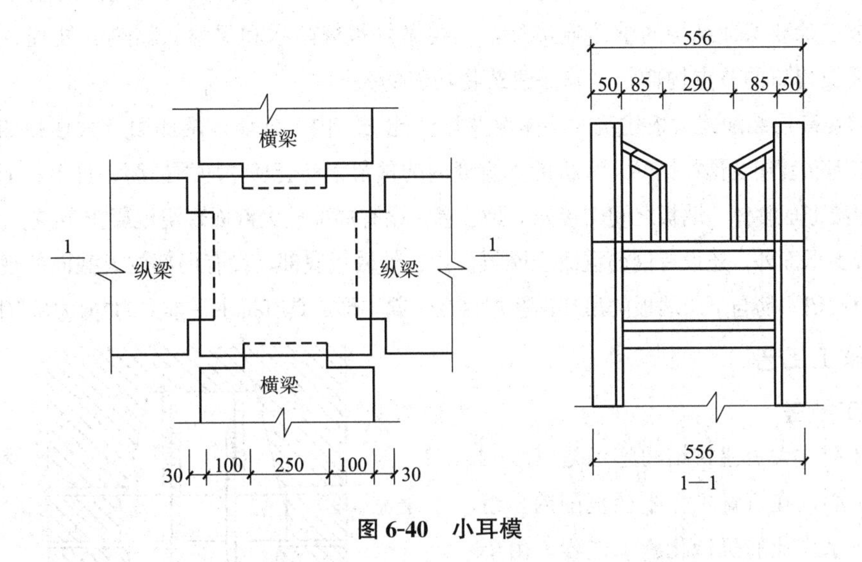

图 6-40　小耳模

(3)柱子混凝土浇筑。浇筑柱子混凝土时，应按中、边、角的顺序依次施工，这样有利于整体结构的稳定，可防止因浇筑混凝土产生的侧压力而引起梁、柱的倾斜、偏移。

(4)钢柱模板的拆除。钢柱模板拆除时，柱子混凝土强度不应小于 10 N/mm^2。

三、装配式大板剪力墙结构施工

装配式大板剪力墙结构是我国发展较早的一种工业化建筑体系，这种结构体系的特点：除基础工程外，结构的内、外墙和楼板全部采用整间大型板材进行预制装配，楼梯、阳台、垃圾和通风道等，也都采用预制装配。构配件全部由加工厂生产供应，或有一部分在施工 X 现场预制，在施工现场进行吊装组合成建筑。在北京地区目前已建成的高层建筑为 10～18 层，结构按 8 度抗震设防。

装配式大板剪力墙结构的构件类型见表 6-3。

表 6-3　装配式大板剪力墙结构的构件类型

类型	内容
内墙板	内墙板包括内横墙和内纵墙，是建筑物的主要承重构件，均为整间大型墙板，厚度均为 180 mm，采用普通钢筋混凝土，其强度等级为 C20。墙板内结构受力钢筋采用 HRB400 级钢筋
外墙板	高层装配式大板建筑的外墙板，既是承重构件，又要能满足隔热、保温、防止雨水渗透等围护功能的要求，并应起到立面装饰的作用，因此构造比较复杂，一般采用由结构层、保温隔热层和面层组合而成的复合外墙板
大楼板	大楼板常为整间大型实心板材，厚 110 mm。根据平面组合，其支承方式与配筋可分为双向预应力板、单向预应力板、单向非预应力板和带悬挑阳台的非预应力板
隔断墙	隔断墙主要用于分室的墙体，如壁橱隔断、厕所和厨房间隔断等，采用的材料一般有加气混凝土条板、石膏板及厚度较薄(60 mm)的普通混凝土板等

(一)构造要求

高层装配式大板建筑的结构整体性，主要是靠预制构件间现浇钢筋混凝土的整体连接来实现。外墙节点除要保证结构的整体连接外，还要做好板缝防水和保温、隔热的处理。因此，高层装配式大板建筑的节点构造，是确保建筑物功能的关键。

为了增强高层装配式大板建筑的整体性及抗剪能力，内、外墙板两侧面及大楼板四周均设有销键和预留钢筋套环及预留钢筋。墙板的垂直缝内的预留钢筋套环，均须插筋，且上、下层插筋须相互搭接焊接形成整体。墙板之间交接处下脚位置，设有局部放大截面现浇混凝土节点。墙板顶部，除留有楼板支承面外，还设有钢筋混凝土圈梁。内、外墙板底部，设有局部放大截面的现浇混凝土节点，其中预留主筋与下层墙板的吊环钢筋焊接在一起，形成具有抗水平推力的“剪力块”(图 6-41)。

(二)施工工艺

1. 施工准备

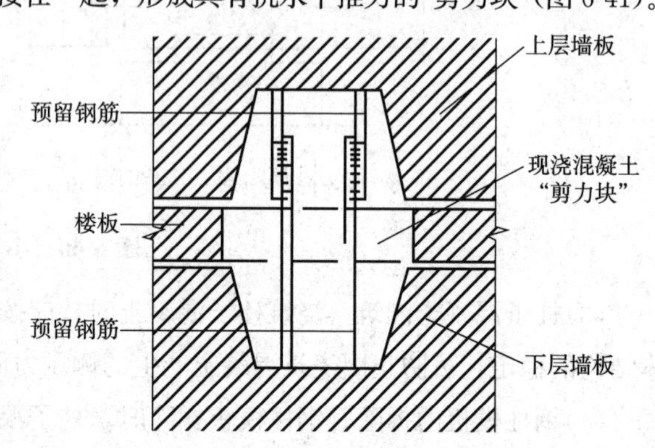

图 6-41　上下层墙板节点及“剪力块”构造

高层装配式大板建筑结构施工是以塔式起重机为中心，在塔臂工作半径范围内，组织多工种流水作业的机械化施工过程。由于建筑物的构、配件全部采用了装配式，所以它与全现浇结构、现浇与预制相结合结构具有明显不同的特点，即结构施工工序明确，吊次比较均衡，一般采用的流水作业方式是工序流水而不是通常在建筑施工中采用的区域流水，作业施工节奏快而紧凑，构件必须配套保证正常供应。因此，高层装配式大板建筑结构施工前的准备工作，除一般要求外，有其突出的重点：

(1)合理地选用和布置吊装机械。在高层装配式大板建筑结构安装施工中，无论是构件起吊(指现场塔下重叠生产)，还是卸车(指加工厂集中生产)、堆放和吊装，以及各种材料、设备的垂直运输，都由塔式起重机来完成。因此，要合理地选用和布置塔式起重机。

(2)合理进行施工现场的平面布置。重点是确保施工现场有足够的构件储备量；现场运输道路的布置，要方便大板运输车的通行和构件的卸车。

2. 施工要点

高层装配式大板建筑结构施工(标准层)的工艺流程如图 6-42 所示。

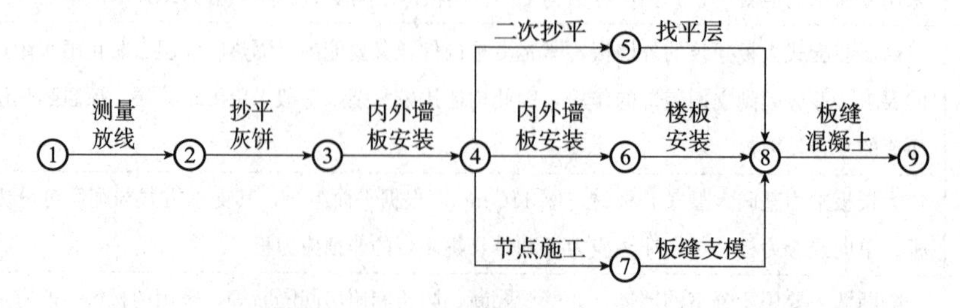

图 6-42　高层装配式大板建筑结构施工(标准层)的工艺流程

高层装配式大板建筑的结构安装施工，一般采用“储存吊装法”，分两班施工。白班按工艺流程进行结构安装施工；夜班按计划要求进行墙板等构件进场卸板储存工作及提升安全网等作业。

结构安装采用“逐间封闭法”施工。即以每一结构间为单元，先吊装内墙板，然后吊装外墙板。每一楼层的安装作业从标准间开始。标准间的设置，一般板式建筑选择在拟建建筑物中部靠楼梯(电梯)的房间。塔式建筑则视具体情况而定。

高层装配式大板建筑的结构节点，是确保建筑物整体性的关键。每层楼板安装完毕后，即可进行该层的节点施工，包括节点钢筋的焊接、支设节点现浇混凝土模板、浇筑节点混凝土、拆模等工序。

需要注意的是，在设计有上、下、左、右墙、楼板全方位整体“剪力块”的节点部位，应采取一次支模、一次浇筑的施工工艺，而不允许下层墙板顶部节点构造、上层墙板底部节点构造随墙板安装分成两次支模、两次浇筑的做法，以确保其抵抗水平推力的能力。

3. 外墙节点防水施工

外墙板之间形成的板缝节点是高层装配式大板建筑防水抗渗、保温隔热的关键部位，直接影响着整个建筑工程的质量，处理不好，将严重影响建筑物的使用功能。外墙节点防水主要有三类方案，即构造防水方案、材料防水方案和综合防水方案。

(1)构造防水方案主要是通过在外墙板四周，即板的边缘部位和板的侧面考虑一些构造形式来达到节点防水抗渗的目的。

(2)材料防水方案是在外墙板四周板边没有特殊防水构造的情况下，主要依靠采用防水嵌缝材料对板缝节点进行粘结、填塞，阻断水流通路，达到防水的目的。

(3)综合防水方案是一种综合了构造防水和材料防水各自优点的防水方案。综合防水方案一般以构造防水为主，在外墙板四周采取一定的防水构造措施，又辅之以性能可靠的嵌缝防水材料，从而避免了单一防水方案的局限性。国内大板建筑多采用综合防水方案。

四、高层预制盒子结构施工

盒子结构是把整个房间(一个房间或一个单元)作为一个构件，在工厂预制后运送到工地进行整体安装的一种房屋结构。每一个盒子构件本身就是一个预制好的，带有采暖、上下水道及照明等所有管线的，装修完备的房间或单元。它是装配化程度最高的一种建筑形式，比大板建筑装配化程度更高、更为先进。

(一)盒子结构体系

目前，盒子结构已用于建造住宅、旅馆、医院、办公楼等建筑，并从底层发展多层和高层，到达已建造9层、11层、18层、22层和25层的住宅和旅馆等建筑，有一百多种体系和制作方法。国外对盒子结构的研究正趋向于使其质量更小、具有更大的灵活和更高的适应性。但是，由于盒子结构建筑的大量作业转移到了工厂，因而预制工厂的投资较高，一般比大板厂高8%～10%，而且运输和吊装也需要一些配套的机械。

常见的盒子构件分类方法见表 6-4。

表 6-4 常见的盒子构件分类方法

分类方法	常见类型
按大小分	分为单间盒子和单元盒子
按材料分	分为钢、钢筋混凝土、铝、木、塑料等盒子
按功能分	分为设备盒子(如卫生间、厨房、楼梯间盘子)和普通居室盒子
按制造工艺分	分为装配式盒子和整体式盒子：其中装配式盒子是在工厂制作墙板、顶板和底板，经装配后用焊接或螺栓组装成盒子。整体式盒子是在工厂用模板或专门设备制成钢筋混凝土的四面或五面体，然后再用焊接或销键把其余构件(底板、顶板或墙板)与其连接起来。整体式盒子节省钢材，缝隙的修饰工作量减少

盒子结构体系常用的有全盒子体系、板材盒子体系和骨架盒子体系。

1. 全盒子体系

全盒子体系是完全由承重盒子或承重盒子与一部分外墙板组成，如图 6-43 所示。这种体系的装配化程度高，刚度好，室内装修基本上在预制厂内完成，但是在拼接处出现双层楼板和双层墙，构造比较复杂。

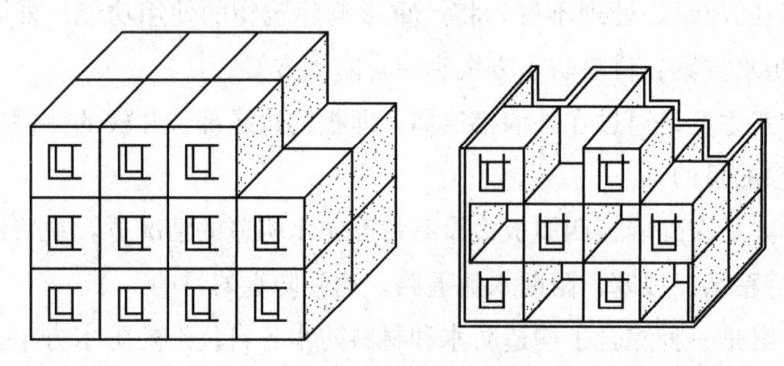

图 6-43 全盒子体系

2. 板材盒子体系

板材盒子体系是将设备复杂的且小开间的厨房、卫生间、楼梯间等做成承重盒子，在两个承重盒子之间架设大跨度的楼板，另用隔墙板分隔房间，如图 6-44 所示。这种体系可用于住宅和公共建筑，虽然装配化程度较低，但能使建筑的布局灵活。

3. 骨架盒子体系

骨架盒子体系是由钢筋混凝土或钢骨架承重，盒子结构只承受自重，因此可用轻质材料制作，使运输、吊装和结构的质量大大减轻，它宜于建造高层建筑，如图 6-45 所示。

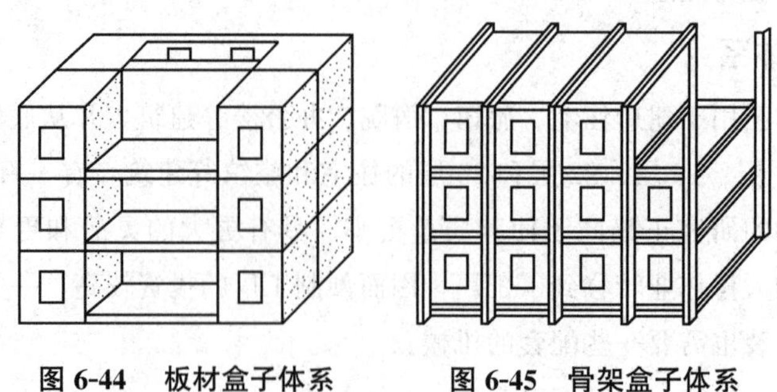

图 6-44 板材盒子体系 **图 6-45 骨架盒子体系**

盒子结构房屋的施工速度较快，在国外已有不同程度的发展，但我国对于盒子结构虽然进行了一些有益的探索，但尚未形成生产能力。

知识小贴士

盒子构件的制作

钢盒子构件多采用焊接式轻型钢框架，在专门的工厂制作。

装配式钢筋混凝土盒子，是先在工厂预制各种类型的大型板材(墙板、底板、顶板)，然后再组装成空间结构的盒子，它可以利用大板厂的设备进行生产。装配式钢筋混凝土盒子也可以在施工现场附近的场地上制作和组装。美国就用此法在奥克兰建造过一幢11层的房屋，据称效果较好。

不同种类的盒子采用不同的制作方法，根据混凝土浇筑方法可分为盒式法、层叠法、活动芯子法、真空盒式法等；根据生产组织方式可分为台架式、流水联动式和传送带式。传送带式是较先进、能大规模生产盒子的生产方式。

国外浇筑整体式钢筋混凝土盒子多用成型机，成型机一般有两种：一种是芯模固定、套模活动；另一种是套模固定、芯模活动。成型机的侧模、底模和芯模均有蒸汽腔，可以通过蒸汽进行养护。脱模后，再装配隔断和外墙板，然后送去装修。经过若干道装修工序后，即成为一个装修完毕的成品盒子构件。

(二)盒子构件的运输和安装

正确选择运输设备和安装方法，对盒子结构的施工速度和造价有一定的影响。对于高层盒子结构的房屋，多用履带式起重机、汽车式起重机和塔式起重机进行安装。美国多用大吨位的汽车式起重机和履带式起重机进行安装，如用38 t的盒子组成的21层的旅馆，即用履带式起重机进行安装，该起重机在极限伸距时的起重量达50 t。盒子构件多有吊环，用横吊梁或吊架进行吊装。我国北京丽都饭店的五层盒子结构用起重量为40 t的轮胎式起重机进行安装，吊具用钢管焊成的同盒子平面尺寸一样大的矩形吊架。

至于吊装顺序，可沿水平方向安装，即第一层安装完毕再安装第二层，一层层进行安装；也可沿垂直方向进行所谓“叠式安装”，即在一个节间内从底层一直安装至顶层，然后再安装另一个节间，依次进行。这种方法适用于施工场地狭窄而房屋又不十分高的安装情况。

盒子安装后，盒子间的拼缝用沥青、有机硅或其他防水材料进行封缝，一般是用特制的注射器或压缩空气将封缝材料嵌入板缝，以防雨水渗入。在顶层盒子安装后，往往要铺设玻璃毡保温层，再浇筑一薄层混凝土，然后再做防水层。

盒子结构房屋的施工速度较快，国外一幢9层的盒子结构房屋，仅用3个月就可完工。美国21层的圣安东尼奥饭店，中间16层由496个盒子组成，工期为9个月，平均每天安装16个盒子，最多的一天可安装22个盒子。安装一个钢筋混凝土盒子需20～30 min。至于金属盒子或钢木盒子，最快时一个机械台班每天可以安装50个。

盒子结构在国外有不同程度的发展，我国对于盒子结构虽然进行了一些有益的探索，但尚未形成生产能力。

五、高层升板法施工

升板法结构施工是介于混凝土现浇与构件预制装配之间的一种施工方法。这种施工方法是在施工现场就地重叠制作各层楼板及顶层板，然后利用安装在柱子上的提升机械，通过吊杆将已达到设计强度的顶层板及各层楼板，按照提升程序逐层提升到设计位置，并将板和柱连接，形成结构体系。

升板法施工可以节约大量模板，减少高空作业，有利安全施工，可以缩小施工用地，对周围干扰影响小，特别适用于现场狭窄的工程。

高层建筑升板法施工，主要是柱子接长问题。因受起重机械和施工条件限制，一般不能采用预制钢筋混凝土柱和整根柱吊装就位的方法，通常采用现浇钢筋混凝土柱。施工时，可利用升板设备逐层制作，无须大型起重设备，也可以采用预制柱和现浇柱结合施工的方法，先预制一段钢筋混凝土柱，再采用现浇混凝土柱接高。

(一)施工设备要求

高层升板施工的关键设备是升板机，主要分电动和液压两大类。

1. 电动升板机

电动升板机是国内应用最多的升板机(图 6-46)。一般以 1 台 3 kW 电动机为动力，带动 2 台升板机，安全荷载约为 300 kN，单机负荷 150 kN，提升速度约 1.9 m/h。电动升板机构造较简单，使用管理方便，造价较低。

电动升板机的工作原理：当提升楼板时，升板机悬挂在上面一个承重销上。电动机驱动，通过链轮和蜗轮蜗杆传动机构，使螺杆上升，从而带动吊杆和楼板上升，当楼板升过下面的销孔后，插上承重销，将楼板搁置其上，并将提升架下端的四个支撑放下顶住楼板。将悬挂升板机的承重销取下，再开动电动机反转，使螺母反转，此时螺杆被楼板顶住不能下降，只能迫使升板机沿螺杆上升，待机组升到螺杆顶部，过上一个停歇孔时，停止电机，装入承重销，将升板机挂上，如此反复，使楼板与升板机不断交替上升(图 6-47)。

2. 液压升板机

液压升板机可以提供较大的提升能力，目前我国的液压升板机单机提升能力已达 500～750 kN，但设备一次投资大，加工精度和使用保养管理要求高。液压升板机一般由液压系统、电控系统、提升工作机构和自升式机架组成(图 6-48)。

(二)施工要求

1. 基础施工

预制柱基础一般为钢筋混凝土杯形基础。施工中必须严格控制轴线位置和杯底标高，因为轴线偏移会影响提升环位置的准确性；杯底标高的误差会导致楼板位置差异。

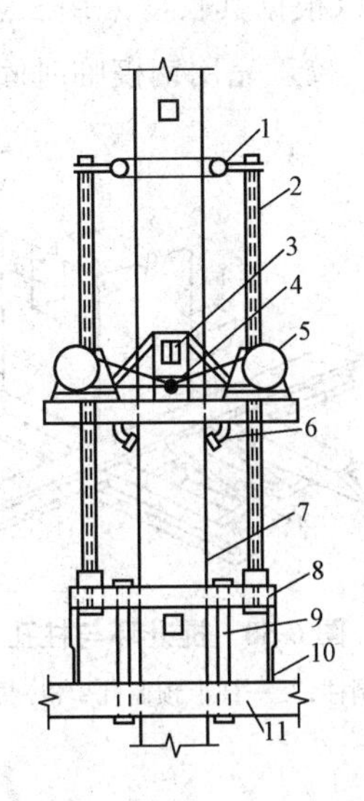

图 6-46　电动升板机构造

1—螺杆固定架；2—螺杆；3—承重锁；4—电动螺杆千斤顶；
5—提升机组底盘；6—导向轮；7—柱子；8—提升架；
9—吊杆；10—提升架支撑；11—楼板

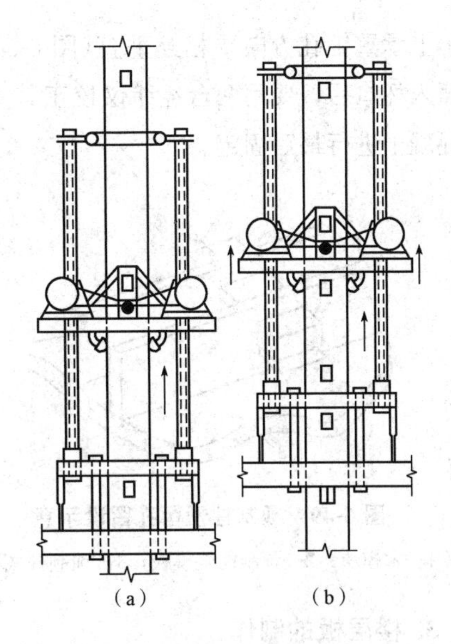

图 6-47　提升原理

(a)楼板提升；(b)提升机组自升

2. 预制柱浇筑与吊装

预制柱一般在现场浇筑。当采用叠层制作时不宜超过三层。柱上要留设就位孔(当板升到设计标高时作为板的固定支承)和停歇孔(在升板过程中悬挂提升机和楼板中途停歇时作为临时支承)。就位孔的位置根据楼板设计标高确定，偏差不应超过±5 mm。孔的大小尺寸偏差不应超过 10 mm，孔的轴线偏差不应超过 5 mm。停歇孔的位置根据提升程度确定。如果就位孔与停歇孔位置重叠，则就位孔兼作停歇孔。柱子上下两孔之间的净距一般不宜小于 300 mm。预留孔的尺寸应根据承重销来确定。承重销常用 10、12、14 号工字钢，则孔的宽度为 100 mm，高度为 160～180 mm。

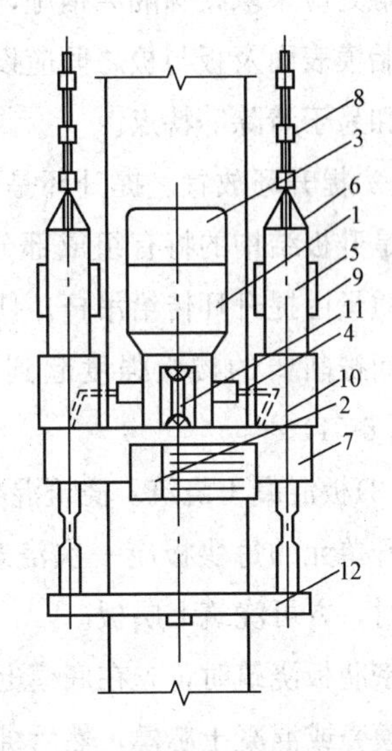

图 6-48　液压升板机构造简图

1—油箱；2—油泵；3—配油体；4—随动阀；5—油缸；6—上棘爪；7—下棘爪；8—竹节杠；9—液压锁；10—机架；11—停机销；12—自升随动架

柱模制作时，为了不使预留孔遗漏，可在侧模上预先开孔，用钢卷尺检查位置无误后，在浇混凝土前相对插入两个木楔(图 6-49)，如果漏放木楔，混凝土会流出来。

柱上预埋件的位置也要正确。对于剪力块承重的埋设件，中线偏移不应超过 5 mm，标高偏差不应超过±3 mm。预埋铁件表面应平整，不允许有扭曲变形。承剪埋设件的楔口面应与柱面相平，不得凹进，凸出柱面不应超过 2 mm。

柱吊装前，应将各层楼板和屋面板的提升环依次叠放在基础杯口上，提升环上的提升孔与柱子上承重销孔方向要相互垂直(图 6-50)。预制柱可以根据其长度采用二点或三点绑扎起吊。柱插入杯口后，要用两台经纬仪校正其垂直度并对中，校正完用钢楔临时固定，分两次浇筑细石混凝土进行最后固定。

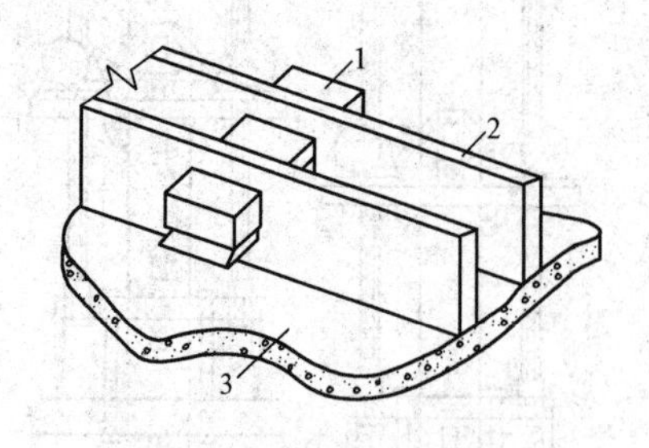

图 6-49　预制柱预留孔留设示意

1—木楔块；2—预制柱侧模板；3—预制柱底板

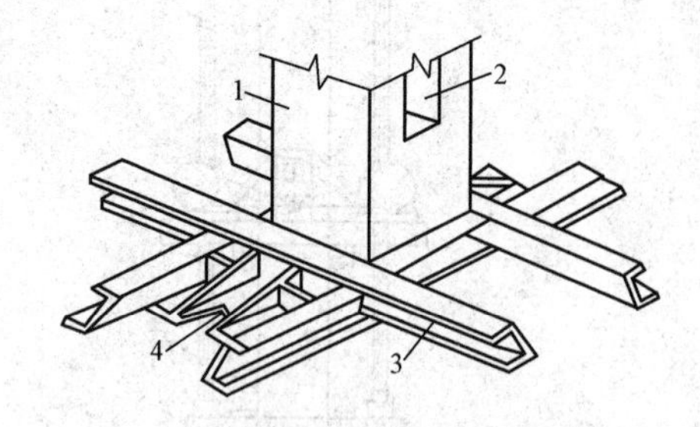

图 6-50　提升环与柱孔关系示意

1—预制柱；2—柱上预留孔；3—提升环；4—吊杆孔

3. 楼层板的制作

板的制作分胎模、提升环放置和板混凝土浇筑三个步骤。

(1)胎模。胎模就是为了楼板和顶层板制作而铺设的混凝土地坪。要做到地基密实，防止不均匀沉降。面层平整光滑，提升环处标高偏差不应超过±2 mm。胎模设伸缩缝时，伸缩缝与楼板接触处应采取特殊隔离措施，防止板受温度影响而开裂。

胎模表面及板与板之间应设置隔离层。它不仅要防止板相互之间产生粘结，还应具有耐磨、防水和易于清除等特点。

(2)提升环放置。提升环是配置在楼板上柱孔四周的构件。它既抗剪又抗弯，故又称剪力环，是升板结构的特有组成部分，也是主要受力构件。提升时，提升环引导楼板沿柱子提升，板的质量由提升环传给吊杆。使用时，提升环把楼板自重和承受的荷载传递给柱。并且，对因开孔而被削弱的楼板强度起到了加强作用。常用的提升环有型钢提升环和无型钢提升环两种(图 6-51)。

(3)板混凝土浇筑。浇筑混凝土前，应对板柱间空隙和板(包括胎模)的预留孔进行填塞。每个提升单元的每块板应一次浇筑完成，不留设施工缝。当下层板混凝土强度达到设计强度的30%时，方可浇筑上层板。

密肋板浇筑时，先在底模上弹线，安放好提升环，再砌置填充材料或采用塑料、金属等工具式模壳或混凝土芯模，然后绑扎钢筋及网片，最后浇筑混凝土。密肋板在柱帽区宜做成实心板。这样，不但能增强抗剪抗弯能力，而且适合用无型钢提升环。格梁楼板的制作要点与密肋板相同。预应力平板制作要求同预应力预制构件。

4. 升板施工

升板施工阶段主要包括现浇柱的施工、板的提升就位及板柱节点的处理等。

(1)现浇柱的施工。现浇柱有劲性配筋柱和柔性配筋柱两种。

1)劲性配筋柱。劲性配筋柱是由四根角钢及腹板组焊而成的钢构架，也作为柱中的钢筋骨架(图 6-52)，可采用升滑法或升提法进行施工。

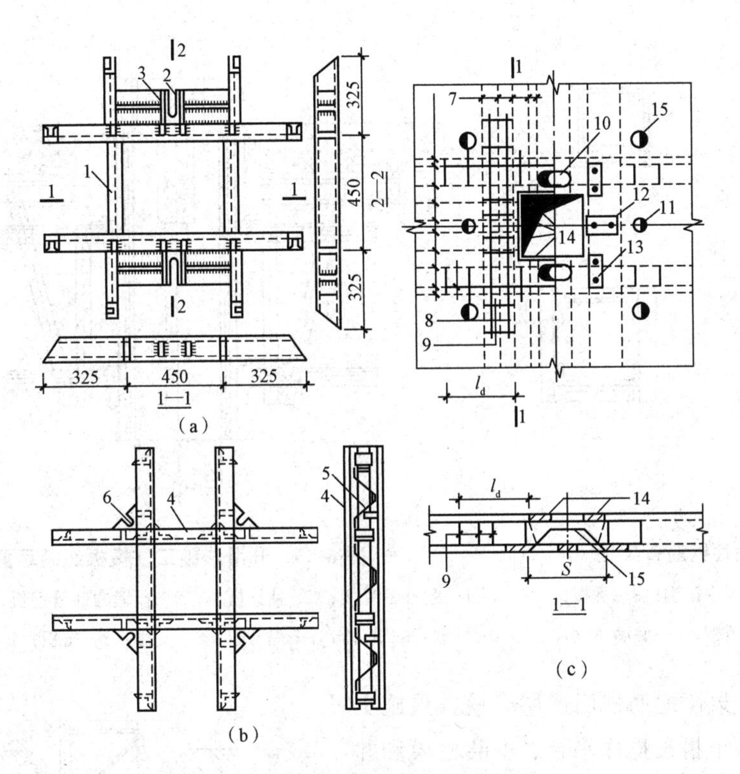

图 6-51　提升环构造示意

(a)槽钢提升环；(b)角钢桁架式提升环；(c)无型钢提升环

1—槽钢；2—提升孔；3—加劲板；4—角钢；5—圆钢；6—提升孔；7—板内原有受力钢筋；8—附加钢筋；9—箍筋；10—提升杆通过孔；11—灌注销钉孔；12—支承钢板；13—吊耳；14—预埋钢板；15—吊筋

①升滑法。升滑法是将升板和滑模两种工艺结合。柱模板的组装示意如图 6-53 所示。即在施工期间用劲性钢骨架代替钢筋混凝土柱作承重导架，在顶层板下组装柱子的滑模设备，以顶层板作为滑模的操作平台，在提升顶层板过程中浇筑柱子的混凝土，当顶层板提升到一定高度并停放后，就提升下面各层楼板，如此反复，逐步将各层板提升到各自的设计标高，同时也完成了柱子的混凝土浇筑工作，最后浇筑柱帽形成固定节点。

②升提法。升提法是在升滑法基础上，吸取大模板施工的优点，发展形成的方法。施工时，在顶层板下组装柱子的提模模板(图 6-54)。每提升一次顶层板，重新组装一次模板，浇筑一次柱子混凝土。与升滑法不同之处在于，升提法是边提升顶层板、边浇筑柱子混凝土，而升提法是在顶层板提升并固定后，再组装模板并浇筑柱子混凝土。

2)柔性配筋柱。采用劲性配筋柱的缺点是柱子的用钢量大，为此，可改用柔性配筋柱，即常规配筋骨架，由于柔性钢筋骨架不能架设升板机，必须先浇筑有停歇孔的现浇混凝土柱，其方法有滑模法和升模法两种。

①滑模法。柔性配筋柱滑模方法施工时，在顶层板上组装浇筑柱子的滑模系统(图 6-55)，先用滑模法浇筑一段柱子混凝土，当所浇柱子的混凝土强度≥15 MPa 时再将升板机固定到柱子的停歇孔上，进行板的提升。依次交替，循序施工。

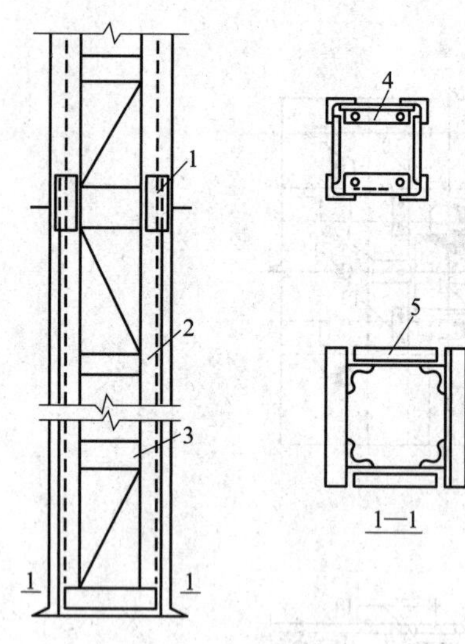

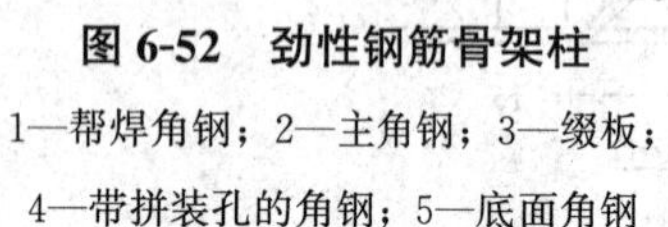

图 6-52　劲性钢筋骨架柱

1—帮焊角钢；2—主角钢；3—缀板；
4—带拼装孔的角钢；5—底面角钢

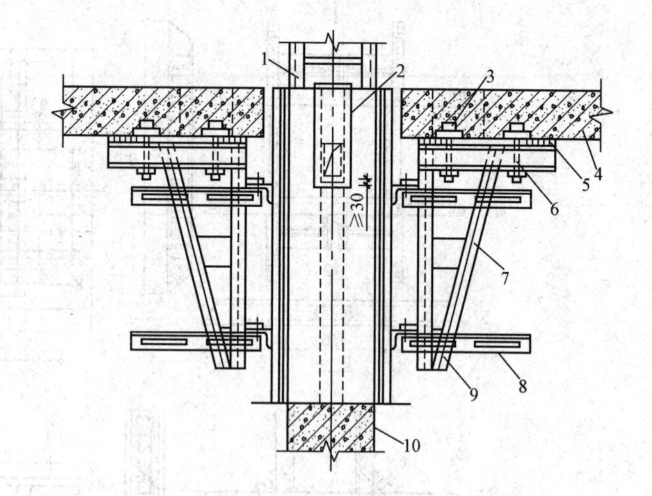

图 6-53　升滑法施工柱模板组装示意

1—劲性钢骨架；2—抽拔模板；3—预埋的螺母钢板；4—顶层板；
5—垫木；6—螺栓；7—提升架；8—支撑；9—压板；10—已浇筑的柱子

②升模法。柔性配筋柱用逐层升模方法施工时，需在顶层板上搭设操作平台、安装柱模和井架(图 6-56)。操作平台、柱模和井架都随顶层板的逐层提升而上升。每当顶层板提升一个层高后，及时施工上层柱，并利用柱子浇筑后的养护期，提升下面各层楼板。当所浇筑柱子的混凝土的强度≥15 MPa 时，才可作为支承用来悬挂提升设备继续板的提升，依次交替，循序施工。

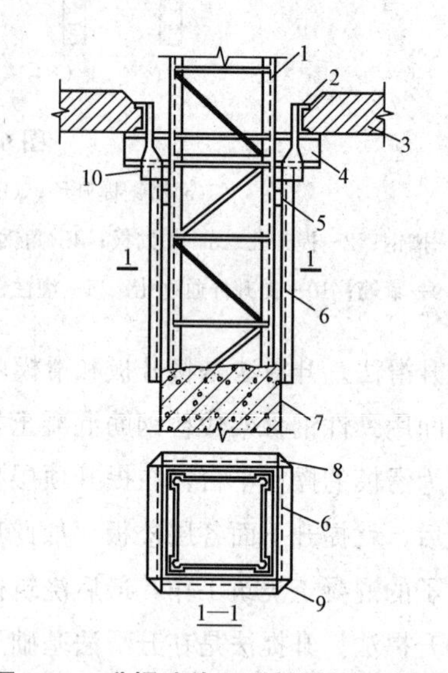

图 6-54　升提法施工时柱模板组装示意

1—劲性钢筋骨架；2—提升环；3—顶层板；
4—承重销；5—垫块；6—模板；7—已浇筑的柱子；
8—螺栓；9—销子；10—吊板

(2)划分提升单元和确定提升程序。升板工程施工中，一次提升的板面过大，提升差异不容易消除，板面也容易出现裂缝，同时，还要考虑提升设备的数量，电力供应情况和经济效益。因此，升板施工应符合下列要求：

1)要根据结构的平面布置和提升设备的数量，将板划分为若干块，每一板块为一提升单元。

2)提升单元的划分，要使每个板块的两个方向尺寸大致相等，不宜划成狭长形。

3)要避免出现阴角，提升阴角处易出现裂缝。

4)为便于控制提升差异，提升单元以不超过 24 根柱子为宜。

5)各单元间留设的后浇板带位置必须在跨中。

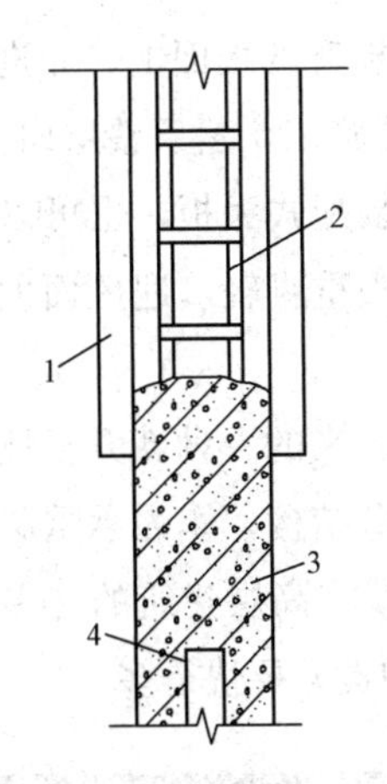

图 6-55　柔性配筋柱滑模法施工柱子示意

1—滑模模板；2—柔性配筋柱(柱内筋骨架)；3—已浇筑的柱子；4—预留孔

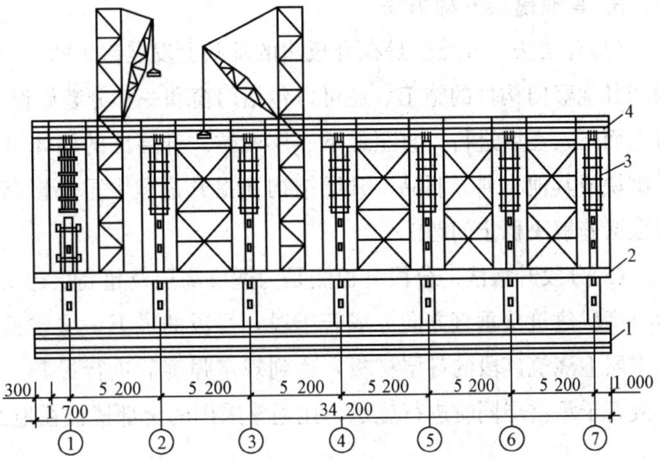

图 6-56　柔性配筋柱逐层升模法浇筑柱子示意

1—叠浇板；2—顶层板；3—柱模板；4—操作平台

(3)板的提升。

1)板正式提升前应根据实际情况，可按角、边、中柱的次序或由边向里逐排进行脱模。每次脱模提升高度不宜大于 5 mm，使板顺利脱开。

2)板脱模后，启动全部提升设备，提升到 30 mm 左右停止。调整各点提升高度，使板保持水平，并将各观察提升点上升高度的标尺定为零点，同时检查各提升设备的工作情况。

3)提升时，板在相邻柱间的提升差异不应超过 10 mm，搁置差异不应超过 5 mm。承重销必须放平，两端外伸长度一致。在提升过程中，应经常检查提升设备的运转情况、磨损程度及吊杆套筒的可靠性，观察竖向偏移情况，板搁置停歇的平面位移不应超过 30 mm。

4)板不宜在中途悬挂停歇，如遇特殊情况不能在规定的位置搁置停歇时，应采取必要措施进行固定。

5)在提升时，若需利用升板提运材料、设备，应经过验算，并在允许范围内堆放。

6)板在提升过程中，升板结构不允许作为其他设施的支承点或缆索的支点。

(4)板的就位。升板到位后，用承重销临时搁置，再做板柱节点固定。板的就位差异：一般提升不应超过 5 mm，平面位移不应超过 25 mm。板就位时，板底与承重销(或剪力块)间应平整严密。

(5)板的最后固定。提升到设计标高的板，要进行最后固定。板在永久性固定前，应尽量消除搁置差异，以消除永久性的变形应力。板的固定方法一般可采用后浇柱帽节点和无柱帽节点两类。后浇柱帽节点能提高板柱连接的整体性，减少板的计算跨度，降低节点耗钢量，是目前升板结构中常用的节点形式。无柱帽节点有剪力块节点、承重销节点、齿槽式节点、预应力节点及暗销节点等。

5. 其他高层升板方法

(1)升层法。升层法是在升板法的基础上发展起来的，是在准备提升的板面上，先进行内外墙和其他竖向构件的施工，还可以包括门窗和一部分装修设备工程的施工，然后整层向上提升，自上而下，逐层进行，直至最下一层就位。升层法的墙体可以采用装配式大板，也可以采用轻质砌块或其他材料、制品。升层结构在提升过程中重心提高，形成头重脚轻，迎风面大，必须采取措施解决稳定问题。

(2)分段升板法。分段升板法是为适应高层及超高层建筑而发展起来的一种新升板技术。它是将高层建筑从垂直方向分成若干段，每段的最下一层楼板采用箱形结构，作为承重层，在各承重层上浇筑该段的各层楼板，达到规定强度后进行提升，这样，就将高层建筑的许多层楼板分成若干承重层同时进行施工，比通常采用的全部楼板在地面浇筑和提升要快得多。

学习笔记

单元三　超高层钢结构建筑施工

一、超高层钢结构建筑结构体系

超高层建筑的承载能力、抗侧刚度、抗震性能、材料用量、管道设置、工期长短和造价高低，与其所采用的结构体系密切相关。不同的结构体系取决于不同的层数、高度和功能。超高层钢结构建筑结构按结构材料及其组合可分为全钢结构、钢-混凝土混合结构、型钢混凝土结构和钢管混凝土结构。

1. 钢-混凝土混合结构

钢-混凝土混合结构是指在同一结构物中既有钢构件，又有钢筋混凝土构件。它们在结构物中分别承受水平荷载和重力荷载，最大限度地发挥不同结构材料的效能。钢混凝土混合结构有钢筋混凝土框架-筒体-钢框架结构、混凝土筒中筒-钢楼盖结构和钢框架-混凝土核心筒结构。

2. 型钢混凝土结构

型钢混凝土结构，在日本又称为SRC结构，即在型钢外包裹混凝土形成结构构件。这种结构与钢筋混凝土结构相比延性增大，使抗震性能提高，在有限截面中可配置大量钢材，以提高承载力，截面减小，超前施工的钢框架作为施工作业支架，可扩大施工流水层7次，简化支模作业，甚至可以不用模板。与钢结构比较，它的耐火性能优异，外包混凝土参与承受荷载，可加强刚度，使抗屈曲能力和减震阻尼性能提高。

3. 钢管混凝土结构

钢管混凝土结构是介于钢结构和钢筋混凝土结构之间的一种复合结构。钢管和混凝土这两种结构材料在受力过程中相互制约：内填充混凝土可增强钢管壁的抗屈曲稳定性，而钢管对内填混凝土的紧箍约束作用，又使其处于二向受压状态，可提高其抗压强度即抗变形能力。这两种材料采取这种复合方式，使钢管混凝土柱的承载力比钢管和混凝土柱芯的各自承载力之总和提高约40%。

二、超高层钢结构用钢材及构件

1. 钢的种类

超高层建筑钢结构用钢有普通碳素钢、普通低合金钢和热处理低合金钢三大类。大量使用的仍以普通碳素钢为主。我国目前在建筑钢结构中应用最普遍的是Q235和16Mn。屈服点分别为235 N/mm^2 和345 N/mm^2，可用于抗震结构。

国外有些钢材的性能与我国钢材类似。类似我国Q235钢的有美国的A36、日本的SM41、德国的ST37及苏联的CT3，类似我国16Mn钢的有美国的A440、日本的SS50和SS51、德国的ST52等。采用国外进口钢材时，一定要进行化学成分和机械性能的分析和试验。

2. 钢材的品种

在现代高层钢结构中，广泛采用了经济合理的钢材截面。选材时应充分利用结构的截面特征值，发挥最大的承载能力。传统的工字钢、槽钢、角钢、扁钢有时仍有使用，但由于其截面力学性能欠佳，已逐渐被淘汰。目前，常用钢材有以下几种。

(1)热轧 H 型钢。欧美国家称热轧 H 型钢为宽翼缘工字钢，其在日本被称为 H 型钢。与普通工字钢不同，它沿两轴方向惯性矩比较接近，截面合理，翼缘板内外侧相互平行，连接施工方便。用这种型钢做高层钢结构的框架非常适合。它可直接做梁、柱，加工量很小，而且加工过程易于机械化和自动化。在承载力相同的条件下，H 型钢结构比传统型钢组合截面节省钢材 20%左右。

(2)焊接工字截面钢。在高层钢结构中，用三块板焊接而成的工字形截面是采用广泛的截面形式。它在设计上有更大的灵活性，可按照设计条件选择最经济的截面尺寸，使结构性能改善。相关文献认为，采用焊接工字截面节省下来的钢材价值要大于其额外的制造费用。

(3)热轧方钢管。热轧方钢管用热挤压法生产，价格比较高，但施工时二次加工容易，外形美观。

(4)离心圆钢管。离心圆钢管是离心浇铸法生产的钢管，其化学成分和机械性能与卷板自动焊接钢管相同，专用于钢管混凝土结构。

(5)热轧 T 型钢。热轧 T 型钢一般用热轧 H 型钢沿腹板中线割开而成，最适用于桁架上、下弦，比双角钢弦杆回转半径大，使桁架自重减小。它有时也作为支撑结构的斜撑杆件。

(6)热轧厚钢板。热轧厚钢板在高层钢结构中采用极广。我国标准规定，厚钢板厚度为 4～60 mm，大于 60 mm 的为特厚钢板。

三、超高层钢结构加工与拼装

(一)超高层钢结构的加工制作

超高层钢结构的构件类型通常包括 H 型构件、圆管构件、箱型构件及异型、巨型构件等，这些构件的制作是超高层钢结构施工中重要环节，其制作质量的好坏将直接影响超高层建筑的施工质量。

钢结构构件的加工制作从材料到位到构件出厂，一般需要经历 9 道工序：钢板矫正→放样、号料→钢材切割→边缘、端部加工→制孔→摩擦面加工→组装→焊接→钢构件除锈、防腐。

1. 钢板校正

为保证钢构件的加工制作质量，在钢板有较大弯曲、凹凸不平等问题时应进行矫正。钢板矫正时优先采用矫正机对钢板进行矫正，当矫正机无法满足时采用液压机进行钢板的矫正。

2. 放样、号料

钢构件深化完成之后，其尺寸只是最终成品的尺寸，由于加工时需要考虑焊接变形、起拱等因素，所用钢板尺寸往往要大于其成品尺寸，故需要将构件成品尺寸换算成加工所用钢板尺寸，此过程即为放样。号料是指把已经展开的零件的真实形状及尺寸，通过样板、样箱、样条或草图画在钢板或型材上的工艺过程。

3. 钢材切割

号料工作完成之后，即可进行钢板或型材的切割加工。常用的钢材切割方法有机械切割、火焰切割(气割)、等离子切割等。机械切割是指使用机械设备(如剪切机、锯切机、砂轮切割机等)对钢材进行切割，一般用于型材及薄钢板的切割；火焰切割(气割)是指利用气体(氧气-乙炔、液化石油气等)火焰的热能，将工件切割处预热到一定温度后，喷出高速切割氧流，使材料燃烧并放出热量，从而实现切割的方法，主要用于厚钢板的切割；等离子切割是利用高温等离子电弧的热量使工件切口处的金属局部熔化(和蒸发)，并借高速等离子的动量排除熔融金属以形成切口的一种加工方法，通常用于不锈钢、铝、铜、钛、镍钢板的切割。

4. 边缘、端部加工

边缘加工和端部加工主要是指去除钢板在切割过程中边缘发生组织变化的部分和对钢构件坡口的加工。桥梁等重要构件在下料完成之后一般会刨去 2～4 mm，以保证其质量。焊接坡口宜采用切割的方法进行，坡口尺寸用样板控制。箱型钢柱翼缘板、腹板，以及 H 型钢柱、梁翼缘板剖口加工采用半自动火焰切割机切割，为保证板材不发生侧向弯曲，宜采用两台切割机同时切割，以保证板材的直线度。

5. 制孔

制孔是采用加工机具在钢板或型钢上面加工孔的工艺作业。制孔的方法通常分为冲孔和钻孔两种。冲孔是在冲床上进行的，适用于较薄的钢板或非圆孔加工，其孔径大于钢材的厚度；钻孔是在钻床上进行的，可应用于各种厚度的钢板，具有精度高、孔壁损伤小的优点。

构件制孔主要包括普通(高强)螺栓连接孔、地脚锚栓连接孔等。孔(A、B 级螺栓孔——Ⅰ类孔)的直径应与螺栓公称直径相匹配。

6. 摩擦面加工

摩擦型高强度螺栓连接的构件，其连接面必须具有一定的抗滑移能力，即连接面必须经过加工处理，使其抗滑移系数达到设计规定值。摩擦面的加工可采用喷砂、喷(抛)丸和砂轮打磨等方式，制作厂商可根据自有设备选择处理方式，但其抗滑移系数必须达到设计规定值。处理后的摩擦面不能有毛刺，不允许再次打磨或撞击、碰撞。应妥善保护处理好的摩擦面，并做好防油污和防损伤等措施。构件出厂前应做抗滑移系数试验，符合设计值要求才能出厂。同时，不同规格螺栓应按批提供同材质、同处理方法的 3 套试件，以供安装单位复验使用。

7. 组装

构件组装必须按照工艺流程的规定进行，组装要严格按顺序进行。组装顺序应根据结构形式、焊接方法和焊接顺序等因素确定。

8. 焊接

焊接是钢结构加工制作中的关键步骤，焊接方法包括手工电弧焊、气体保护焊、电渣焊等。焊接时，应采用合理的焊接顺序，可以防止产生过大的焊接变形，并尽可能减少焊接应力，保证焊接质量。

9. 钢构件除锈、防腐

钢材在热轧过程中，与空气中的氧气发生氧化反应后，表面会形成一层完整、致密的氧化皮。之后在运输和储存时，钢材表面会吸附空气中的水分。由于钢中含有一定比例的碳和其他元素，因此在钢材表面会形成无数的微电池而发生电化锈蚀，使钢材表面产生锈斑。清除钢材表面锈斑的工艺即为除锈，防止钢材表面因为与氧气和水接触产生锈斑的方法即为防腐。钢构件表面除锈方法分为手工除锈、动力工具除锈、喷射或抛射除锈、火焰除锈等。钢结构涂装方法包括刷涂法、手工滚涂法、空气喷涂法和高压无气喷涂法，构件在工厂涂装时一般采用喷涂法。

(二)超高层钢结构预拼装

为了检验构件工厂加工精度能否保证现场拼装、安装的质量要求，确保下道工序的正常运转和安装质量达到规范及设计的要求，确保现场一次拼装和吊装成功，减少现场拼装和安装误差，部分复杂构件在出厂时需做预拼装。超高层钢结构中，一般需要进行工厂预拼装的构件包括周边桁架、伸臂桁架、巨型钢柱、钢板剪力墙及一些复杂节点。

预拼装一般采用两种方法：一种是真实构件现场预拼装；另一种是计算机模拟预拼装。

1. 现场预拼装

现场预拼装是将制作好的构件通过事先准备好的胎架，通过临时连接，组装成现场安装时的模样，再进行放线、测量，检验其是否满足设计和安装规范要求。

构件预拼装时，通常采用汽车式起重机或龙门式起重机吊装构件，构件吊装就位后，通过安装螺栓或点焊的方式将构件临时连接。预拼装时，需要有专职测量员进行全程测量跟踪，并做好过程记录。同时，质检员要做好过程检查，重点检查构件连接处的错边等是否满足规范要求。

2. 计算机模拟预拼装

模拟预拼装的原理是将需要预拼构件的各控制点用全站仪测出实际坐标值后导入计算机CAD软件中，将各控制点用线首尾相连，再将各构件实际模型控制点坐标值与模拟控制点坐标值相比较，根据实际安装控制点坐标值与模拟坐标值的相互换算进行拟合，得出构件正确的预拼装理论坐标值，同时记录相关数据，以便于现场安装。

对于拼装单元高度大、截面相对较小的长细比较大的复杂巨型柱，其预拼装可优先选择计算机模拟预拼方法。该模拟方法可以提高工厂加工效率和质量要求，在很大程度上节约人力、物力和机械设备等。

四、超高层钢结构安装

超高层钢结构构件运输至现场后，钢构件根据施工组织设计的统一部署，堆放于现场，或者直接吊装就位。

1. 吊点设置

钢构件吊点的设置需综合考虑吊装简便，稳定可靠，避免钢构件变形。钢柱吊点设置在钢柱的顶部，一般设置于外侧，也有少部分设置在其他位置作为辅助吊点。钢梁设置的吊点需保证钢梁在吊装过程中的平衡，故吊点对称设置。吊点一般设置在钢梁的1/3处，吊索与钢梁夹角不得小于 45°，吊索顶部夹角以 60°为宜。

2. 吊装方式

钢结构吊装时一般采用表 6-5 中的三种方式。

表 6-5　钢结构吊装的方式

吊装方式	说明
设置吊耳	设置吊耳是钢结构吊装时最常用的方法，可根据设计要求，在钢结构深化设计时就在构件上设置吊装耳板。吊耳一般分为专用吊耳、专用吊具和临时连接板三种形式。钢柱的吊装耳板通常为连接耳板或专用吊具，钢梁的吊装耳板通常为专用吊耳，设置于钢梁的翼缘上，与翼缘垂直，与腹板在同一平面
开吊装孔	开吊装孔是钢梁吊装时常用方法之一，在钢梁翼缘长向中心线边缘开设小孔，可满足吊环穿过即可。开设吊装孔可以节约钢材，且方便吊装，安全可靠。对于超长、超重钢梁，宜设置吊装耳板
捆绑吊装	捆绑吊装通常用于吊装钢梁及大型节点等，捆绑吊装方便，免去了焊接、割除耳板、开设孔洞的工序。但是捆绑吊装对钢丝绳要求较高，绑扎要极为仔细，需特别注意因绑扎问题而导致发生吊装中构件滑落的事故。绑扎吊装通常与“保护铁”联合使用，以防构件边缘处尖锐而导致钢丝绳受损，甚至被划断

3. 钢柱吊装

(1)首节钢柱吊装。

1)吊装准备。在土建单位浇筑完底板混凝土并达到一定强度后，开始进行地下部分钢柱吊装。吊装前应完成以下施工准备：根据控制网测设细部轴线并与土建测设的轴线相互参照，保证轴线测控网统一；根据测设的轴线确定钢柱安装位置，在混凝土面上弹出“十”字线和钢柱外边线并进行标注；对预埋的地脚螺栓进行复核，剥去丝口保护油纸，对损坏的丝口进行修复，当锚栓偏移较大时，还应对柱底板锚栓孔进行调整。

2)作业流程：

①根据钢柱的底标高调整好螺杆上的螺帽，放置好垫块。

②钢柱起吊时必须缓慢起钩使钢柱垂直离地。当钢柱吊到就位上方 200 mm 时，停机稳定，对准螺栓孔和“十”字线后缓慢下落，下落中应避免磕碰地脚螺栓丝扣。

③当锚栓落入柱底板时，检查钢柱四边中心线与基础十字轴线的对准情况(四边要兼顾)，经调整钢柱的就位偏差在 3 mm 以内后，再下落钢柱，使之落实。

④通过控制柱底位移来调整钢柱的轴线偏差。利用千斤顶调整柱底中心线的就位偏差来调整柱子的垂直精度，用千斤顶校正第一节柱脚。

⑤收紧四个方向的缆风绳，楔紧柱脚垫铁，拧紧地脚螺栓螺母。

⑥钢柱垂直度通过揽风绳上的葫芦进行调节，钢柱校正完毕后应拧紧地脚螺栓，收紧缆风绳，并将柱脚垫铁与柱底板点焊，然后移交下道工序施工。

因核心筒结构施工先于外框结构，因此，钢结构安装应首先完成核心筒区域钢骨柱安装，为混凝土施工提供作业面，随后进行外框钢结构吊装施工。

(2)外框钢柱吊装。

1)吊装准备。在需要安装的钢柱的柱身上标示钢柱的安装方向，以便于工人安装。同时，在钢柱上捆绑安全爬梯。爬梯一般采用圆钢制作，禁止使用螺纹钢制作。已完成安装的楼层作业面应满铺安全网，临边和洞口应拉设安全绳。

2)钢柱吊装。将钢柱吊点设置在钢柱的上部，采用卡环吊装。吊装前，下节钢柱顶面和本节钢柱底面的渣土和浮锈必须清除干净。

钢柱吊装到位后，钢柱的中心线应与下面一段钢柱的中心线吻合，并四面兼顾，活动双夹板平稳插入下节柱对应的安装耳板上，穿好连接螺栓，连接好临时连接夹板，并及时拉设缆风绳进一步对钢柱进行稳固。钢柱临时固定完成后即可进行初校，以便钢梁的安装。

3)钢柱的校正：

①利用全站仪进行上部钢柱的柱顶标高及轴线定位。超高层施工现场作业面较小，可以制作专用工具将全站仪、激光反射棱镜固定在钢柱顶部进行操作。

②采用两台经纬仪分别置于相互垂直的轴线控制线上(借用 1 m 线)测量钢柱垂直度。精确对中整平后，后视前方的同一轴线控制线并固定照准部，然后纵转望远镜，照准钢柱头上的标尺并读数。与设计控制值相比后，判断校正方向并指挥吊装人员对钢柱进行校正，直到两个正交方向上均校正到正确位置为止。

钢柱垂直度的校正采用缆风绳，沿钢柱三个方向分别设置倒链用于此方向的垂直度调整(图 6-57)。

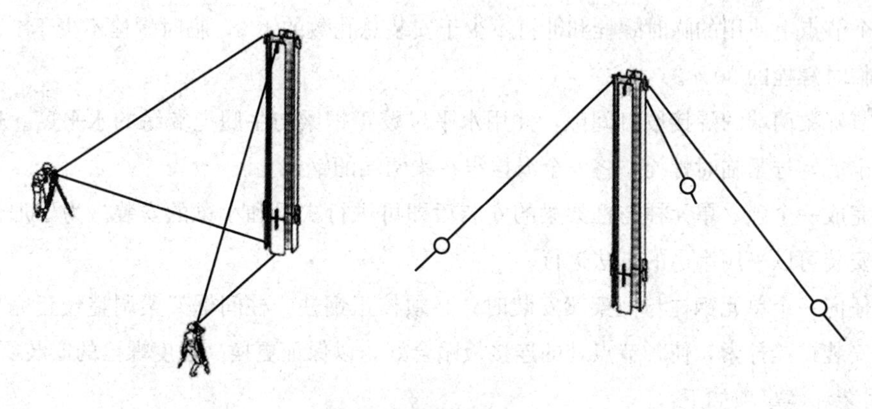

图 6-57　整体校正示意

4)两节钢柱对接时，接口处错边量不应大于 3 mm。检查时用直尺进行测量，当不满足要求时，在下面一节钢柱上焊接马板，并用千斤顶校正上部钢柱的接口。

5)钢柱安装注意事项如下：

①钢柱吊装应按照各分区的安装顺序进行，并及时形成稳定的结构体系。

②校正时应对轴线、垂直度、标高、焊缝间隙等因素进行综合考虑，每个项目的偏差值都要达到设计及规范要求。

③每节柱的定位轴线以地面控制线为基准线引上，不得从下层柱的轴线引上。

④结构的楼层标高可按相对标高进行，安装第一节柱时，从基准点引出控制标高在混凝土

基础或钢柱上，以后每次都使用此标高，以确保结构标高符合设计及规范要求。

⑤在形成空间刚度单元后，及时向下道工序移交工作面。

⑥上下节钢柱之间的连接板待全部焊接完成后割除(预留约 5 mm，不得损伤母材)，然后打磨光滑，涂上防锈漆。

⑦起吊前钢构件应横放在垫木上，起吊时不得使构件在地面上有拖拉现象。回转时需有一定的高度，起钩、旋转、移动三个动作应交替进行，就位时缓慢下落。

⑧下节钢柱顶面和上节钢柱底面的渣土和浮锈要清除干净，以确保焊接质量。

4. 钢梁吊装

(1)吊装前准备。吊装前，应对钢梁定位轴线、标高、钢梁的标号、长度、截面尺寸、螺孔直径及位置、节点板表面质量等进行全面复核，符合要求后，才能进行安装。用钢丝刷清除摩擦面上的浮锈，保证连接面上平整，无毛刺、飞边、油污、水、泥土等杂物。梁端节点采用栓-焊连接时，将腹板的连接板用安装螺栓连接在梁的腹板相应位置处并与梁齐平，不能伸出梁端。节点连接用的螺栓，按所需数量装入帆布包内捆扎在梁端节点处，一个节点用一个帆布包。

(2)钢梁的起吊、就位与固定。钢柱临时固定好后即可进行钢梁的安装工作，使之形成稳定的框架结构。钢梁的安装操作顺序如下：

1)将钢梁吊至安装点处缓慢下降，使梁平稳就位，等梁与牛腿对准后，用冲钉穿孔作临时就位对中，并将另一块连接板移至相对位置穿入冲钉中，将梁两端打紧逼正，节点两侧各穿入不少于 1/3 的普通螺栓临时加以紧固。

2)每个节点上使用的临时螺栓和冲钉不少于安装总孔数的 1/3，临时螺栓不少于 2 套，冲钉不宜多于临时螺栓的 30%。

3)调节好梁两端的焊接坡口间隙，并用水平尺校正钢梁与牛腿上翼缘的水平度。达到设计和规范规定后，拧紧临时螺栓，将安全绳拴牢在梁两端的钢柱上。

4)在完成一个独立单元柱与框架梁的安装后即可进行次梁和小梁的安装。为了加快吊装速度，次梁安装可以采用串吊的方法进行。

5)在任何一个单元钢柱与框架梁安装时，必须校正钢柱。柱间框架梁调整校正完毕后，将各节点上安装螺栓拧紧，使各节点处的连接板贴合好，以保证更换高强度螺栓的安装要求。

(3)吊装注意事项如下：

1)每节框架吊装时，必须先组成整体框架，次要构件可后安装。应尽量避免单柱长时间处于悬臂状态，应尽早使框架形成，增加吊装阶段的稳定性。

2)每节框架施工时，一般是先栓后焊，按先顶层梁，其次为底层梁，最后为中间层梁的操作顺序，使框架的安装质量能得到较好控制。

3)每节框架梁焊接前，应先分析框架柱子的垂直度偏差情况，有目的地选择偏差较大的柱子部位的梁先进行焊接，以减小焊接后产生的收缩变形，利于减少柱子的垂直度偏差。

4)每节框架内的钢楼梯及金属压型板，应及时随框架吊装进展而进行安装。这样既可解决局部垂直通道和水平通道问题，又可起到安全隔离层的作用，给施工现场操作带来许多方便。

知识小贴士

超高层钢结构安全施工措施

钢结构高层和超高层建筑施工，安全问题十分突出，应该采取有力措施以保证安全施工。

(1)在柱、梁安装后未设置压型钢板的楼板，为便于人员行走和施工方便，需在钢梁上铺设适当数量的走道板。

(2)在钢结构吊装期间，为防止人员、物料和工具坠落或飞出造成安全事故，需铺设安全网。安全网分为平网和竖网两种(图 6-58)。

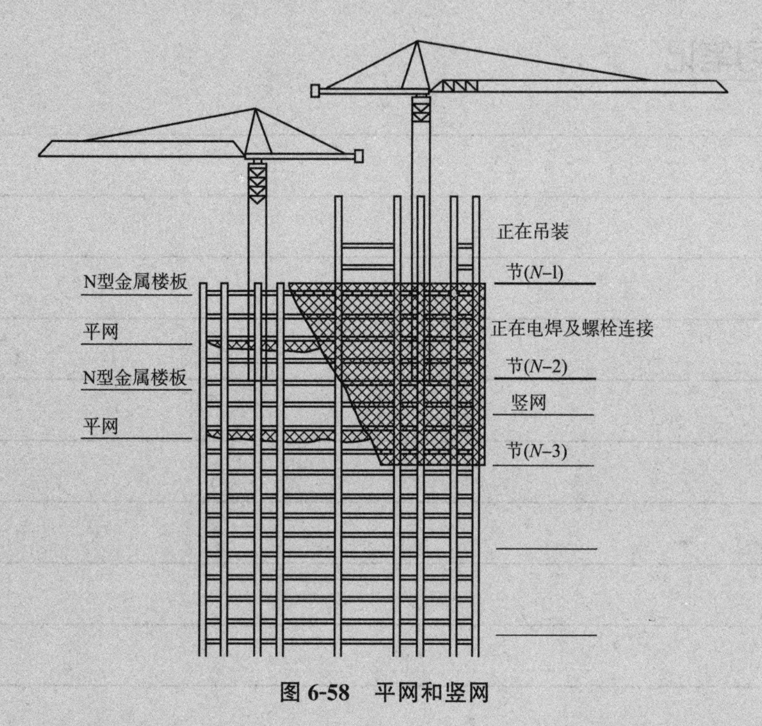

图 6-58 平网和竖网

1)平网设置在梁面以上 2 m 处，当楼层高度小于 4.5 m 时，平网可隔层设置。平网要在建筑平面范围内满铺。

2)竖网铺设在建筑物外围，防止人、物飞出造成安全事故。竖网铺设的高度一般为两节柱的高度。

(3)为便于接柱施工，并保证操作工人的安全，在接柱处要设操作平台，平台固定在下节柱的顶部。

(4)钢结构施工需要许多设备，如电焊机、空气压缩机、氧气瓶、乙炔瓶等，这些设备需随着结构安装而逐渐升高。为此，需在刚安装的钢梁上设置存放施工设备用的平台。固定平台钢梁的临时螺栓数要根据施工荷载计算确定，不能只投入少量的临时螺栓。

(5)为便于施工登高，吊装钢柱前要先将登高钢梯固定在钢柱上。为便于对柱梁节点进行紧固高强度螺栓和焊接的操作，需在柱梁节点下方安装吊篮脚手架。

(6)施工用的电动机械和设备均需接地，绝对不允许使用破损的电线和电缆，严防设备漏电。施工用电设备和机械的电缆，需集中在一起，并随楼层的施工而逐节升高。每层楼面须分别设置配电箱，供每层楼面施工用电需要。

(7)高空施工时，当风速达 10 m/s 时，有些吊装工作要停止；当风速达到 15 m/s 时，一般应停止所有的施工工作。

(8)施工期间应该注意防火，配备必要的灭火设备和消防人员。

学习笔记

单元四 高层建筑钢管混凝土结构施工

钢管混凝土是把混凝土灌入钢管中并捣实以加大钢管的强度和刚度。一般混凝土强度等级在C50以下的钢管混凝土称为普通钢管混凝土；混凝土强度等级在C50以上的钢管混凝土称为钢管高强度混凝土；混凝土强度等级在C100以上的钢管混凝土称为钢管超高强度混凝土。

一、钢管混凝土结构特点

众所周知，混凝土的抗压强度高，但抗弯能力很弱，而钢材，特别是型钢的抗弯能力强，具有良好的弹塑性，但在受压时容易失稳而丧失轴向抗压能力。而钢管混凝土在结构上能够将二者的优点结合在一起，可使混凝土处于侧向受压状态，其抗压强度可成倍提高。同时由于混凝土的存在，提高了钢管的刚度，两者共同发挥作用，从而大大地提高了承载能力。钢管混凝土作为一种新兴的组合结构，主要以轴心受压和作用力偏心较小的受压构件为主，被广泛使用于框架结构中(如厂房和高层)。钢管混凝土结构的迅速发展是由于它具有良好的受力性能和施工性能，具体表现为以下几个方面。

1. 承载力高且延性好、抗震性能优越

在钢管混凝土柱中，钢管对其内部混凝土的约束作用使混凝土处于三向受压状态，提高了混凝土的抗压强度；钢管内部的混凝土又可以有效地防止钢管发生局部屈曲。研究表明，钢管混凝土柱的承载力高于相应的钢管柱承载力和混凝土柱承载力之和。钢管和混凝土之间的相互作用使钢管内部混凝土的破坏由脆性破坏转变为塑性破坏，构件的延性性能明显改善，耗能能力大大提高，具有优越的抗震性能。

塑性是指在静载作用下的塑性变形能力。钢管混凝土短柱轴心受压试验表明，试件压缩到原长的2/3，纵向应变达30%以上时，试件仍有承载力。剥去钢管后，内部混凝土虽已有很大的鼓凸褶皱，但仍保持完整，并未松散，且仍有约5%的承载力，用锤敲击后才粉碎脱落。抗震性能是指在动荷载或地震作用下，具有良好的延性和吸能性。在这方面，钢管混凝土构件要比钢筋混凝土构件强得多。在压弯反复荷载作用下，弯矩曲率滞回曲线表明，结构的吸能性能特别好，无刚度退化，且无下降段，和不丧失局部稳定性的钢柱相同，但在一些建筑中，钢柱常常要采用很厚的钢板以确保局部稳定性。但还常发生塑性弯曲后丧失局部稳定。因此，钢管混凝土柱的抗震性能也优于钢柱。

2. 施工方便使工期大大缩短

钢管混凝土结构施工时，钢管可以作为劲性骨架承担施工阶段的施工荷载和结构质量，施工不受混凝土养护时间的影响；由于钢管混凝土内部没有钢筋，便于混凝土的浇筑和捣实；钢管混凝土结构施工时，不需要模板，既节省了支模、拆模的材料和人工费用，也节省了时间。

3. 有利于钢管的抗火和防火

由于钢管内填有混凝土，能吸收大量的热能，因此遭受火灾时管柱截面温度场的分布很不均匀，增加了柱子的耐火时间，减慢钢柱的升温速度，并且一旦钢柱屈服，混凝土可以承受大部分的轴向荷载，防止结构倒塌。组合梁的耐火能力也会提高，因为钢梁的温度会从顶部翼缘把热量传递给混凝土而降低。经实验统计数据表明：达到一级耐火 3 小时要求，和钢柱相比可节约防火涂料 1/3～2/3，甚至更多，随着钢管直径增大，节约涂料也越多。

4. 耐腐蚀性能优于钢结构

钢管中浇筑混凝土使钢管的外露面积减少，受外界气体腐蚀面积比钢结构少得多，抗腐和防腐所需费用也比钢结构节省。钢管混凝土构件的截面形式对钢管混凝土结构的受力性能、施工难易程度、施工工期和工程造价都有很大的影响。圆钢管混凝土受压构件借助于圆钢管对其内部混凝土有效的约束作用，使钢管内部的混凝土处于三向受压状态，使混凝土具有更高的抗压强度。但是圆钢管混凝土结构的施工难度大，施工成本较高。相比之下，方钢管混凝土结构的施工较为方便，但钢管混凝土受到的约束作用较小，结构的承载力较低。

二、钢管混凝土结构材料要求

1. 钢材

钢材的选用及其强度设计值、弹性模量和剪变模量应符合现行国家标准《钢结构设计标准》(GB 50017—2017)的有关规定。承重结构的圆钢管可采用焊接圆钢管、热轧无缝钢管，不宜选用输送流体用的螺旋焊管。矩形钢管可采用焊接钢管，也可采用冷成型矩形钢管。当采用冷成型矩形钢管时，应符合现行行业标准《建筑结构用冷弯矩形钢管》(JG/T 178—2005)中Ⅰ级产品的规定。直接承受动荷载或低温环境下的外露结构，不宜采用冷弯矩形钢管。多边形钢管可采用焊接钢管，也可采用冷成型多边形钢管。

抗震设计时，钢管混凝土结构的钢材应符合下列规定：

(1)钢材的屈服强度实测值与抗拉强度实测值的比值不应大于 0.85；

(2)钢材应有明显的屈服台阶，且伸长率不应小于 20%；

(3)钢材应有良好的可焊性和合格的冲击韧性。

2. 混凝土

(1)钢管内的混凝土强度等级不应低于 C30。混凝土的抗压强度和弹性模量应按现行国家标准《混凝土结构设计规范(2015 年版)》(GB 50010—2010)执行；当采用 C80 以上高强度混凝土时，应有可靠的依据。

(2)实心钢管混凝土构件中可采用海砂混凝土。海砂混凝土的配合比设计、施工和质量检验和验收应符合现行行业标准《海砂混凝土应用技术规范》(JGJ 206—2010)的规定。

(3)钢管混凝土构件中可采用再生集料混凝土。再生集料混凝土的配合比设计、施工、质量检验和验收应符合现行行业标准《再生集料应用技术规程》(JGJ/T 240—2011)的规定。

(4)钢管混凝土构件中可采用自密实混凝土。自密实混凝土的配合比设计、施工、质量检验和验收应符合现行行业标准《自密实混凝土应用技术规程》(JGJ/T 283—2012)的规定。

3. 连接材料

(1)用于钢管混凝土构件的焊接材料应符合下列规定：

1)手工焊接用的焊条应符合现行国家标准《非合金钢及细晶粒钢焊条》(GB/T 5117—2012)和《热强钢焊条》(GB/T 5118—2012)的规定。选择的焊条型号应与被焊钢材的力学性能相适应。

2)自动或半自动焊接用的焊丝和焊剂应与被焊钢材相适应，并应符合国家现行有关标准的规定。

3)二氧化碳气体保护焊接用的焊丝应符合现行国家标准《熔化极气体保护电弧焊用非全钢及细晶粒钢实心焊丝》(GB/T 8110—2020)的规定。

4)当两种级别的钢材相焊接时，可采用与强度较低的钢材相适应的焊接材料。

(2)焊缝的强度设计值应按现行国家标准《钢结构设计标准》(GB 50017—2017)执行。

(3)当采用螺栓等紧固件连接钢管混凝土构件时，连接紧固件应符合下列规定：

1)普通螺栓应符合现行国家标准《六角头螺栓 C级》(GB/T 5780—2016)和《六角头螺栓》(GB/T 5782—2016)的规定。可采用4.6级和4.8级的C级螺栓。

2)高强度螺栓应符合现行国家标准《钢结构用高强度大六角头螺栓》(GB/T 1228—2006)、《钢结构用高强度大六角螺母》(GB/T 1229—2006)、《钢结构用高强度垫圈》(GB/T 1230—2006)、《钢结构用高强度大六角头螺栓、大六角螺母、垫圈技术条件》(GB/T 1231—2006)或《钢结构用扭剪型高强度螺栓连接副》(GB/T 3632—2008)的规定。当螺栓需热镀锌防腐时，宜采用6.8级和8.8级C级螺栓。

3)普通螺栓连接和高强度螺栓连接的设计应按现行国家标准《钢结构设计标准》(GB 50017—2017)执行。

4)栓钉应符合现行国家标准《电弧螺柱焊用圆柱头焊钉》(GB/T 10433—2002)的规定。

三、钢管混凝土结构施工要求

1. 钢管制作

(1)钢管的制作、钢管焊缝的施工与检验应按设计文件的规定，并应符合现行国家标准《钢结构工程施工规范》(GB 50755—2012)和《钢结构焊接规范》(GB 50661—2011)的相关规定。

(2)钢管的制作应根据设计文件绘制钢结构施工详图，并应按设计文件和施工详图的规定编制制作工艺文件，根据制作厂的生产条件和现场施工条件、运输要求、吊装能力和安装条件，确定钢管的分段或拼焊。

知识拓展：钢一混凝土组合结构施工

(3)钢管段制作的容许偏差应符合表6-6的规定。

表6-6 钢管段制作的容许偏差

项目	容许偏差/mm	
	空心钢管	实心钢管
端头直径D的偏差	$\pm1.5D/1\,000$且 ±5	$\pm1.2D/1\,000$且 ±3

续表

项目	容许偏差/mm	
	空心钢管	实心钢管
弯曲矢高（L 为构件长度）	L/1 500 且 ≤5	L/1 200 且 ≤8
长度偏差	−5，2	±3
端面倾斜	≤2(D<ϕ600) ≤3(D≥ϕ600)	D/1 000 且 ≤1
钢管扭曲	3°	1°
椭圆度	3D/1 000	
注：对接焊接连接时，D 为管端头的直径；法兰连接时，D 为连接孔中心的圆周直径。		

(4)钢管下料应根据工艺要求预留制作时的焊接收缩量和切割、端铣等的加工余量。

(5)对于大直径钢管，当采用直缝焊接钢管时，等径钢管相邻纵缝间距不宜少于 300 mm，纵向焊缝沿圆周方向的数量不宜超过 2 道。相邻两节管段对接时，纵向焊缝应互相错开，间距不宜小于 300 mm。

(6)钢管的接长应采用对接熔透焊缝，焊缝质量等级加工厂制作应为一级；现场焊接不得低于二级。每个制作单元接头不宜超出一个，当钢管采用卷制方式加工成型时，可允许适当增加接头。钢管的接长最短拼接长度应符合现行国家标准《钢结构工程施工规范》(GB 50755—2012)的规定。

(7)钢管构件制作完成后，应按设计文件和现行国家标准《钢结构工程施工质量验收标准》(GB 50205—2020)的规定进行验收。

2. 钢管的除锈、防腐涂装

(1)钢管构件应根据设计文件要求选择除锈、防腐涂装工艺。当设计未提出具体内外表面处理方法时，内表面处理应无可见油污、无附着不牢的氧化皮、铁锈或污染物；外表面可根据涂料的除锈匹配要求，采用适当处理方法，涂装材料附着力应达到相关规定。

(2)钢管构件防腐涂装可采用热镀锌、喷涂锌、喷刷涂料等方式。热镀锌、喷涂锌工艺顺序应安排在管内浇筑混凝土之前。

(3)热镀锌涂装工艺应符合现行国家标准《金属覆盖层 钢铁制件热浸镀锌层 技术要求及试验方法》(GB/T 13912—2020)的规定。

(4)喷涂锌防腐涂装可采用电弧喷锌或热喷锌等方式，应符合现行国家标准《热喷涂 金属和其他无机覆盖层 锌、铝及其合金》(GB/T 9793—2012)、《热喷涂 热喷涂结构的质量要求》(GB/T 19352—2003)的规定。

(5)涂料防腐涂装应符合现行国家标准《钢结构工程施工规范》(GB 50755—2012)的规定。当设计文件无涂层厚度具体要求时，涂层干漆膜总厚度室外构件可为 150 μm，室内构件可为 125 μm。

3. 实心钢管混凝土浇筑与安装施工

(1)钢管内的混凝土浇筑工作，应符合现行国家标准《混凝土结构工程施工规范》(GB 50666—2011)的规定。管内混凝土可采用从管顶向下浇筑、从管底泵送顶升浇筑法或立式手工浇筑法。

(2)钢管混凝土结构浇筑应符合下列规定：

1)宜采用自密实混凝土浇筑。

2)混凝土应采取减少收缩的技术措施。

3)钢管截面较小时，应在钢管壁适当位置留有足够的排气孔，排气孔孔径不应小于20 mm；浇筑混凝土应加强排气孔观察，并应确认浆体流出和浇筑密实后再封堵排气孔。

4)当采用粗集料粒径不大于25 mm的高流态混凝土或粗集料粒径不大于20 mm的自密实混凝土时，混凝土最大倾落高度不宜大于9 m；当倾落高度大于9 m时，宜采用串筒、溜槽或溜管等辅助装置进行浇筑。

5)混凝土从管顶向下浇筑时应符合下列规定：

①浇筑应有足够的下料空间，并应使混凝土充满整个钢管；

②输送管端内径或斗容器下料口内径应小于钢管内径，且每边应留有不小于100 mm的间隙；

③应控制浇筑速度和单次下料量，并应分层浇筑至设计标高；

④混凝土浇筑完毕后应对管口进行临时封闭。

6)混凝土从管底顶升浇筑时应符合下列规定：

①应在钢管底部设置进料输送管，进料输送管应设止流阀门，止流阀门可在顶升浇筑的混凝土达到终凝后拆除；

②应合理选择混凝土顶升浇筑设备；应配备上下方通信联络工具，并应采取可有效控制混凝土顶升或停止的措施；

③应控制混凝土顶升速度，并应均衡浇筑至设计标高。

7)立式手工浇筑法应符合下列规定：

①当钢管直径大于350 mm时，可采用内部振动器(振捣棒或锅底形振动器等)，每次振捣时间宜在15～30 s，一次浇筑高度不宜大于2 m；当钢管直径小于350 mm时，可采用附着在钢管上的外部振动器进行振捣，外部振动器的位置应随混凝土的浇筑进展调整振捣；

②一次浇筑的高度不宜大于振动器的有效工作范围，且不宜大于2 m。

(3)自密实混凝土浇筑应符合下列规定：

1)应根据结构部位、结构形状、结构配筋等确定合适的浇筑方案；

2)自密实混凝土粗集料最大粒径不宜大于20 mm；

3)浇筑应能使混凝土充填到钢筋、预埋件、预埋钢构周边及模板内各部位；

4)自密实混凝土浇筑布料点应结合拌合物特性选择适宜的间距，必要时可通过试验确定混凝土布料点下料间距。

(4)当混凝土浇筑到钢管顶端时，可按下列施工方法选择其中一种方式：

1)使混凝土稍微溢出后，再将留有排气孔的层间横隔板或封顶板紧压到管端，随即进行点焊；待混凝土达到设计强度的50%后，再将横隔板或封顶板按设计要求补焊完成；

2)将混凝土浇灌到稍低于管口位置，待混凝土达到设计强度的50%后，再用相同等级的水泥砂浆补填至管口，并按上述方法将横隔板或封顶板一次封焊到位。

(5)管内混凝土的浇筑质量，可采用敲击钢管的方法进行初步检查，当有异常，可采用超声波进行检测。对浇筑不密实的部位，可采用钻孔压浆法进行补强，然后将钻孔进行补焊封固。

(6)当采用海砂配制混凝土用于实心钢管混凝土且全封闭时，其氯离子的含量可不经处理或不需达到重量比的要求。当采用再生集料配制混凝土时，应采取措施减少混凝土的收缩量。海砂、再生、自密实混凝土的施工要求，尚应符合现行行业标准《海砂混凝土应用技术规范》(JGJ 206—2010)、《再生骨料应用技术规程》(JGJ/T 240—2011)和《自密实混凝土应用技术规程》(JGJ/T 283—2012)的规定。

4. 空心钢管混凝土构件制作

(1)钢管混凝土结构中，混凝土严禁使用含氯化物类的外加剂。

(2)混凝土的离心法成型工艺应符合现行国家标准《环形混凝土电杆》(GB/T 4623—2014)的规定。离心混凝土构件制作应采用钢模离心工艺。

(3)构件经离心成型后，宜静停1 h后进行蒸汽养护，养护升温、恒温和降温过程程序应合理安排。养护前应清除残留在管段外壁及端部的混凝土残留物。构件经养护后，其同条件养护混凝土立方体抗压强度不应低于混凝土设计强度等级值的70%。产品出厂时，同条件养护混凝土立方体抗压强度不应低于混凝土设计强度等级值。

(4)钢管混凝土管段经离心成型后，其内表面混凝土不得有塌落，钢管内混凝土管壁厚度允许偏差为(+8 mm，−5 mm)。养护完成后，混凝土不应有裂缝。

(5)混凝土的强度等级应符合设计规定，混凝土的强度检验评定应按现行国家标准《混凝土强度检验评定标准》(GB/T 50107—2010)执行。用于检查混凝土强度的试件应随机抽取，试件的制作宜采用与生产过程相同的工艺方法，取样数量应符合下列规定：

1)同批构件拌制同一配合比的混凝土时，每工班取样不得少于一次。

2)同批构件拌制同一配合比的混凝土时，每拌制100盘且不超过100 m^3，取样不少于一次。

3)每次取样应至少留一组标准养护试件，同条件养护试件应按实际需要确定。

(6)构件制作完成后，应按设计文件相关规定进行检验。构件的外观不得有严重缺陷和影响结构性能、安装、使用功能的尺寸偏差。对检验不合格的构件，应按技术处理方案进行处理，并重新进行检查验收。

(7)构件应在明显部位标明生产单位、构件型号、生产日期和质量验收标志。

(8)构件的堆放可由施工单位设计支点，复杂与重要构件需经设计单位确认。一般构件宜采用两支点堆放，支点位置为离杆端0.2倍构件长度处，长构件在场地条件较好时可采用三支点堆放。堆放场地应平整、坚实和排水良好，垫木支垫平稳、位置准确、保持在同一平面内，构件应按规格类别分开堆放，堆放构件层数一般不宜超过4层。

5. 钢管混凝土结构的施工

(1)钢管混凝土结构的施工单位应编制施工方案等技术文件。

(2)构件吊装作业时，全过程应平稳进行，不得碰撞、歪扭、快起和急停。应控制吊装时的构件变形，吊点位置应根据构件本身的承载力与稳定性经验算后确定，在构件吊装就位后宜同步进行校正，应采取临时加固措施。

(3)钢管柱安装允许偏差应符合表6-7的规定。

表6-7　钢管柱安装允许偏差

项次	项目	容许偏差
1	立柱中心线与基础中心线	±5 mm
2	立柱顶面标高和设计标高	±10 mm，中间层±20 mm
3	立柱顶面平整度	5 mm
4	立柱垂直度	长度的1/1 000，最大不大于15 mm
5	各柱之间的距离	间距的±1/1 000
6	各立柱上下两平面相应的对角线差	长度的1/1 000，最大不大于20 mm

学习笔记

模块小结

现浇钢筋混凝土结构高层建筑主体施工要解决好模板、钢筋、混凝土三个方面的工程技术问题。本模块主要介绍高层建筑现浇混凝土结构施工、高层建筑预制装配结构施工、超高层钢结构建筑施工、高层建筑钢结构与钢-混凝土组合结构施工。

复习与提高

一、单项选择题

1. (　　)是按每面墙的大小，将面板、骨架、支撑系统和操作平台组拼焊成整体。

A. 整体式大模板　B. 组合式大模板　C. 拼装式大模板　D. 筒形大模板

2. 爬升模板是(　　)。

A. 连续爬升　B. 分段爬升　C. 分层爬升　D. 从一楼爬升

3. 混凝土搅拌时高效减水剂的投放时间应采取后掺法，宜在其他材料充分拌合后，即混凝土搅拌(　　)min 后掺入。

A. 1～2　B. 2～3　C. 3～4　D. 4～5

4. 下列关于螺纹套管连接技术特点说法不正确的是(　　)。

A. 对中性好　B. 自锁性差　C. 全天候施工　D. 使用各种钢筋

5. 现浇高层混凝土结构施工中，大直径竖向钢筋的连接一般采用(　　)。

A. 电弧焊接、电渣压力焊、气压焊

B. 电渣压力焊、气压焊、机械连接技术

C. 电弧弧焊、电渣压力焊、机械连接技术

D. 电弧弧焊、气压焊、机械连接技术

二、多项选择题

1. 组合式钢模板的支设方法有(　　)。

A. 单块就位组拼　B. 预组拼　C. 分片组拼　D. 整体组拼

2. 拆模的原则是(　　)。

A. 先支后拆　B. 后支先拆

C. 先拆非承重部位　D. 后拆承重部位

3. 大模板的构造有(　　)。

A. 平模　B. 小角模　C. 大角模　D. 筒子模

4. 高层预制盒子是(　　)。

A. 以整个房间作为一个构件　B. 在工地现场预制

C. 装配化程度最高　D. 施工最快

5. 高层预制的盒子结构体系有(　　)。

A. 全盒子体系　　B. 半盒子体系　　C. 板材盒子体系　　D. 骨架盒子体系

6. 组合钢模板又称组合式定型小钢模，其部件主要由(　　)三大部分组成。

A. 钢模板　　B. 连接件　　C. 支承件　　D. 扣件

7. 大模板的堆放说法正确的是(　　)。

A. 大模板现场堆放区应在起重机的有效工作范围之内，堆放场地必须坚实平整

B. 大模板堆放时，有支撑架的大模板必须满足自稳角要求；当不能满足要求时，必须另外采取措施，确保模板放置的稳定

C. 没有支撑架的大模板应存放在专用的插放支架上，倚靠在其他物体上，防止模板下脚滑移倾倒

D. 大模板在地面堆放时，应采取两块大模板板面对板面相对放置的方法，且应在模板中间留置不小于 600 mm 的操作间距；当长时期堆放时，应用相应的吊具将模板连接成整体

8. 模板正常滑升阶段说法正确的是(　　)。

A. 在正常滑升过程中，两次提升的时间间隔不应超过 3.0 h

B. 提升过程中，应使所有的千斤顶充分地进油、排油。提升过程中，如出现油压增至正常滑升工作压力值的 1.2 倍，尚不能使全部千斤顶升起时，应停止提升操作，立即检查原因，及时进行处理

C. 在正常滑升过程中，操作平台应保持基本水平。每滑升 200～400 mm，应对各千斤顶进行一次调平(如采用限位调平卡等)，特殊结构或特殊部位应按施工组织设计的相应要求实施

D. 在滑升过程中，应检查和记录结构垂直度、水平度、扭转及结构截面尺寸等偏差数值

三、简答题

1. 什么是大模板？大模板主要由哪些组成？
2. 大模板安装应符合哪些规定？
3. 滑升模板装置主要由哪些组成？
4. 简述采用滑模施工时楼板的施工工艺。
5. 简述电渣压力焊接工艺过程。
6. 常见的钢筋机械连接形式有哪些？
7. 装配整体式框架结构施工方法有哪些？
8. 简述超高层钢结构建筑的结构体系。
9. 简述超高层钢结构的加工制作。

模块七　高层建筑防水工程施工

知识目标

1. 了解地下卷材防水层施工、混凝土结构自防水施工、防水砂浆防水施工、涂膜防水施工材料要求，掌握地下卷材防水层施工、混凝土结构自防水施工、防水砂浆防水施工、涂膜防水施工材料施工工艺要点。

2. 掌握构造防水施工的防水构造、材料防水施工材料种类及性能；掌握构造防水施工方法、材料防水施工方法；熟悉厕浴间防水施工，阳台、雨罩板部位防水施工，屋面女儿墙防水施工。

3. 掌握卷材防水屋面、涂膜防水屋面、刚性防水屋面施工工艺，熟悉特殊建筑部位防水施工。

能力目标

1. 能进行地下室工程防水施工。

2. 能进行外墙及厕浴间防水施工。

3. 能进行屋面防水施工、特殊建筑部位防水施工。

素质目标

1. 积极参与实践工作，独立制订学习计划，并按计划实施学习和撰写学习体会。

2. 聆听指令，倾听他人讲话，倾听不同的观点。

3. 具有吃苦耐劳、爱岗敬业的职业精神。

模块导学

一、核心知识点及概念

高层建筑防水工程有不同的分类方法，按其构造做法，可分为结构构件自身防水和采用不同材料的防水层防水；按材料的不同，可分为刚性防水和柔性防水；按建筑工程不同的部位，又可分为地下防水、屋面防水、室内防水等。

各种房屋的地下室及不允许进水的地下构筑物，其墙与底面长期处于潮湿的土中或浸在地下水中。为此，必须做防潮或防水处理。防潮处理比较简单，防水处理则比较复杂。在高层建筑或超高层建筑工程中，由于深基础的设置或建筑功能的需要，一般均设有一层或数层地下室，对其防水功能的要求则更高。

外墙防水主要是预制外墙板及有关部位的接缝防水施工。在高层框架结构、大模板“内浇外挂”结构和装配式大板结构工程中，其外墙一般多采用预制外墙板。对预制外墙板和有关部位(如阳台、雨罩、挑檐等)的接缝防水问题，以往多采用构造防水。近年来，随着建材工业的发展，防水工程已开始采用材料防水，以及构造和材料两者兼用的综合防水。

屋面防水工程作为屋面工程中最重要的一个分项工程，其施工质量的优劣，不仅关系到建筑物的使用寿命，而且直接影响到生产活动和人民生活的正常进行。屋面工程防水设计遵循“合力设防、防排结合、因地制宜、综合治理”的原则，确定房屋防水等级和设防要求，根据设防等级和要求，综合考虑其主要物理性能是否满足工程需要来选用防水材料。

二、训练准备

地下防水工程施工前，应进行图纸会审，掌握工程主体及细部构造的防水技术要求。地下防水工程必须由相应资质的专业防水队伍进行施工；主要施工人员应持有住房城乡建设主管部门或其指定单位颁发的职业资格证书。地下防水工程所使用的防水材料，应有产品的合格证书和性能检测报告，材料的品种、规格、性能等应符合线性国家产品标准和设计要求。

编制先进、合理的施工方案，做好方案交底工作，落实施工所用机械、工具、设备。施工现场消防、环保、文明工地等准备工作已完成，临时用水、用电到位，做好基坑的降水、排水工程。基坑上部采取措施，防止地面水流入基坑内。

单元一 地下室工程防水施工

一、地下卷材防水层施工

1. 材料

在高层建筑的地下室及人防工程中，采用合成高分子卷材作全外包防水，能较好地适应钢筋混凝土结构沉降、开裂、变形的要求，并具有抵抗地下水化学侵蚀的能力，防水卷材的品种规格和层数，应根据地下工程防水等级、地下水水位高低及水压力作用状况、结构构造形式和施工工艺等因素确定。卷材防水层的卷材品种可按表 7-1 选用，卷材防水层的厚度应符合表 7-2 的规定，高聚物改性沥青类防水卷材的主要物理性能应符合表 7-3 的要求，合成高分子类防水卷材的主要物理性能应符合表 7-4 的要求。

表 7-1　卷材防水层的卷材品种

类别	品种名称
高聚物改性沥青类防水卷材	弹性体改性沥青防水卷材
	改性沥青聚乙烯胎防水卷材
	自粘聚合物改性沥青防水卷材
合成高分子类防水卷材	三元乙丙橡胶防水卷材
	聚氯乙烯防水卷材
	聚乙烯丙纶复合防水卷材
	高分子自粘胶膜防水卷材

表 7-2　不同品种卷材的厚度要求

卷材品种	高聚物改性沥青类防水卷材			合成高分子类防水卷材			
	弹性体改性沥青防水卷材、改性沥青聚乙烯胎防水卷材	自粘聚合物改性沥青防水卷材		三元乙丙橡胶防水卷材	聚氯乙烯防水卷材	聚乙烯丙纶复合防水卷材	高分子自粘胶膜防水卷材
		聚酯毡胎体	无胎体				
单层厚度/mm	≥4	≥3	≥1.5	≥1.5	≥1.5	卷材：≥0.9 粘结料：≥1.3 芯材厚度：≥0.6	≥1.2
双层总厚度/mm	≥(4+3)	≥(3+3)	≥(1.5+1.5)	≥(1.2+1.2)	≥(1.2+1.2)	卷材：≥(0.7+0.7) 粘结料：≥(1.3+1.3) 芯材厚度：≥0.5	—

表 7-3　高聚物改性沥青类防水卷材的主要物理性能

<table>
<tr><td colspan="2" rowspan="3">项目</td><td colspan="5">性能要求</td></tr>
<tr><td colspan="3">弹性体改性沥青防水卷材</td><td colspan="2">自粘聚合物改性沥青防水卷材</td></tr>
<tr><td>聚酯毡胎体</td><td>玻纤毡胎体</td><td>聚乙烯膜胎体</td><td>聚酯毡胎体</td><td>无胎体</td></tr>
<tr><td colspan="2">可溶物含量/(g·m⁻²)</td><td colspan="3">3 mm厚≥2 100
4 mm厚≥2 900</td><td>3 mm厚≥2 100</td><td>—</td></tr>
<tr><td rowspan="2">拉伸性能</td><td>拉力/[N·(50 mm)⁻¹]</td><td>≥800
(纵横向)</td><td>≥500
(纵横向)</td><td>≥140(纵向)
≥120(横向)</td><td>≥450
(纵横向)</td><td>≥180
(纵横向)</td></tr>
<tr><td>延伸率/%</td><td>最大拉力时≥40
(纵横向)</td><td>—</td><td>断裂时≥250
(纵横向)</td><td>最大拉力时≥30
(纵横向)</td><td>断裂时≥200
(纵横向)</td></tr>
<tr><td colspan="2">低温柔度/℃</td><td colspan="5">−25，无裂纹</td></tr>
<tr><td colspan="2">热老化后低温柔度/℃</td><td colspan="3">−20，无裂纹</td><td colspan="2">−22，无裂纹</td></tr>
<tr><td colspan="2">不透水性</td><td colspan="5">压力 0.3 MPa，保持时间 120 min，不透水</td></tr>
</table>

表 7-4　合成高分子类防水卷材的主要物理性能

<table>
<tr><td rowspan="2">项目</td><td colspan="4">性能要求</td></tr>
<tr><td>三元乙丙橡胶防水卷材</td><td>聚氯乙烯防水卷材</td><td>聚乙烯丙纶复合防水卷材</td><td>高分子自粘胶膜防水卷材</td></tr>
<tr><td>断裂拉伸强度</td><td>≥7.5 MPa</td><td>≥12 MPa</td><td>≥60 N/10 mm</td><td>≥100 N/10 mm</td></tr>
<tr><td>断裂伸长率</td><td>≥450%</td><td>≥250%</td><td>≥300%</td><td>≥400%</td></tr>
<tr><td>低温弯折性</td><td>−40 ℃，无裂纹</td><td>−20 ℃，无裂纹</td><td>−20 ℃，无裂纹</td><td>−20 ℃，无裂纹</td></tr>
<tr><td>不透水性</td><td colspan="4">压力 0.3 MPa，保持时间 120 min，不透水</td></tr>
<tr><td>撕裂强度</td><td>≥25 kN/m</td><td>≥40 kN/m</td><td>≥20 N/10 mm</td><td>≥120 N/10 mm</td></tr>
<tr><td>复合强度(表层与芯层)</td><td>—</td><td>—</td><td>≥1.2 N/mm</td><td>—</td></tr>
</table>

2. 施工工艺

(1)高层建筑采用箱形基础时，地下室一般多采用整体全外包防水做法。

1)外贴法。外贴法是将立面卷材防水层直接粘贴在需要防水的钢筋混凝土结构外表面。采用外防外贴法铺贴卷材防水层时，应符合下列规定：

①应先铺平面，后铺立面，交接处应交叉搭接；

②临时性保护墙宜采用石灰砂浆砌筑，内表面宜做找平层；

③从底面折向立面的卷材与永久性保护墙的接触部位，应采用空铺法施工；卷材与临时性保护墙或围护结构模板的接触部位，应将卷材临时贴附在该墙上或模板上，并应将顶端临时固定；

④当不设保护墙时，从底面折向立面的卷材接槎部位应采取可靠的保护措施；

⑤混凝土结构完成，铺贴立面卷材时，应先将接槎部位的各层卷材揭开，并将其表面清理干净，如卷材有局部损伤，应及时进行修补；卷材接槎的搭接长度，高聚物改性沥青类卷材应

为 150 mm，合成高分子类卷材应为 100 mm；当使用两层卷材时，卷材应错槎接缝，上层卷材应盖过下层卷材。

卷材防水层甩槎、接槎构造如图 7-1 所示。

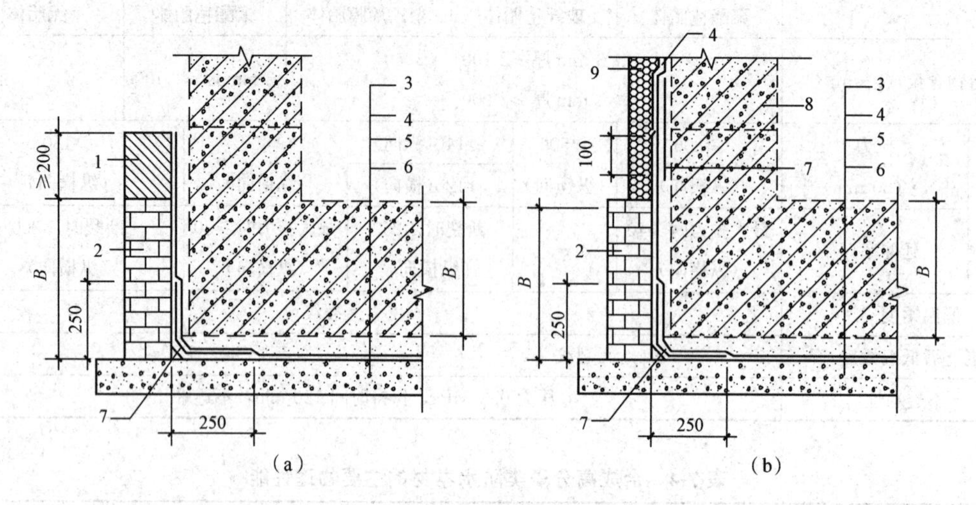

图 7-1　卷材防水层甩槎、接槎构造

(a)甩槎；(b)接槎

1—临时保护墙；2—永久保护墙；3—细石混凝土保护层；4—卷材防水层；5—水泥砂浆找平层；6—混凝土垫层；7—卷材加强层；8—结构墙体；9—卷材保护层

2)内贴法(图 7-2)。内贴法是在施工条件受到限制，外贴法施工难以实施时，不得不采用的一种防水施工法，它的防水效果不如外贴法。其做法是先做好混凝土垫层及找平层，在垫层混凝土边沿上砌筑永久性保护墙，并在平、立面上同时抹砂浆找平层后，刷基层处理剂，完成卷材防水层粘贴，然后在立面防水层上抹一层 15～20 mm 厚的 1∶3 水泥砂浆，平面防水层上铺设一层 30～50 mm 厚的 1∶3 水泥砂浆或细石混凝土，作为防水卷材的保护层。最后进行地下室底板和墙体钢筋混凝土结构的施工。

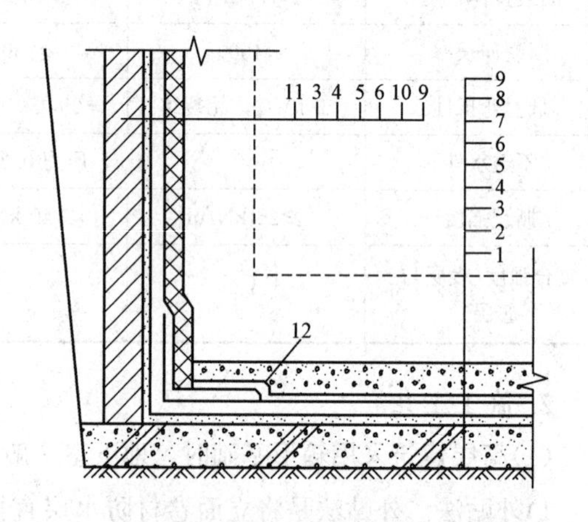

图 7-2　地下室工程内贴法卷材防水构造

1—素土夯实；2—素混凝土垫层；3—水泥砂浆找平层；4—基层处理剂；5—基层胶粘剂；6—卷材防水层；7—沥青油毡保护隔离层；8—细石混凝土保护层；9—地下室钢筋混凝土结构；10—5 mm 厚聚乙烯泡沫塑料保护层；11—永久性保护墙；12—填嵌密封膏

(2)卷材铺贴要求。地下防水层及结构施工时，地下水水位要设法降至底部最低标高下 300 mm，并防止地面水流入，否则应设法排除。卷材防水层施工时，气温不宜低于 5 ℃，最好在 10 ℃～25 ℃时进行。铺贴各类防水卷材应符合下列规定：

1)应铺设卷材加强层。

2)结构底板垫层混凝土部位的卷材可采用空铺法或点粘法施工，其粘结位置、点粘面积应按设计要求确定；侧墙采用外防外贴法的卷材及顶板部位的卷材应采用满粘法施工。

3)卷材与基面、卷材与卷材间的粘结应紧密、牢固；铺贴完成的卷材应平整顺直，搭接尺寸应准确，不得产生扭曲和皱褶。

4)卷材搭接处和接头部位应粘贴牢固，接缝口应封严或采用材性相容的密封材料封缝。

5)铺贴立面卷材防水层时，应采取防止卷材下滑的措施。

6)铺贴双层卷材时，上下两层和相邻两幅卷材的接缝应错开1/3～1/2幅宽，且两层卷材不得相互垂直铺贴。

3. 质量要求

(1)所选用的合成高分子防水卷材的各项技术性能指标，应符合标准规定或设计要求，并应有现场取样进行复核验证的质量检测报告或其他有关材料的质量证明文件。

(2)卷材的搭接缝宽度和附加补强胶条的宽度，均应符合设计要求。一般搭接缝宽度不宜小于100 mm，附加补强胶条的宽度不宜小于120 mm。

(3)卷材的搭接缝及与附加补强胶条的粘结必须牢固，封闭严密，不允许有皱褶、孔洞、翘边、脱层、滑移或存在渗漏水隐患的其他外观缺陷。

(4)卷材与穿墙管之间应粘结牢固，卷材的末端收头部位必须封闭严密。

二、混凝土结构自防水施工

混凝土结构自防水是以工程结构本身的密实性和抗裂性来实现防水功能的一种防水做法，它使结构承重和防水合为一体。它具有材料来源丰富、造价低廉、工序简单、施工方便等特点。防水混凝土是以自身壁厚及其憎水性和密实性来达到防水目的的。

1. 材料

(1)用于防水混凝土的水泥应符合下列规定：

1)水泥品种宜采用硅酸盐水泥、普通硅酸盐水泥，采用其他品种水泥时应经试验确定。

2)在受侵蚀性介质作用时，应按介质的性能选用相应的水泥品种。

3)不得使用过期或受潮结块的水泥，并不得将不同品种或强度等级的水泥混合使用。

(2)防水混凝土选用矿物掺合料时，应符合下列规定：

1)粉煤灰的品质应符合现行国家标准《用于水泥和混凝土中的粉煤灰》(GB/T 1596—2017)的有关规定，粉煤灰的级别不应低于Ⅱ级，烧失量不应大于5%，用量宜为胶凝材料总量的20%～30%，当水胶比小于0.45时，粉煤灰用量可适当提高。

2)硅粉的品质应符合表7-5的要求，用量宜为胶凝材料总量的2%～5%。

表7-5　硅粉品质要求

项目	指标
比表面积/($m^2 \cdot kg^{-1}$)	≥1 500
二氧化硅含量/%	≥85

3)粒化高炉渣粉的品质要求应符合现行国家标准《用于水泥、砂浆和混凝土中的粒化高炉矿渣粉》(GB/T 18046—2017)的有关规定。

4)使用复合掺合料时，其品种和用量应通过试验确定。

(3)用于防水混凝土的砂、石，应符合下列规定：

1)宜选用坚固耐久、料形良好的洁净石子；最大粒径不宜大于 40 mm，泵送时其最大粒径不应大于输送管径的 1/4；吸水率不应大于 1.5%；不得使用碱活性集料；石子的质量要求应符合现行行业标准《普通混凝土用砂、石质量及检验方法标准》(JGJ 52—2006)的有关规定。

2)砂宜选用坚硬、抗风化性强、洁净的中粗砂，不宜使用海砂；砂的质量要求应符合现行行业标准《普通混凝土用砂、石质量及检验方法标准》(JGJ 52—2006)的有关规定。

2. 施工要点及局部构造处理

(1)施工要点。防水混凝土施工除严格按现行《混凝土结构工程施工质量验收规范》(GB 50204—2015)的要求进行施工作业外，还应注意以下几项：

1)施工期间，应做好基坑的降、排水工作，使地下水水位低于施工底面 30 cm 以下，严防地下水或地表水流入基坑造成积水，影响混凝土的施工和正常硬化，导致防水混凝土强度及抗渗性能降低。在主体混凝土结构施工前，必须做好基础垫层混凝土，使其起到辅助防水的作用。

2)模板应表面平整，拼缝严密，吸水性小，结构坚固。浇筑混凝土前，应将模板内部清理干净。模板固定一般不宜采用螺栓拉杆或钢丝对穿，以免在混凝土内部造成引水通路。当固定模板必须采用螺栓穿过防水混凝土结构时，应采取有效的止水措施，如图 7-3～图 7-5 所示。

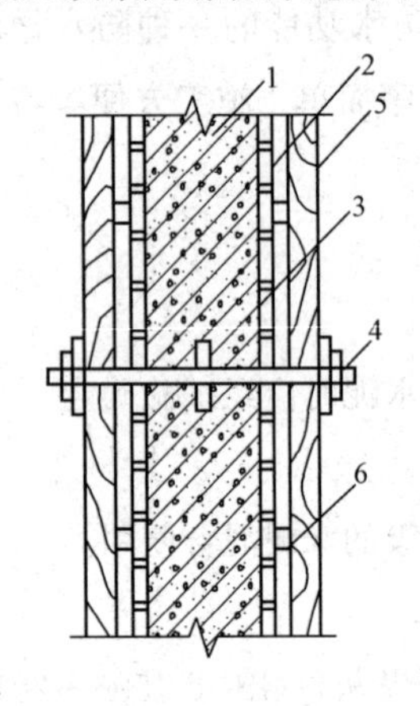

图 7-3　螺栓加止水环

1—防水结构；2—模板；3—止水环；4—螺栓；5—大龙骨；6—小龙骨

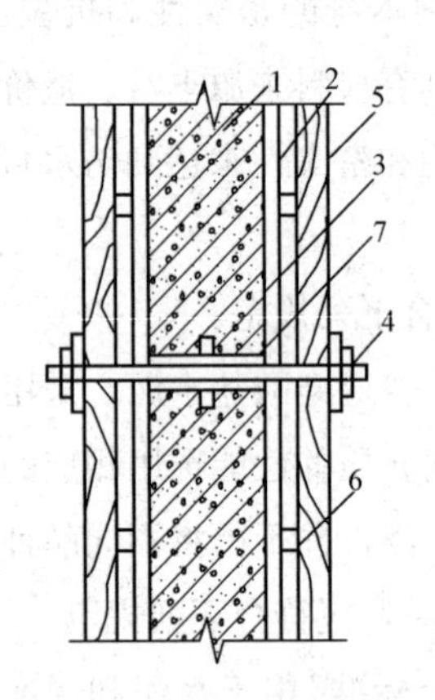

图 7-4　预埋套管加止水环

1—防水结构；2—模板；3—止水环；4—螺栓；5—大龙骨；6—小龙骨；7—预埋套管(拆模后将螺栓拔出，套管内用膨胀水泥砂浆封堵)

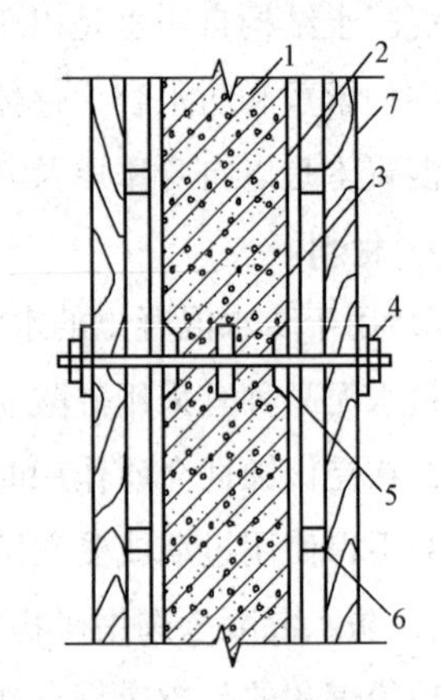

图 7-5　螺栓加堵头

1—防水结构；2—模板；3—止水环；4—螺栓；5—堵头(拆模后将螺栓沿平凹坑底割去，再用膨胀水泥砂浆封堵)；6—小龙骨；7—大龙骨

3)钢筋不得用钢丝或钢钉固定在模板上，必须采用与防水混凝土同强度等级的细石混凝土或砂浆块作垫块，并确保钢筋保护层的厚度不小于 30 mm，不允许出现负误差。如结构内部设置的钢筋的确用钢丝绑扎时，绑扎钢丝均不得接触模板。

4)防水混凝土的配合比应通过试验选定。选定配合比时，应按设计要求的抗渗等级提高 0.2 N/mm^2。

5)防水混凝土应连续浇筑，尽量不留或少留施工缝，一次性连续浇筑完成。对于大体积的防水混凝土工程，可采取分区浇筑、使用发热量低的水泥或掺外加剂(如粉煤灰)等相应措施。

地下室顶板、底板混凝土应连续浇筑，不应留置施工缝。墙一般只允许留置水平施工缝，其位置不应留在剪力与弯矩最大处或底板与侧壁交接处，一般宜留在高出底板上表面不小于 200 mm 的墙身上。当墙体设有孔洞时，施工缝距孔洞边缘不宜小于 300 mm。

如必须留垂直施工缝，应尽量与变形缝结合，按变形缝进行防水处理，并应避开地下水和裂隙水较集中的地段。在施工缝中推广应用遇水膨胀橡胶止水条代替传统的凸缝、阶梯缝或金属止水片进行处理(图 7-6)，其止水效果更佳。

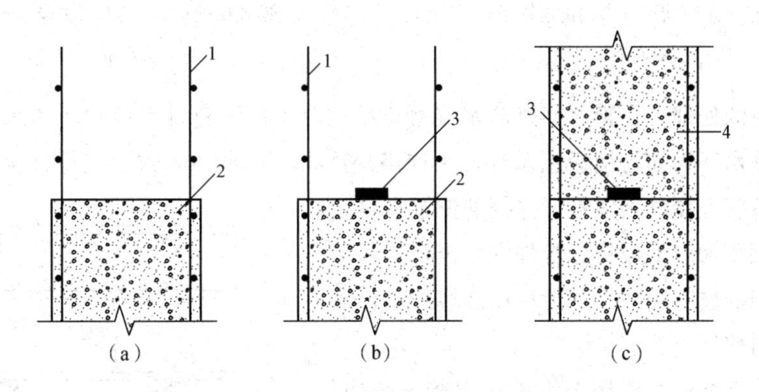

图 7-6　地下室防水混凝土施工缝的处理顺序

(a)上一工序浇筑的混凝土施工缝平面；(b)在施工缝平面处粘贴遇水膨胀橡胶止水条；

(c)施工缝处前后浇筑的混凝土

1—钢筋；2—已浇筑混凝土；3—膨胀橡胶止水条；4—后浇筑混凝土

6)防水混凝土不宜过早拆模，拆模时混凝土表面温度与周围气温之差不得超过 15 ℃～20 ℃，以防止混凝土表面出现裂缝。

7)防水混凝土浇筑后严禁打洞，所有预埋件、预留孔都应事先埋设准确。

8)防水混凝土工程的地下室结构部分，拆模后应及时回填土，以利于混凝土后期强度的增长，并获得预期的抗渗性能。

回填土前，也可在结构混凝土外侧铺贴一道柔性防水附加层或抹一道刚性防水砂浆附加防水层。当为柔性防水附加层时，防水层的外侧应粘贴一层 56 mm 厚的聚乙烯泡沫塑料片材(花贴固定即可)作软保护层，然后分步回填三七灰土，分步夯实。同时做好基坑周围的散水坡，以免地面水入侵。一般散水坡宽度大于 800 mm，横向坡度大于 5%。

(2)局部构造处理。防水混凝土结构内的预埋铁件、穿墙管道及结构的后浇缝部位均为防水薄弱环节，应采取有效的措施，仔细施工。

1)预埋铁件的防水做法。用加焊止水钢板(图 7-7)的方法或加套遇水膨胀橡胶止水环(图 7-8)的方法，既简便又可获得一定的防水效果。施工时，注意将铁件及止水钢板或遇水膨胀橡胶止水环周围的混凝土浇捣密实，保证质量。

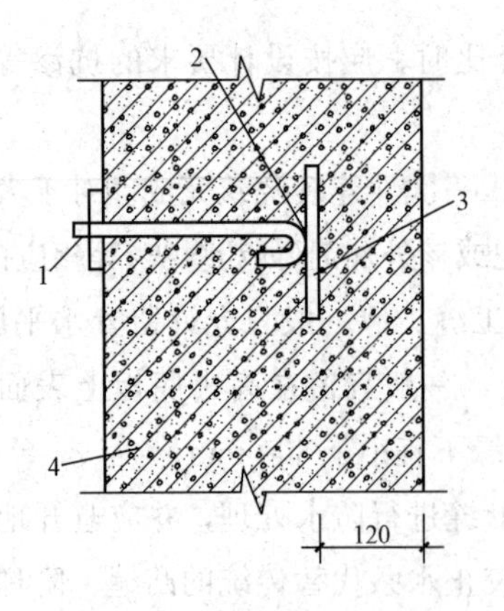

图 7-7 预埋件防水处理

1—预埋螺栓；2—焊缝；3—止水钢板；

4—防水混凝土

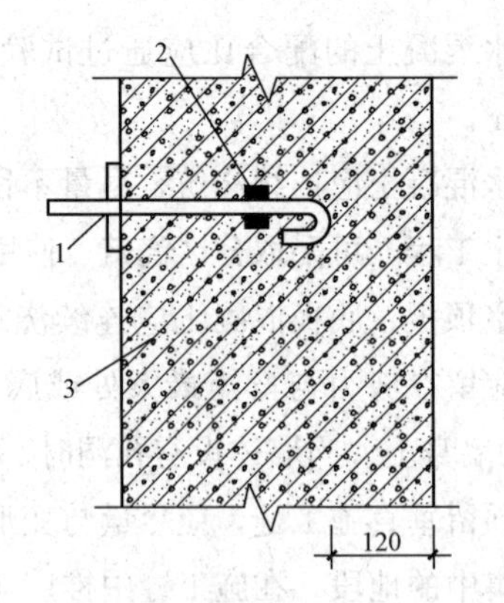

图 7-8 遇水膨胀橡胶止水环处理

1—预埋螺栓；2—遇水膨胀橡胶止水环；

3—防水混凝土

2)穿墙管道的处理。在管道穿过防水混凝土结构时，预埋套管上应加套遇水膨胀橡胶止水环或加焊钢板止水环。如为钢板止水环，则应满焊严密，止水环的数量应符合设计规定。安装穿墙管时，先将管道穿过预埋管，并找准位置临时固定，然后将一端用封口钢板将套管焊牢，再将另一端套管与穿墙管间的缝隙用防水密封材料嵌填严密，最后用封口钢板封堵严密。

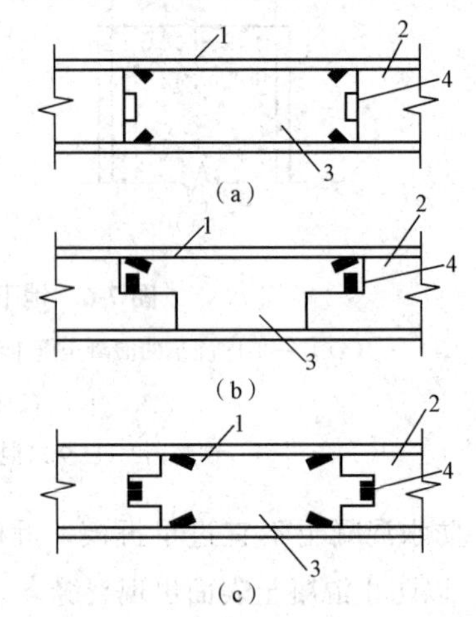

图 7-9 后浇缝形式

1—钢筋；2—先浇混凝土；3—后浇混凝土；

4—遇水膨胀橡胶止水条

3)后浇缝。后浇缝主要用于大面积混凝土结构，是一种混凝土刚性接缝，适用于不允许设置柔性变形缝的工程及后期变形已趋于稳定的结构。施工时应注意以下几点：

①后浇缝留设的位置及宽度应符合设计要求，缝内的结构钢筋不能断开；

②后浇缝可留成平直缝、阶梯缝或企口缝(图 7-9)；

③后浇缝混凝土应在其两侧混凝土浇筑完毕，待主体结构达到标高或间隔六个星期后，再用补偿收缩混凝土进行浇筑；

④后浇缝必须选用补偿收缩混凝土浇筑，其强度等级应与两侧混凝土相同；

⑤浇筑补偿收缩混凝土前，应将接缝处的表面凿毛，清洗干净，保持湿润，并在中心位置粘贴遇水膨胀橡胶止水条；

⑥后浇缝的补偿收缩混凝土浇筑后，其湿润养护时间不应少于四个星期。

三、防水砂浆防水施工

防水砂浆防水(也称刚性防水)主要是依靠特定的施工工艺或在水泥砂浆中掺入防水剂，来提高其密实性或改善其抗裂功能，从而实现防水抗渗的目的。一般用于地下室防水混凝土结构内表面或外表面抹面。防水砂浆防水具有可在潮湿基面上施工、材料来源广泛、操作简便、造价适中、易于修补等优点。

1. 材料

用于水泥砂浆防水层的材料，应符合下列规定：

(1)应使用硅酸盐水泥、普通硅酸盐水泥或特种水泥，不得使用过期或受潮结块的水泥。

(2)砂宜采用中砂，含泥量不应大于1%，硫化物和硫酸盐含量不应大于1%。

(3)拌制水泥砂浆用水，应符合现行行业标准《混凝土用水标准》(JGJ 63—2006)的有关规定。

(4)聚合物乳液的外观：应为均匀液体，无杂质、无沉淀、不分层。聚合物乳液的质量要求应符合现行行业标准《建筑防水涂料用聚合物乳液》(JC/T 1017—2020)的有关规定。

(5)外加剂的技术性能应符合现行国家有关标准的质量要求。

2. 施工工艺

(1)阳离子氯丁胶乳砂浆防水层施工。

1)砂浆配制。根据配方，先将阳离子氯丁胶乳混合液和一定量的水混合搅拌均匀。

另外，按配方将水泥和砂子干拌均匀后，再将上述混合乳液加入，用人工或砂浆搅拌机搅拌均匀，即可进行防水层的施工。胶乳水泥砂浆人工拌和时，必须在灰槽或铁板上进行，不宜在水泥砂浆地面上进行，以免胶乳失水、成膜过快而失去稳定性。配制时要注意以下几点：

①严格按照材料配方和工艺进行配制；

②胶乳凝聚较快，因此配制好的胶乳水泥砂浆应在1 h内使用完毕。最好随用随配制，用多少配制多少；

③胶乳砂浆在配制过程中，容易出现越拌越干结的现象，此时不得任意加水，以免破坏胶乳的稳定性而影响防水功能。必要时可适当补加混合胶乳，经搅拌均匀后再进行涂抹施工。

2)基层处理。

①基层混凝土或砂浆必须坚固并具有一定强度，一般不应低于设计强度的70%；

②基层表面应洁净，无灰尘、无油污，施工前最好用水冲刷一遍；

③基层表面的孔洞、裂缝或穿墙管的周边应凿成V形或环形沟槽，并用阳离子氯丁胶乳水泥砂浆填塞抹平；

④如有渗漏水的情况，应先采用压力灌注化学浆液堵漏或用快速堵漏材料进行堵漏处理后，再抹胶乳水泥砂浆防水层；

⑤氯丁胶乳防水砂浆的早期收缩虽然较小，但大面积施工时仍难避免因收缩而产生的裂纹，因此在抹胶乳砂浆防水层时应进行适当分格，分格缝的纵横间距一般为20～30 m，分格缝宽度宜为15～20 mm，缝内应嵌填弹塑性的密封材料封闭。

3)胶乳水泥砂浆的施工。

①在处理好的基层表面上，由上而下均匀涂刷或喷涂胶乳水泥浆一遍，其厚度以1 mm左右为宜。它的作用是封堵细小孔洞和裂缝，并增强胶乳水泥砂浆防水层与基层表面的粘结能力。

②在涂刷或喷涂胶乳水泥浆15～30 min后，即可将混合好的胶乳水泥砂浆抹在基层上，并

要求顺着一个方向边压实边抹平。一般垂直面每次抹胶乳砂浆的厚度为5～8 mm，水平面为10～15 mm，施工顺序原则上为先立墙后地面，阴阳角处的防水层必须抹成圆弧或八字坡。因胶乳容易成膜，故在抹压胶乳砂浆时必须一次完成，切勿反复揉搓。

③胶乳砂浆施工完成后，须进行检查，如发现砂浆表面有细小孔洞或裂缝，应用胶乳水泥浆涂刷一遍，以提高胶乳水泥砂浆表面的密实度。

④在胶乳水泥砂浆防水层表面还需抹普通水泥砂浆做保护层，一般宜在胶乳砂浆初凝(7 h)后终凝(9 h)前进行。

⑤胶乳水泥砂浆防水层施工完成后，前3 d应保持潮湿养护，有保护层的养护时间为7 d。在潮湿的地下室施工时，则不需要再采用其他的养护措施，在自然状态下养护即可。

在整个养护过程中，应避免振动和冲击，并防止风干和雨水冲刷。

(2)有机硅水泥砂浆防水层施工。有机硅防水剂的主要成分是甲基硅醇钠(钾)，当它的水溶液与水泥砂浆拌和后，可在水泥砂浆内部形成一种具有憎水功能的高分子有机硅物质，它能防止水在水泥砂浆中的毛细作用，使水泥砂浆失去浸润性，提高抗渗性，从而起到防水作用。

1)砂浆配制。将有机硅防水剂和水按规定比例混合、搅拌均匀配制成的溶液称为硅水。根据各层施工的需要，将水泥、砂和硅水按配合比混合搅拌均匀，即配制成有机硅防水砂浆。各层砂浆的水胶比应以满足施工要求为准。若水胶比过大，砂浆易产生离析；水胶比过小，则不易施工。因此，严格控制水胶比对确保砂浆防水层的施工质量十分重要。

2)施工要点。

①先将基层表面的污垢、浮土杂物等清除干净，进行凿毛，用水冲洗干净并排除积水。基层表面如有裂缝、缺棱掉角、凹凸不平等，应用聚合物水泥素浆或砂浆修补，待固化干燥后再进行防水层施工。

②喷涂硅水。在基层表面喷涂一道硅水[配合比为有机硅防水剂∶水=1∶7(质量比)]，并在潮湿状态下进行刮抹结合层施工。

③刮抹结合层。在喷涂硅水湿润的基层上刮抹2～3 mm厚的水泥浆膏，使基层与水泥浆膏牢固地粘合在一起。水泥浆膏需边配制边刮抹，待其达到初凝时，再进行下道工序的施工。

④抹防水砂浆。应分别进行底层和面层二遍抹法，间隔时间不宜过短，以防止开裂。底层厚度一般为5～6 mm，待底层达到初凝时再进行面层施工。抹防水砂浆时，应首先把阴、阳角抹成小圆弧，然后进行底层和面层施工。抹面层时，要求抹平压实，收水后应进行两次压光，以提高防水层的抗渗性能。

⑤养护。待防水层施工完毕后，应及时进行湿润养护，以免防水砂浆中的水分过早蒸发而引起干缩裂缝，养护时间不宜少于14 d。

四、涂膜防水施工

地下防水工程采用涂膜防水技术具有明显的优越性。涂膜防水就是在结构表面基层上涂上一定厚度的防水涂料，防水涂料是以合成高分子材料或以高聚物改性沥青为主要原料，加入适量的化学助剂和填充剂等加工制成的在常温下呈无定型液态的防水材料。

涂布在基层表面后，能形成一层连续、弹性、无缝、整体的涂膜防水层。涂膜防水层的总厚度小于 3 mm 的为薄质涂料，大于 3 mm 的为厚质涂料。

涂膜防水具有质量轻，耐候性、耐水性、耐蚀性优良，适用性强，冷作业，易于维修等优点；又有涂布厚度不易均匀、抵抗结构变形能力差、与潮湿基层粘结力差、抵抗动水压力能力差等缺点。

目前防水涂料的种类较多，按涂料类型可分为溶剂型、水乳型、反应型和粉末型四大类；按成膜物质可分为合成树脂类、合成橡胶类、聚合物-水泥复合材料类、高聚物改性石油沥青类等。高层建筑地下室防水工程施工中常用的防水涂料应以化学反应固化型材料为主，如聚氨酯防水涂料、硅橡胶防水涂料等。

(一)聚氨酯涂膜防水施工

聚氨酯涂膜防水材料是双组分化学反应固化型的高弹性防水涂料。其中，甲组分是以聚醚树脂和二异氰酸酯等原料，经过氢转移加成聚合反应制成的含有端异氰酸酯基的氨基甲酸酯预聚物；乙组分是由交联剂(或称硫化剂)、促进剂(或称催化剂)、抗水剂(石油沥青等)、增韧剂、稀释剂等材料，经过脱水、混合、研磨、包装等工序加工制成。

1. 施工准备工作

(1)为了防止地下水或地表滞水的渗透，确保基层的含水率能满足施工要求，在基坑的混凝土垫层表面上，应抹 20 mm 左右厚度的无机铝盐防水砂浆[配合比(质量比)为水泥：中砂：无机铝盐防水剂：水＝1：3：0.1：(0.35～0.40)]，要求抹平压光，不应有空鼓、起砂、掉灰等缺陷。立墙外表面的混凝土如有水泡、气孔、蜂窝、麻面等现象，应采用加入水泥量 15%的高分子聚合物乳液调制成的水泥腻子填充刮平。阴、阳角部位应抹成小圆弧。

(2)通有穿墙套管部位，套管两端应带法兰盘，并要安装牢固，收头圆滑。

(3)涂膜防水的基层表面应干净、干燥。

2. 防水构造

聚氨酯涂膜防水构造如图 7-10 所示。

3. 工艺要点

(1)聚氨酯涂膜防水施工程序如下：

1)清理基层。施工前，应对底板基层表面进行彻底清扫，清除凸起物、砂浆疙瘩等异物，清洗油污、铁锈等。

2)涂布底胶。将聚氨酯甲、乙组分和有机溶剂按 1：1.5：2 的比例(质量比)配合搅拌均匀，再用长把滚刷蘸满并均匀涂布在基层表面上，涂布量一般以 0.3 kg/m^2 左右为宜。涂布底胶后应待其干燥固化 4 h 以上，才能进行下一道工序的施工。

3)配制聚氨酯涂膜防水涂料。配制方法是：将聚氨酯甲、乙组分和有机溶剂按 1：1.5：0.3 的比例(质量比)配合，用电动搅拌器强力搅拌均匀备用。聚氨酯涂膜防水材料应随用随配，配制好的混合料最好在 2 h 内使用完毕。

4)涂膜防水层施工。用长把滚刷蘸满已配制好的聚氨酯涂膜防水混合材料，均匀涂布在底胶已干涸的基层表面上。涂布时要求厚薄均匀一致，对平面基层以涂刷 3～4 度为宜，每度涂布量为0.6～0.8 kg/m²；对立面基层以涂刷4～5度为宜，每度涂布量为0.5～0.6 kg/m²。防水涂膜的总厚度以不小于1.5 mm为合格。

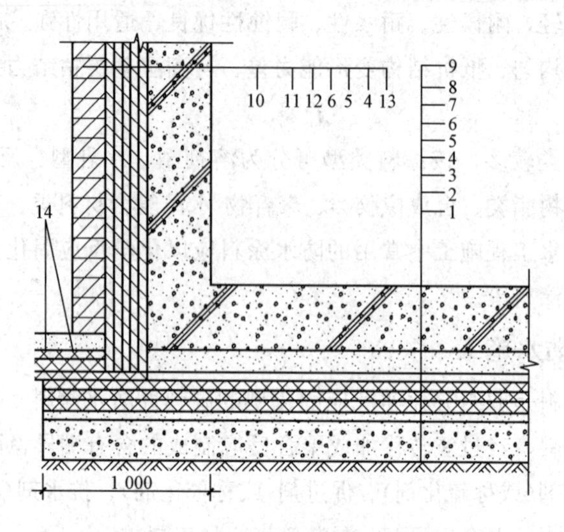

图7-10　地下室聚氨酯涂膜防水构造

1—夯实素土；2—素混凝土垫层；3—防水砂浆找平层；4—聚氨酯底胶；5—第一、二度聚氨酯涂膜；6—第三度聚氨酯涂膜；7—油毡保护隔离层；8—细石混凝土保护层；9—钢筋混凝土底板；10—聚乙烯泡沫塑料软保护层；11—第五度聚氨酯涂膜；12—第四度聚氨酯涂膜；13—钢筋混凝土立墙；14—聚酯纤维无纺布增强层

涂完第一度涂膜后，一般需固化5 h以上，在基本不粘手时，再按上述方法涂布第二、三、四、五度涂膜。前后两度的涂布方向应相互垂直。底板与立墙连接的阴阳角，均宜铺设聚酯纤维无纺布进行附加增强处理。

5)平面部位铺贴油毡保护隔离层。当平面部位最后一度聚氨酯涂膜完全固化，经过检查验收合格后，即可虚铺一层石油沥青纸胎油毡做保护隔离层。

6)浇筑细石混凝土保护层。在铺设石油沥青纸胎油毡保护隔离层后，即可浇筑40～50 mm厚的细石混凝土做刚性保护层。

7)地下室钢筋混凝土结构施工。在完成细石混凝土保护层的施工和养护后，即可根据设计要求进行地下室钢筋混凝土结构施工。

8)立面粘贴聚乙烯泡沫塑料保护层。在完成地下室钢筋混凝土结构施工并在立墙外侧涂布防水层后，可在防水层外侧直接粘贴5～6 mm厚的聚乙烯泡沫塑料片材作软保护层。

(2)质量要求。

1)聚氨酯涂膜防水材料的技术性能应符合设计要求或标准规定，并应附有质量证明文件和现场取样进行检测的试验报告及其他有关质量的证明文件。

2)聚氨酯涂膜防水层的厚度应均匀一致，其总厚度不应小于2.0 mm，必要时可选点割开进行实际测量(割开部位可用聚氨酯混合材料修复)。

3)防水涂膜应形成一个连续、弹性、无缝、整体的防水层，不允许有开裂、翘边、滑移、脱落和末端收头封闭不严等缺陷。

4)聚氨酯涂膜防水层必须均匀固化，不应有明显的凹坑、气泡和渗漏水现象。

(二)硅橡胶涂膜防水施工

硅橡胶防水涂料是以硅橡胶乳液及其他乳液的复合物为主要基料，掺入无机填料及各种助剂配制而成的乳液型防水涂料，该涂料兼有涂膜防水和浸透性防水材料两者的优良性能，具有良好的防水性、渗透性、成膜性、弹性、粘结性和耐高低温性。

硅橡胶防水涂料分为 1 号及 2 号，均为单组分，1 号用于底层及表层，2 号用于中间层作加强层。

1. 硅橡胶涂膜防水施工顺序及要求

(1)硅橡胶涂膜防水施工顺序如下：

1)在处理好的基层上均匀地涂刷一道 1 号防水涂料，待其渗透到基层并固化干燥后再涂刷第二道。

2)第二、三道均涂刷 2 号防水涂料，每道涂料均应在前一道涂料干燥后施工。

3)当第四道涂料表面干固时，再抹水泥砂浆保护层。

4)其他与聚氨酯涂膜防水施工相同。

(2)硅橡胶涂膜防水施工要求如下：

1)一般采用涂刷法，用长板刷、排笔等软毛刷进行。

2)涂刷的方向和行程长短应一致，要依次上、下、左、右均匀涂刷，不得漏刷，涂刷层次一般为四道，第一、四道用 1 号防水涂料，第二、三道用 2 号防水涂料。

2. 硅橡胶涂膜防水施工注意事项

(1)由于渗透性防水材料具有憎水性，因此抹砂浆保护层时，其稠度应小于一般砂浆，并注意压实、抹光，以保证砂浆与防水材料粘结良好。

(2)砂浆层的作用是保护防水材料。因此，应避免砂浆中混入小石子及尖锐的颗粒，以免在抹砂浆保护层时，损伤涂层。

(3)施工温度宜在 5 ℃以上。

(4)使用时涂料不得任意加水。

知识小贴士

地下放水工程渗漏的部位与原因

1. 防水混凝土结构渗漏的部位与原因

渗漏原因有模板表面粗糙或清理不干净，模板浇水湿润不够，脱模剂涂刷不均匀，接缝不严，振捣混凝土不密实等，应防止混凝土出现蜂窝、孔洞、麻面，引起地下水渗漏。

墙板和底板及墙板和底板之间的施工缝留置不当，施工缝内杂物清理不干净，新旧混凝土之间形成夹层，地下水会沿施工缝渗入。

由于混凝土中砂石含泥量大，养护不及时等，产生干缩和温度裂缝，也会造成渗漏水。

混凝土内的预埋件表面没有认真清理，对周围混凝土振捣不密实，埋件与混凝土粘结不严密而产生缝隙，致使地下水渗入。

由于穿墙管道未设置止水法兰盘，管道未进行认真处理，使周围混凝土与管道粘结不严，造成渗漏水。

2. 卷材防水层渗漏的部位与原因

由于保护墙和地下工程主体结构沉降不同，防水卷材粘在保护墙上后，卷材被撕裂而造成漏水。

卷材的压力和搭接接头宽度不够，搭接不严，有的甚至在搭接处张口而造成渗漏。

结构转角处卷材铺贴不严实，后浇或后砌结构时卷材被破坏而产生渗漏。

由于卷材韧性较差，结构不均匀沉降时卷材被破坏而产生渗漏。

由于管道处的卷材与管道粘结不严，出现张口翘边现象，地下水沿此处进入室内，产生渗漏。

3. 变形缝处渗漏原因

止水带固定方法不当，埋设位置不准确或在浇筑混凝土时被挤动。

止水带两翼的混凝土包裹不严，特别是底板止水带下面的混凝土振捣不实。

钢筋过密，浇筑混凝土时下料和振捣不当，造成止水带周围集料集中、混凝土离析，产生蜂窝、麻面，这种情况在下部转角部位更为严重。

混凝土分层浇筑前，止水带周围的木屑杂物等未清理干净，混凝土中形成薄弱的夹层，造成渗漏。

学习笔记

单元二 外墙及厕浴间防水施工

一、构造防水施工

构造防水又称空腔防水，即在外墙板的四周设置线型构造，如滴水槽、挡水台等，放置防寒挡风(雨)条，形成压力平衡空腔，利用垂直或水平减压空腔的作用切断板缝毛细管通路，依靠水的重力作用，通过排水管将渗入板缝的雨水排除，以达到防水目的。这是早期预制外墙板板缝防水的做法。

1. 防水构造

常用的防水构造有垂直缝、水平缝和十字缝几种。

(1)垂直缝。两块外墙板安装后，所形成的垂直缝如图 7-11 所示。垂直缝内设滴水槽一道或两道。滴水槽内放置软塑料挡风(雨)条，在组合柱混凝土浇筑前，放置油毡聚苯板，用以防水和隔热、保温。塑料条与油毡聚苯板之间形成空腔。设一道滴水槽形成一道空腔的，称为单腔；设两道滴水槽形成两道空腔的，称为双腔。空腔腔壁要涂刷防水胶油，使进入腔内的雨水利用自身的重力作用，顺利地沿滴水槽流入十字缝处的排水管而排出。

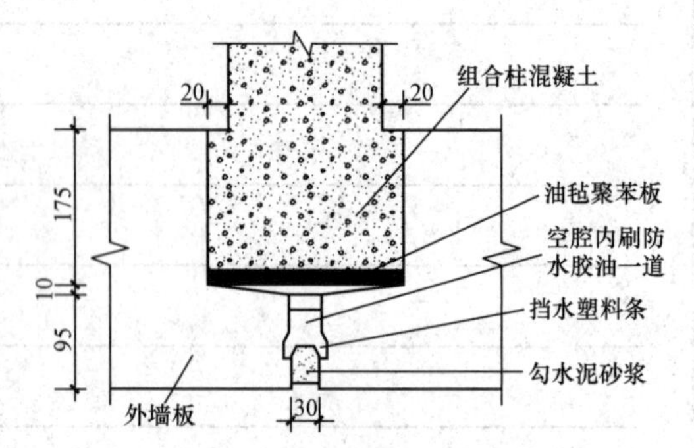

图 7-11 垂直缝防水构造

塑料条外侧的空腔要勾水泥砂浆填实。垂直缝宽度应为 3 mm。

(2)水平缝。上、下外墙板之间所形成的缝隙称为水平缝，缝高为 3 mm，一般做成企口形式。外墙板的上部设有挡水台和排水坡，下部设有披水，在披水内侧放置油毡卷，外侧勾水泥砂浆，这样，油毡卷以内即形成水平空腔(图 7-12)。顺墙面流下的雨水，一部分在风压下进入缝内，由于披水和挡水台的作用，仍顺排水坡和十字缝处的排水管排出。

(3)十字缝。十字缝位于垂直缝和水平缝相交处。在十字缝正中设置塑料排水管，使进入立缝和水平缝的雨水通过排水管排出，如图 7-13 所示。

由于防水构造比较复杂，构造防水的质量取决于防水构造的完整性和外墙板的安装质量，应确保其缝隙大小均匀一致。因此，在施工中如有碰坏应及时修理。

另外，在安装外墙板时要防止披水高于挡水台，防止企口缝向里错位太大，将水平空腔挤严，水平空腔或垂直空腔内不得堵塞砂浆和混凝土等，以免形成毛细作用而影响防水效果。

2. 构造防水施工方法

(1)外墙板进场后必须进行外观检查，确保防水构造的完整。如有局部破损，应进行修补。

修补方法是：先在破损部位刷一道高分子聚合物乳液，然后用高分子聚合物乳液分层抹实。配合比按质量比为水泥：砂子：108胶＝1：2：0.2，加适量水拌和。每次抹砂浆不应太厚，否则将会出现下坠而造成裂缝，达不到修补目的。低温施工时可在砂浆中掺入水泥质量0.6%～0.7%的玻璃纤维和质量分数3%的氯化钠，以减少开裂和防止冻结。

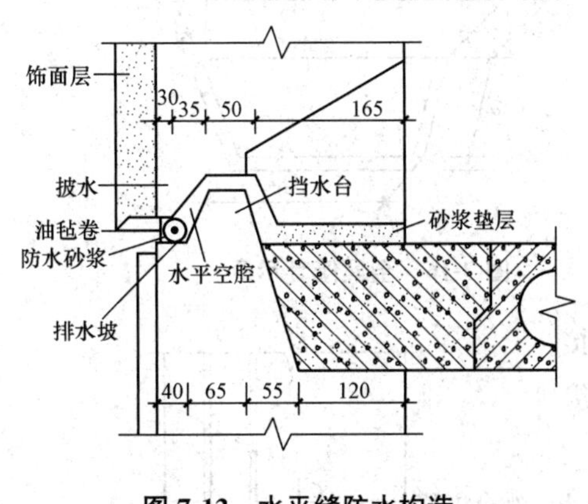

图 7-12　水平缝防水构造

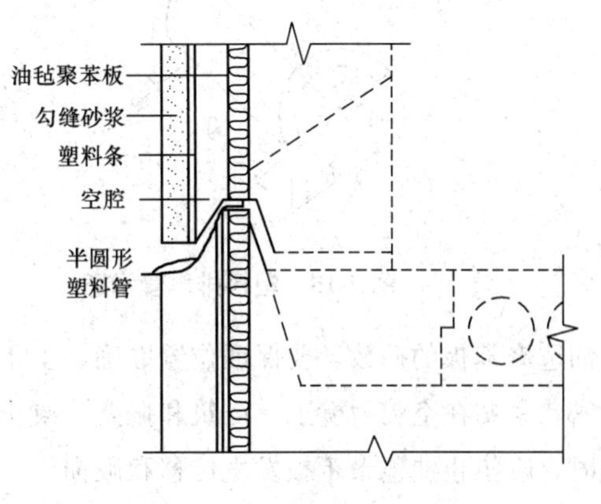

图 7-13　十字缝防水构造

(2)吊装前，应将垂直缝中的灰浆清理干净，保持平整光滑，并对滴水槽和空腔侧壁满涂防水胶油一道。

(3)首层外墙板安装前，应按防水构造要求，沿外墙做好现浇混凝土挡水台，即在地下室顶板圈梁中预埋插铁，配纵向钢筋，支模板后浇筑混凝土(图7-14)。待混凝土强度达到5 N/mm² 以上时，再安装外墙板。

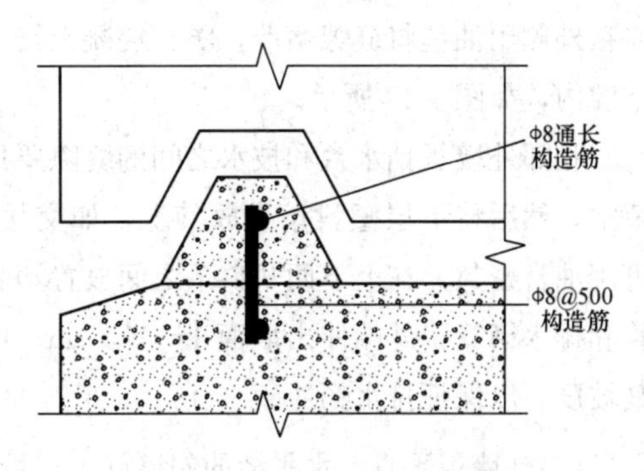

图 7-14　首层现浇挡水台做法

(4)外墙板安装前，应做好油毡聚苯板的裁制粘贴工作和塑料挡水条的裁制工作。泡沫聚苯板应按设计要求进行裁制，其长度可比层高长50 mm；油毡条的裁制长度比楼层高度长100 mm，宽度比泡沫聚苯板略宽一些，然后将泡沫聚苯板粘贴在油毡条上。

塑料条应选用1.5～2 mm厚软塑料，其宽度比立缝宽25 mm，可采用“量缝裁条”的办法，或事先裁制不等宽度的塑料条，按缝宽选用。

十字缝采用分层排水方案时，应事先将塑料管裁成图7-15所示的形状，或用24号镀锌薄钢板做成图7-16所示形状的金属簸箕，以备使用。

(5)每层外墙板安装后，应立即插放油毡聚苯板和挡水塑料条，然后再进行现浇混凝土组合柱施工。

插放挡水塑料条前，应将空腔内杂物清除干净。插放时，可采用413电线管，一端焊上4个钢筋钩子，钩住挡水塑料条，沿垂直空腔壁自上而下插入，使塑料条下端放在下层排水披上，上端搭在挡水台阶上，搭接要顺槽，以保证流水畅通，其搭接长度不小于150 mm。

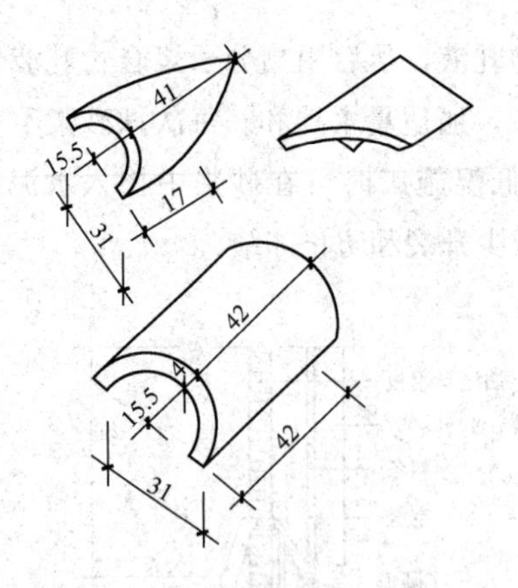

图 7-15　塑料排水管示意

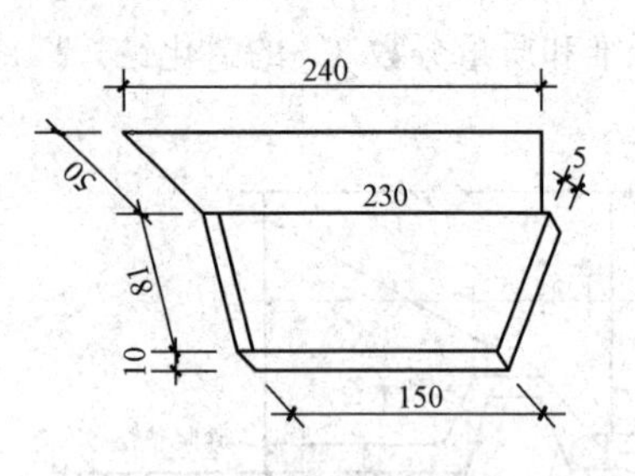

图 7-16　金属簸箕示意

油毡聚苯板的插放，要保证位置准确，上下接槎严密，紧贴在空腔后壁上。浇筑和振捣混凝土组合柱时，应防止油毡聚苯板发生位移和破损。

上下外墙板之间的连接键槽，在灌注混凝土时要在外侧用油毡将缝隙堵严，防止混凝土挤入水平空腔内，如图 7-17 所示。

相邻外墙板挡水台和披水之间的缝隙要用砂浆填空，然后将下层塑料条搭放其上，如交接不严，可用油膏密封。在上下两塑料条之间放置塑料排水管和排水簸箕，外端伸出墙面 1～1.5 cm，应注意其坡度，以保证排水畅通。

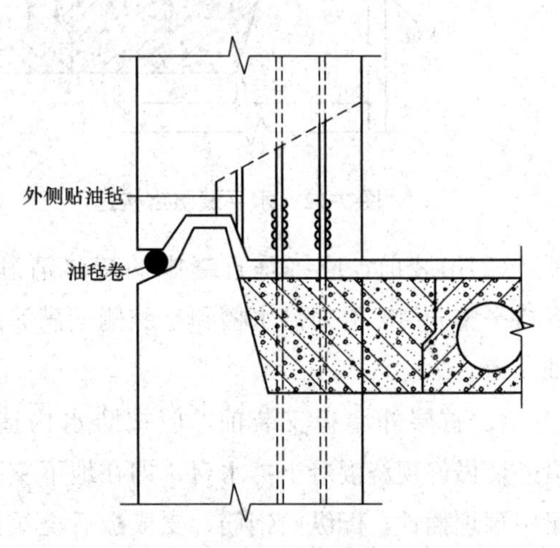

图 7-17　外墙板键槽防水示意

(6)外墙板垂直、水平缝的勾缝施工，可采用屋面移动悬挑车或吊篮。

在勾缝前，应将缝隙清理干净，并将校正墙板用的木楔和铁楔从板底拔出，不得遗留或折断在缝内。勾水平缝防水砂浆前，先将油毡条嵌入缝内。防水砂浆的配合比为水泥∶砂子∶防水粉＝1∶2∶0.02(质量比)。调制时先以干料拌和均匀后，再加水调制，以利于防水。

为防止垂直缝砂浆脱落，勾缝时，一定要将砂浆挤进立槽内，但不得用力过猛，以免将塑料条挤进减压空腔内，并严禁砂浆或其他杂物落入空腔内。水平缝外口防水砂浆需分 2 次或 3 次勾严。板缝外口的防水砂浆要求勾得横平竖直、深浅一致，力求美观。

为防止和减少水泥砂浆的开裂，勾缝用的砂浆应掺入 0.6%～0.7%水泥质量的玻璃纤维。低温施工时，为防止冻结，应掺适量氯盐。

(7)为了提高板缝防水效果，宜在勾缝前先进行缠缝，且材料应做防水处理。

二、材料防水施工

材料防水即预制外墙板板缝及其他部位的接缝，采用各种弹性或弹塑性的防水密缝膏嵌填，以达到板缝严密堵塞雨水通路的方法。其工艺简单，操作方便。

1. 材料种类及性能

材料种类及性能见表 7-6。

表 7-6 材料种类及性能

<table>
<tr><th colspan="2">种类</th><th>性能</th></tr>
<tr><td colspan="2">防水密封膏</td><td>防水密封膏依其价格和性能不同分为高、中、低三档。高档密封膏如硅酮、聚硫、聚氨酯类等适用于变形大、时间长、造价高的工程；中档密封膏如丙烯酸、氯丁橡胶、氯磺化聚乙烯类等；低档密封膏有干性油、塑料油膏等。因材料不同，其施工方法有嵌填法、涂刷法和压接法三种</td></tr>
<tr><td colspan="2">背衬材料</td><td>主要有聚苯乙烯或聚乙烯泡沫塑料棒材(或管材)</td></tr>
<tr><td colspan="2">基层处理剂(涂料)</td><td>基层涂料一般采用稀释的密封膏，其含固量在 25%～30%为宜</td></tr>
<tr><td rowspan="2">按接缝要求和基层处理</td><td>接缝要求</td><td>外墙板安装的缝隙宽度应符合设计规定，如设计无规定，一般不应超过 30 mm。缝隙过宽则容易使密封膏下垂，且用量太大；过窄则无法嵌填。缝隙过深，则材料用量大；过浅则不易粘结密封。一般要求缝的宽深比为 2∶1，接缝边缘宜采取斜坡面。缝隙过大、过小均应进行修补。
修补方法如下：
(1)缝隙过大：先在接缝部位刷一道高分子聚合物乳液，然后在两侧壁板上抹高分子聚合物乳液，每次厚度不得超过 1 cm，直至修补合适为止。
(2)缝隙过小：需人工剔凿开缝，要求开缝平整、无毛糙</td></tr>
<tr><td>基层处理</td><td>嵌填密封膏的基层必须坚实、平整、无粉尘。如有油污，应用丙酮等清洗剂清洗干净。要求基层保持干燥，含水率不超过 9%</td></tr>
</table>

2. 施工方法

(1)嵌填法与刷涂法施工。除丁基密封胶适用涂刷法外，多数密封膏适用嵌填法，即用挤压枪将筒装密封膏压入板缝中。

1)填塞背衬材料。将背衬材料按略大于缝宽(4～6 mm)的尺寸裁好，用小木条或开刀塞严，沿板缝上下贯通，不得有凹陷或凸出。通过填塞背衬材料借以确定合理的宽深比。处理后的板缝深度在 1.5 cm 左右。

2)粘贴胶粘带防污条。防污条可采用自粘性胶粘带或用 108 胶粘贴牛皮纸条，沿板缝两侧连续粘贴，在密封膏嵌填并修整后再予揭除。其目的是防止刷底层涂料及嵌、刷密封膏时污染墙面，并使密封膏接缝边沿整齐美观。

3)刷底层涂料。刷底层涂料的目的在于提高密封膏与基层的粘结力，并可防止混凝土或砂浆中碱性成分的渗出。依据密封膏的不同，底层涂料的配制也不同，丙烯酸类可用清水将膏体稀释，氯磺化聚乙烯需用二甲苯将膏体稀释，丁基橡胶类需用 120 号汽油稀释，聚氨酯类则需用二甲苯稀释。涂刷底层涂料时要均匀盖底，不漏刷、不流坠、不得污染墙面。

4)嵌填(刷涂)密封膏。嵌填(刷涂)双组合的密封膏，按配合比经搅拌均匀后先装入塑料小筒内，要随用随配，防止固化。嵌填时将密封膏筒装入挤压枪内，根据板缝的宽度，将筒口剪成斜口，扳动扳机，将膏体徐徐挤入板缝内填满。一条板缝嵌好后，立即用特制的圆抹子将密封膏表面压成弧形，并仔细检查所嵌部位，将其全部压实。刷涂时，用棕刷涂缝隙。涂刷密封膏要超出缝隙宽度 2～3 cm，涂刷厚度应在 2 mm 以上。

5)清理。密封膏嵌填、修补完毕后，要及时揭掉防污条。如墙面粘上密封膏，可用与膏体配套的溶剂将其清理干净，所用工具应及时清洗干净。

6)成品保护。密封膏嵌填完成后，经过 7～15 d 才能固化，在此期间要防止触碰及污染。

(2)压入法施工。压入法是将防水密封材料事先轧成片状，然后压入板缝之中。这种做法可以节约筒装密封膏的包装费，降低材料消耗。目前适用于压入法的密封材料不多，只有 XM-43 丁基密封膏。

1)首先将配制好的底胶均匀涂刷于板缝中，自然干燥 0.5 h 后即可压入密封膏。

2)将轧片机调整至施工所需密封腻子厚度，将轧辊用水润湿，防止粘辊。将密封膏送入轧辊，即可轧出所需厚度的片材。然后裁成适当的宽度，放在塑料薄膜上备用。

3)将膏片贴在清理干净的墙板接缝中，用手持压辊在板缝两侧压实、贴牢。

4)在表面涂刷 691 涂料，用以保护密封腻子，增强防水效果，并增加美感。691 涂料要涂刷均匀，全部盖底。

三、厕浴间防水施工

建筑工程中的厕浴间一般都布置有穿过楼地面或墙体的各种管道，这些管道具有形状复杂、面积较小、变截面等特点。在这种情况下，如果继续沿用石油沥青纸胎油毡或其他卷材类材料进行防水的传统做法，则因防水卷材在施工时的剪口和接缝多，很难粘结牢固和封闭严密，难以形成一个弹性与整体的防水层，比较容易发生渗漏等工程质量事故，影响厕浴间装饰质量及其使用功能。为了确保高层建筑中厕浴间的防水工程质量，现在多用涂膜防水或抹聚合物水泥砂浆防水取代各种卷材做厕浴间防水的传统做法，尤其是选用高弹性的聚氨酯涂膜、弹塑性的高聚物改性沥青涂膜或刚柔结合的聚合物水泥砂浆等新材料和新工艺，可以使厕浴间的地面和墙面形成一个连续、无缝、封闭严密的整体防水层，从而保证了厕浴间的防水工程质量。

总之，从施工技术的角度看，高层建筑的厕浴间防水与一般多层建筑并无区别，结构设计合理，防水材料运用适当，严格按规程施工，才能确保工程质量。

四、其他部位接缝防水施工

1. 阳台、雨罩板部位防水

(1)平板阳台板上部平缝全长和下部平缝两端 30 mm 处及两端立缝，均应嵌填防水油膏，相互交圈密封。槽形阳台板只在下侧两端嵌填防水油膏。

防水油膏应具有良好的防水性、粘结性，耐老化，高温不流淌、低温柔韧等性能。基层应坚硬密实，表面不得有粉尘。嵌防水油膏前，应先刷冷底子油一道，待冷底子油晾干后再嵌入油膏。如遇瞎缝，应剔凿出 20 mm×30 mm 的凹槽，然后刷冷底子油，嵌防水油膏。

嵌填时，可将油膏搓成 20 mm 的长条，用溜子压入缝内。油膏与基层一定要粘结牢固，不得有剥离、下垂、裂缝等现象，然后在油膏表面再涂刷冷底子油一道。为便于操作，可在手上、溜子上蘸少量鱼油，以防油膏与手及溜子粘结。阳台板的泛水做法要正确，确保使用期间排水畅通。

(2)雨罩板与墙板压接及其对接接缝部位，先用水泥砂浆嵌缝，并抹出防水砂浆帽。

防水砂浆帽的外墙板垂直缝内要嵌入防水油膏，或将防水卷材沿外墙向上铺设 30 cm 高。

2. 屋面女儿墙防水

屋面女儿墙部位的现浇组合柱混凝土与预制女儿墙板之间容易产生裂缝，雨水会顺缝隙流入室内。因此，首先应尽量防止组合柱混凝土的收缩(宜采用干硬性混凝土或微膨胀混凝土)。混凝土浇筑在组合柱外侧，沿竖缝嵌入防水油膏，外抹水泥砂浆加以保护。女儿墙外墙板立缝用油膏和水泥砂浆填实。另外，还应增设女儿墙压顶，压顶两侧留出滴水槽，防止雨水沿缝隙顺流而下。

质量检查与验收标准如下：

(1)质量检查。外墙防水在施工过程中和施工后，均应进行认真的质量检查，发现问题及时解决。完工后应进行淋水试验。试验方法是：将长 1 m 的ϕ25 水管，表面钻若干ϕ41 mm 的孔，接通水源后，放在外墙最上部位，沿每条立缝进行喷淋。喷淋时间：无风天气为2 h，五、六级风时为 0.5 h。发现渗漏应查明原因和部位并进行修补。

(2)验收标准。

1)外墙接缝部位不得有渗漏现象。

2)缝隙宽窄一致，外观平整光滑。

3)防水材料与基层嵌填牢固，不开裂、不翘边、不流坠、不污染墙面。

4)采用嵌入法时宽厚比应一致，最小厚度不小于 10 mm；采用刷涂法的涂层厚度不小于 2 mm；压入法密封腻子厚度不小于 3 mm。

学习笔记

单元三 屋面及特殊建筑部位的防水施工

一、屋面防水施工

高层建筑的屋面防水等级一般为Ⅱ级，其防水耐用年限为 15 年，原有的传统石油沥青纸胎油毡防水，已远远不能适应屋面防水基层伸缩或开裂变形的需要，而应采用各种拉伸强度较高、抗撕裂强度较好、延伸率较大、耐高低温性能优良、使用寿命长的弹性或弹塑性的新型防水材料做屋面的防水层。屋面一般宜选用合成高分子防水卷材、高聚物改性沥青防水卷材和合成高分子防水涂料等进行两道防水设防，其中必须有一道卷材防水层。施工时应根据屋面结构特点和设计要求选用不同的防水材料或不同的施工方法，以获得较为理想的防水效果。

目前，常采用的屋面防水形式多为卷材防水屋面、涂膜防水屋面和刚性防水屋面。其施工工艺与一般多层建筑的屋面防水施工工艺相同。

(一)卷材防水屋面

卷材防水屋面属柔性防水屋面，其具有质量轻、防水性能较好的优点，尤其是防水层具有良好的柔韧性，能适应一定程度的结构振动和胀缩变形。缺点是造价高，特别是沥青卷材易老化、起鼓，耐久性差，施工工序多，工效低，维修工作量大，修补找漏困难等。

卷材防水屋面一般由结构层、隔汽层、保温层、找平层、防水层和保护层组成，如图 7-18 所示。其中，隔汽层和保温层在一定的气温条件和使用条件下可不设。

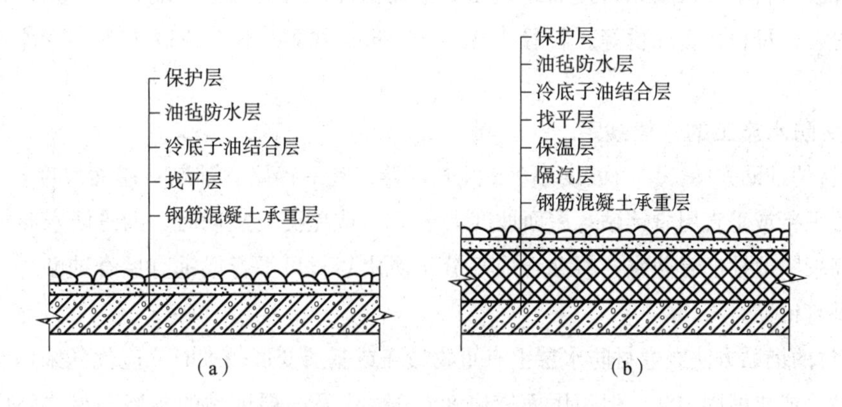

图 7-18 油毡屋面构造层次示意

(a)不保温油毡屋面；(b)保温油毡屋面

1. 卷材防水屋面的材料

(1)沥青。沥青是一种有机胶凝材料。在土木工程中，目前常用的是石油沥青。石油沥青按其用途可分为建筑石油沥青、道路石油沥青和普通石油沥青三种。建筑石油沥青黏性较高，多用于建筑物的屋面及地下工程防水；道路石油沥青则用于拌制沥青混凝土和沥青砂浆或道路工程；普通石油沥青因其温度稳定性差，黏性较低，在建筑工程中一般不单独使用，而是与建筑石油沥青掺配经氧化处理后使用。

(2)卷材。

1)沥青卷材。沥青防水卷材，按制造方法不同可分为浸渍(有胎)和辊压(无胎)两种。建筑工程中常用的有油毡和油纸两种。油毡是用高软化点的石油沥青涂盖油纸的两面，再撒上一层滑石粉或云母片而成；油纸是用低软化点的石油沥青浸渍原纸而成。油毡和油纸在运输、堆放时应竖直搁置，高度不超过两层；应贮存在阴凉通风的室内，避免日晒雨淋及高温高热。

2)高聚物改性沥青卷材。高聚物改性沥青防水卷材是以合成高分子聚合物改性沥青为涂盖层，纤维织物或纤维毡为胎体，粉状、粒状、片状或薄膜材料为覆盖材料制成可卷曲的片状材料。

3)合成高分子卷材。合成高分子防水卷材是以合成橡胶、合成树脂或二者的共混体为基料，加入适量的化学助剂和填充料等，经不同工序加工而成的可卷曲的片状防水材料；或把上述材料与合成纤维等复合形成两层或两层以上的可卷曲的片状防水材料。

(3)冷底子油。冷底子油是用10号或30号石油沥青加入挥发性溶剂配制而成的溶液。石油沥青与轻柴油或煤油以4∶6的配合比调制而成的冷底子油为慢挥发性冷底子油，涂喷后12～48 h干燥；石油沥青与汽油或苯以3∶7的配合比调制而成的冷底子油为快挥发性冷底子油，涂喷后5～10 h干燥。调制时先将熬好的沥青倒入料桶中，再加入溶剂，并不停搅拌至沥青全部溶化为止。冷底子油具有较强的渗透性和憎水性，并使沥青胶结材料与找平层之间的粘结力增强。

(4)沥青胶结材料。沥青胶是用石油沥青按一定配合比掺入填充料(粉状和纤维状矿物质)混合熬制而成的。用于粘贴油毡作防水层或作为沥青防水涂层及接头填缝之用。

在沥青胶材料中加入填充料提高耐热度、增加韧性、增加抗老化能力，填充料可采用滑石粉、板岩粉、云母粉、石棉粉等。粒径大于0.85 mm的颗粒不应超过15%，含水率应在3%以内。

2. 卷材防水施工的一般规定

(1)卷材的铺贴方向。屋面坡度小于3%时，卷材宜平行屋脊铺贴；屋面坡度在3%～16%时，卷材可平行或垂直屋脊铺贴；屋面坡度大于16%或屋面受震动时，沥青防水卷材应垂直屋脊铺贴，高聚物改性沥青防水卷材和合成高分子防水卷材可平行或垂直屋脊铺贴；上下层卷材不得相互垂直铺贴。

(2)卷材的铺贴方法。卷材防水层上有重物覆盖或基层变形较大时，应优先采用空铺法、点粘法、条粘法或机械固定法，但距屋面周边800 mm内及叠层铺贴的各层卷材之间应满粘；防水层采取满粘法施工时，找平层的分格缝处宜空铺，空铺的宽度宜为100 mm；卷材屋面的坡度不宜超过26%，当坡度超过26%时应采取防止卷材下滑的措施。

(3)卷材铺贴的施工顺序。屋面防水层施工时，应先做好节点、附加层和屋面排水比较集中等部位的处理，然后由屋面最低处向上进行。铺贴天沟、檐沟卷材时，宜顺天沟、檐沟方向，减少卷材的搭接。铺贴多跨和有高低跨的屋面时，应该按先高后低、先远后近的顺序进行。等高的大面积屋面，先铺贴离上料地点较远的部位，后铺贴较近的部位。划分施工时，其界限宜设在屋脊、天沟、变形缝处。

(4)搭接方法和宽度要求。卷材铺贴应采用搭接法。相邻两幅卷材的接头还应相互错开300 mm以上，以免接头处多层卷材因重叠而粘结不实。叠层铺贴，上、下层两幅卷材的搭接缝也应错开1/3幅宽，如图7-19所示。当采用高聚物改性沥青防水卷材点粘或空铺时，两头部分必须全粘500 mm以上。平行于屋脊的搭接缝，应顺水流方向搭接；垂直于屋脊的搭接缝应顺年最大频率风向搭接。叠层铺设的各层卷材，在天沟与屋面的连接处，应采用交叉接法搭接，搭接缝应错开。接缝宜留在屋面或天沟侧面，不宜留在沟底。

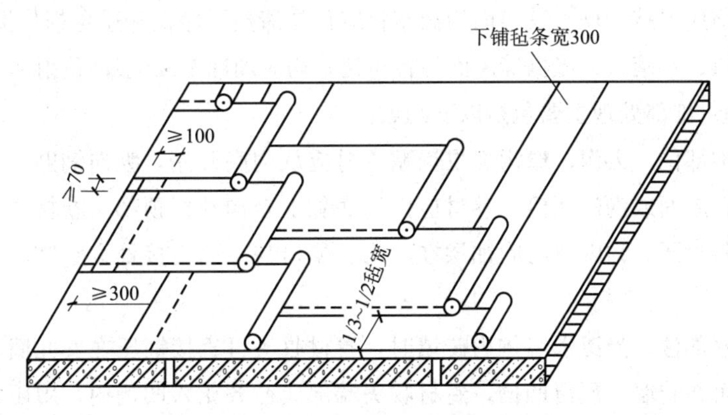

图7-19 卷材水平铺贴搭接要求

各种卷材的搭接宽度应符合表7-7的要求。

表7-7 各种卷材的搭接宽度

搭接方向		短边搭接宽度/mm		长边搭接宽度/mm	
卷材种类		满粘法	空铺法 点粘法 条粘法	满粘法	空铺法 点粘法 条粘法
沥青防水卷材		100	150	70	100
高聚物改性沥青防水卷材		80	100	80	100
合成高分子防水卷材	胶粘剂	80	100	80	100
	胶粘带	50	60	50	60
	单焊缝	60，有效焊接宽度不小于25			
	双焊缝	80，有效焊接宽度=10×2+空腔宽			

3. 沥青防水卷材施工工艺

(1)基层清理。施工前清理干净基层表面的杂物和尘土，并保证基层干燥。干燥程度的建议检查方法是将1 m^2 卷材平坦地干铺在找平层上，静置3～4 h后掀开检查，找平层覆盖部位与卷材上未见水印即可认为基层干燥。

(2)喷涂冷底子油。先将沥青加热熔化，使其脱水至不起泡为止，然后将热沥青倒入桶内，冷却至 110 ℃，缓慢注入汽油，随注入汽油随搅拌均匀为止。一般采用的冷底子油配合比(质量比)为 60 号道路石油沥青：汽油＝30：70；10 号(30 号)建筑石油沥青：轻柴油＝50：50。

冷底子油采用长柄棕刷进行涂刷，一般 1～2 遍成活，要求均匀一致，不得漏刷和出现麻点、气泡等缺陷；第二遍应在第一遍冷底子油干燥后再涂刷。冷底子油也可采用机械喷涂。

(3)油毡铺贴。油毡铺贴之前首先应拌制玛瑞脂，常用的为热玛瑞脂，其拌制方法为：按配合比将定量沥青破碎成 80～100 mm 的碎块，放在沥青锅里均匀加热，随时搅拌，并用漏勺及时捞清杂物，熬至脱水无泡沫时，缓慢加入预热干燥的填充料，同时不停地搅拌至规定温度，其加热温度不高于 240 ℃，实用温度不低于 190 ℃，制作好的热玛瑞脂应在 8 h 之内使用完毕。

油毡在铺贴前应保持干燥，其表面的撒布料应预先清扫干净，并避免损伤油毡。在女儿墙、立墙、天沟、檐口、水落口、屋檐等屋面的转角处，均应加铺 1～2 层油毡附加层。

(4)细部处理。细部处理主要包括以下几点：

1)天沟、檐沟部位。天沟、檐沟部位铺贴卷材应从沟底开始，纵向铺贴；如沟底过宽，纵向搭接缝宜留设在屋面或沟的两侧。卷材应由沟底翻上至沟外檐顶部，卷材收头应用水泥钉固定，并用密封材料封严。沟内卷材附加层在天沟、檐口与屋面交接处宜空铺，空铺的宽度不应小于 200 mm。

2)女儿墙泛水部位。当泛水墙体为砖墙时，卷材收头可直接铺压在女儿墙压顶下，压顶应做防水处理。也可在砖墙上预留凹槽，卷材收头端部应截齐压入凹槽内，用压条或垫片钉牢固定。最大钉距不大于 900 mm，然后用密封材料将凹槽嵌填封严，凹槽上部的墙体也应抹水泥砂浆层做防水处理。

3)变形缝部位。变形缝的泛水高度不应小于 250 mm，其卷材应铺贴到变形缝两侧砌体上面，并且缝内应填泡沫塑料，上部填放衬垫材料，并用卷材封盖，变形缝顶部应加扣混凝土盖板或金属盖板，盖板的接缝处要用油膏嵌封严密。

4)水落口部位。水落口杯上口的标高应设置在沟底的最低处，铺贴时，卷材贴入水落口杯内不应小于 50 mm，并涂刷防水涂料 1～2 遍，并且使水落口周围 500 mm 的范围坡度不小于 5%。并应在基层与水落口接触处留 20 mm 宽、20 mm 深凹槽，用密封材料嵌填密实。

5)伸出屋面的管道。管子根部周围做成圆锥台，管道与找平层相接处留 20 mm×20 mm 的凹槽，嵌填密封材料，并将卷材收头处用金属箍箍紧，用密封材料封严。

6)无组织排水。排水檐口 800 mm 范围内卷材应采取满粘法，卷材收头压入预留的凹槽内，采用压条或带垫片钉子固定，最大钉距不应大于 900 mm，凹槽内用密封材料嵌填封严，并应注意在檐口下端抹出鹰嘴和滴水槽。

4. 高聚物改性沥青防水卷材施工工艺

(1)清理基层。基层要保证平整，无空鼓、起砂，阴、阳角应呈圆弧形，坡度符合设计要求，尘土、杂物要清理干净，保持干燥。

(2)涂刷基层处理剂。基层处理剂是利用汽油等溶液稀释胶粘剂制成，应搅拌均匀，用长把滚刷均匀涂刷在基层表面上，涂刷时要均匀一致。

(3)高聚物改性沥青防水卷材施工。高聚物改性沥青防水卷材施工有冷粘法铺贴卷材、热熔法铺贴卷材和自粘法铺贴卷材三种方法。

1)冷粘法铺贴卷材。

①胶粘剂涂刷应均匀，不露底、不堆积。卷材空铺、点粘、条粘时，应按规定的位置及面积涂刷胶粘剂；

②根据胶粘剂的性能，应控制胶粘剂涂刷与卷材铺贴的间隔时间；

③铺贴卷材时应排除卷材下面的空气，并辊压粘贴牢固；

④铺贴卷材时应平整顺直，搭接尺寸准确，不得扭曲、皱褶。搭接部位的接缝应满涂胶粘剂，辊压粘贴牢固；

⑤搭接缝口应用材性相容的密封材料封严。

2)热熔法铺贴卷材。

①火焰加热器的喷嘴距卷材面的距离应适中，幅宽内加热应均匀，以卷材表面熔融至光亮黑色为度，不得过分加热卷材。厚度小于 3 mm 的高聚物改性沥青防水卷材，严禁采用热熔法施工。

②卷材表面热熔后应立即滚铺卷材，滚铺时应排除卷材下面的空气，使之平展并粘贴牢固。

③搭接缝部位宜以溢出热熔的改性沥青为度，溢出的改性沥青宽度以 2 mm 左右并均匀顺直为宜。当接缝处的卷材有铝箔或矿物粒(片)料时，应清除干净后再进行热熔和接缝处理。

④铺贴卷材时应平整顺直，搭接尺寸准确，不得扭曲。

⑤采用条粘法时，每幅卷材与基层粘结面不应少于两条，每条宽度不应小于 150 mm。

3)自粘法铺贴卷材。

①铺贴卷材前，基层表面应均匀涂刷基层处理剂，干燥后及时铺贴卷材。

②铺贴卷材时应将自粘胶底面的隔离纸完全撕净。

③铺贴卷材时应排除卷材下面的空气，并辊压粘贴牢固。

④铺贴的卷材应平整顺直，搭接尺寸准确，不得扭曲、皱褶。低温施工时，立面、大坡面及搭接部位宜采用热风机加热，加热后随即粘贴牢固。

⑤搭接缝口应采用材性相容的密封材料封严。

5. 合成高分子防水卷材施工工艺

(1)基层处理。基层表面为水泥砂浆找平层，找平层要求表面平整。当基层面有凹坑或不平时，可用 108 胶水水泥砂浆嵌平或抹平缓坡。基层在铺贴前做到洁净、干燥。

(2)高分子防水卷材的铺贴。高分子防水卷材的铺贴为冷粘结法和热焊法两种施工方法，使用最多的是冷粘结法。冷粘结法施工是以合成高分子卷材为主体材料，配以与卷材同类型的胶粘剂及其他辅助材料，用胶粘剂贴在基层形成防水层的施工方法。

冷粘结法施工工序如下：

1)底胶。将高分子防水材料胶粘剂配制成的基层处理剂或胶粘带，均匀地深刷在基层的表面，在干燥 4～12 h 后再进行后道工序。胶粘剂涂刷应均匀，不露底、不堆积。

2)卷材上胶。先把卷材在干净平整的面层上展开，用长滚刷蘸满搅拌均匀的胶粘剂，涂刷在卷材的表面，涂胶的厚度要均匀且无漏涂，但在沿搭接部位留出 100 mm 宽的无胶带。静置

10～20 min，当胶膜干燥且手指触摸基本不粘手时，用纸筒芯重新卷好带胶的卷材。

3)滚铺。卷材的铺贴应从流水口下坡开始。先弹出基准线，然后将已涂刷胶粘剂的卷材一端先粘贴固定在预定部位，再逐渐沿基线滚动展开卷材，将卷材粘贴在基层上。卷材滚铺施工中应注意：铺设同一跨屋面的防水层时，应先铺排水口、天沟、檐口等处排水比较集中的部位，按标高由低向高的顺序铺；在铺多跨或高低跨屋面防水卷材时，应按先高后低、先远后近的顺序进行；应将卷材顺长方向铺，并使卷材长面与流水坡度垂直，卷材的搭接要顺流水方向，不应成逆向。

4)上胶。在铺贴完成的卷材表面再均匀地涂刷一层胶粘剂。

5)复层卷材。根据设计要求可重复上述施工方法，再铺贴一层或数层的高分子防水卷材，达到屋面防水的效果。

6)着色剂。在高分子防水卷材铺贴完成、质量验收合格后，可在卷材表面涂刷着色剂，起到保护卷材和美化环境的作用。

(二)涂膜防水屋面

涂膜防水屋面是在屋面基层上涂刷防水涂料，经固化后形成一层有一定厚度和弹性的整体涂膜，从而达到防水目的的一种防水屋面形式。防水涂料具有防水性能好，固化后无接缝；施工操作简便，可适应各种复杂的防水基面；与基面粘结强度高；温度适应性强；施工速度快，易于修补等特点。

涂膜防水屋面构造如图 7-20 所示。

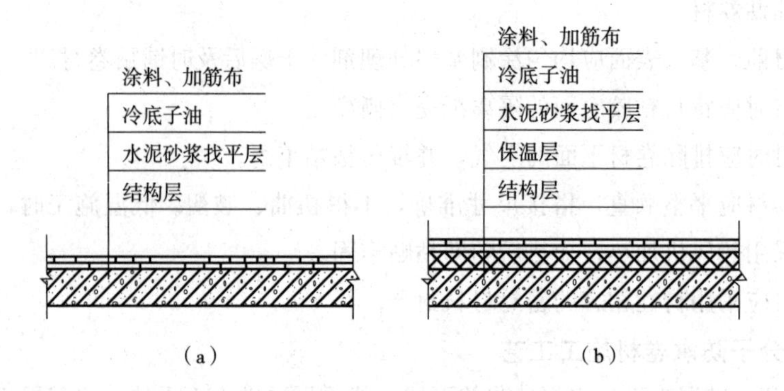

图 7-20　涂膜防水屋面构造图

(a)无保温层涂料屋面；(b)有保温层涂料屋面

涂膜防水屋面的施工工艺流程如图 7-21 所示。

1. 基层清理

涂膜防水层施工前，先将基层表面的杂物、砂浆硬块等清扫干净，基层表面平整，无起砂、起壳、龟裂等现象。

2. 涂刷基层处理剂

基层处理剂常采用稀释后的涂膜防水材料，其配合比应根据不同防水材料按要求配置。涂刷时，应用刷子用力薄涂，涂刷均匀，覆盖完全。

3. 附加涂膜层施工

涂膜防水层施工前，在管根部、水落口、阴阳角等部位必须先做附加涂层，附加涂层的做法是在附加层涂膜中铺设玻璃纤维布，用板刷涂刮驱除气泡，将玻璃纤维布紧密地贴在基层上，不得出现空鼓或褶皱，可以多次涂刷涂膜。

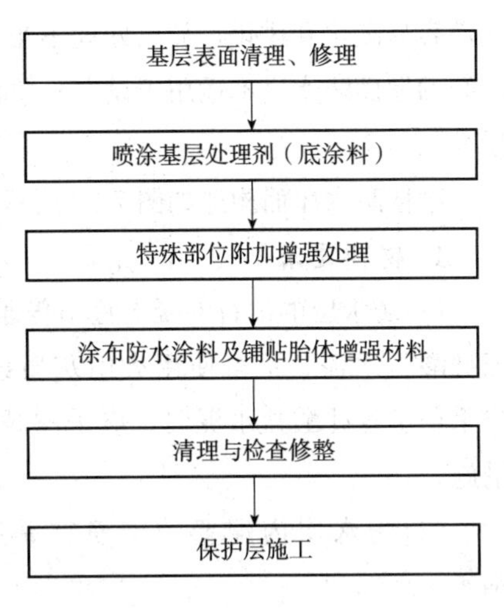

图 7-21 涂膜防水施工工艺流程

4. 涂膜防水层施工

施工验收规范规定：涂膜防水应根据防水涂料的品种分层分遍涂布，不得一次涂成；应待先涂的涂层干燥成膜后，方可涂后一遍涂料；需铺设胎体增强材料时，屋面坡度小于15%可平行屋脊铺设，大于15%时应垂直屋脊铺设；胎体长边搭接宽度不应小于50 mm，短边搭接宽度不应小于70 mm；采用两层胎体增强材料时，上下层不得相互垂直铺设，搭接缝应错开，其间距不应小于幅宽的1/3。

涂膜防水层的厚度：高聚物改性沥青防水涂料，在屋面防水等级为Ⅱ级时不应小于3 mm；合成高分子防水涂料，在屋面防水等级为Ⅲ级时不应小于1.5 mm。

施工要点：防水涂膜应分层分遍涂布，第一层一般不需要刷冷底子油。待先涂的涂层干燥成膜后，方可涂布后一遍涂料。在板端、板缝、檐口与屋面板交接处，先干铺一层宽度为150～300 mm的塑料薄膜缓冲层。铺贴玻璃丝布或毡片应采用搭接法，长边搭接宽度不小于70 mm，短边搭接宽度不小于100 mm，上下两层及相邻两幅的搭接缝应错开1/3幅宽，但上下两层不得互相垂直铺贴。

铺加衬布前，应先浇胶料并刮刷均匀，然后立即铺加衬布，再在上面浇胶料刮刷均匀，纤维不露白，用辊子滚压实，排尽布下空气。

必须待上道涂层干燥后方可进行后道涂料施工，干燥时间视当地温度和湿度而定，一般为4～24 h。

5. 保护层施工

涂膜防水屋面应设置保护层。保护层材料可采用绿豆砂、云母、蛭石、浅色涂料、水泥砂浆、细石混凝土或块材等。当采用水泥砂浆、细石混凝土或块材保护层时，应在防水涂膜与保护层之间设置隔离层，以防止因保护层的伸缩变形，将涂膜防水层破坏而造成渗漏。当用绿豆砂、云母、蛭石时，应在最后一遍涂料涂刷后随即撒上，并用扫帚轻扫均匀、轻拍黏牢。当用浅色涂料作保护层时，应在涂膜固化后进行。

(三)刚性防水屋面

刚性防水屋面是用细石混凝土、块体材料或补偿收缩混凝土等材料作屋面防水层，依靠混凝土密实度并采取一定的构造措施，以达到防水的目的。

刚性防水屋面所用材料容易取得，价格低廉、耐久性好、维修方便，但是对地基不均匀沉降、温度变化、结构振动等因素都非常敏感，容易产生变形开裂，且防水层与大气直接接触，表面容易碳化和风化，如果处理不当，极易发生渗漏水现象，所以，刚性防水屋面适用于Ⅰ～Ⅲ级的屋面防水，不适用于设有松散材料保温层及受较大振动或冲击的和坡度大于15%的建筑屋面。

刚性防水屋面构造如图7-22所示。

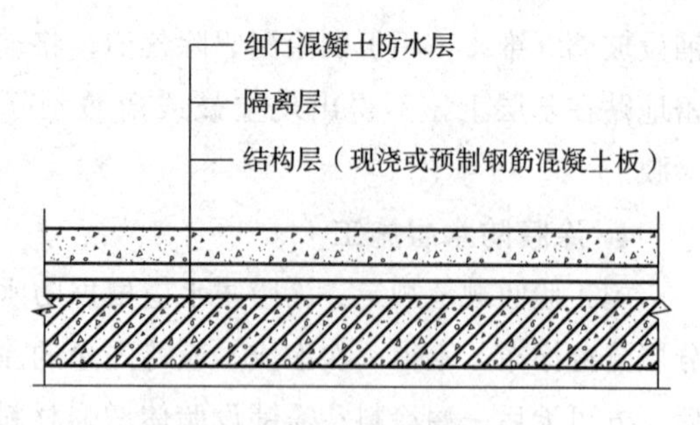

图7-22 刚性防水屋面构造

1. 材料要求

(1)防水层的细石混凝土宜用普通硅酸盐水泥或硅酸盐水泥，不得使用火山灰质硅酸盐水泥；当采用矿渣硅酸盐水泥时，应采取减少泌水性的措施。

(2)防水层内配置的钢筋宜采用冷拔低碳钢丝。

(3)防水层的细石混凝土中，粗集料的最大粒径不宜大于15 mm，含泥量不应大于1%；细集料应采用中砂或粗砂，含泥量不应大于2%。

(4)防水层细石混凝土使用的外加剂，应根据不同品种的适用范围、技术要求选择。

(5)水泥贮存时应防止受潮，存放期不得超过三个月。当超过存放期限时，应重新检验确定水泥强度等级。受潮结块的水泥不得使用。

(6)外加剂应分类保管，不得混杂，并应存放于阴凉、通风、干燥处。运输时应避免雨淋、日晒和受潮。

2. 刚性防水屋面施工

(1)基层要求。刚性防水屋面的结构层宜为整体现浇的钢筋混凝土。当屋面结构层采用装配式钢筋混凝土板时，应用强度等级不小于C20的细石混凝土灌缝，灌缝的细石混凝土宜掺膨胀剂。当屋面板板缝宽度大于40 mm或上窄下宽时，板缝内必须设置构造钢筋，灌缝高度与板面平齐，板端缝应用密封材料进行嵌缝密封处理。

(2)隔离层施工。为了减小结构变形对防水层的不利影响，可将防水层和结构层完全脱离，在结构层和防水层之间增加一层厚度为10～20 mm的黏土砂浆，或者铺贴卷材隔离层。

1)黏土砂浆隔离层施工。将石灰膏∶砂∶黏土=1∶2.4∶3.6(质量比)的材料均匀拌和，铺抹厚度为10～20 mm，压平抹光，待砂浆基本干燥后，进行防水层施工。

2)卷材隔离层施工。用1∶3的水泥砂浆找平结构层，在干燥的找平层上铺一层干细砂后，再在其上铺一层卷材隔离层，搭接缝用热沥青玛𤧛脂。

(3)细石混凝土防水层施工。

1)混凝土水胶比不应大于0.55，每立方米混凝土的水泥和掺合料用量不应小于330 kg，砂率宜为35%～40%，胶砂比宜为1∶2.5～1∶2。

2)细石混凝土防水层中的钢筋网片，施工时应放置在混凝土的上部。

3)分格条安装位置应准确，起条时不得损坏分格缝处的混凝土；当采用切割法施工时，分格缝的切割深度宜为防水层厚度的3/4。

4)普通细石混凝土中掺入减水剂、防水剂时，应计量准确、投料顺序得当、搅拌均匀。

5)混凝土搅拌时间不应少于 2 min，混凝土运输过程中应防止漏浆和离析；每个分格板块的混凝土应一次浇筑完成，不得留设施工缝；抹压时不得在表面洒水、加水泥浆或撒干水泥，混凝土收水后应进行二次压光。

6)防水层的节点施工应符合设计要求；预留孔洞和预埋件位置应准确；安装管件后，其周围应按设计要求嵌填密实。

7)混凝土浇筑后应及时进行养护，养护时间不宜少于 14 d；养护初期屋面不得上人。

二、特殊建筑部位防水施工

在现代化的建筑工程中，往往在楼层地面或屋面上设有游泳池、喷水池、四季厅、屋顶(或室内)花园等，从而增加了这些工程部位建筑防水施工的难度。在这些特殊建筑部位中，如果防水工程设计不合理、选材不当或施工作业不精心，则有发生水渗漏的可能。这些部位一旦发生水渗漏，不但不能发挥其使用功能，而且会损坏下一层房间的装饰装修材料和设备，甚至会破坏到不能使用的程度。为了确保这些特殊部位的防水工程质量，最好采用现浇的防水混凝土结构做垫层，同时选用高弹性无接缝的聚氨酯涂膜与三元乙丙橡胶卷材或其他合成高分子卷材相复合，进行刚柔并用、多道设防、综合防水的施工做法。

1. 防水构造

楼层地面或屋顶游泳池及喷水池的防水构造和池沿防水构造分别如图 7-23、图 7-24 所示(花园等的防水构造也基本相同)。

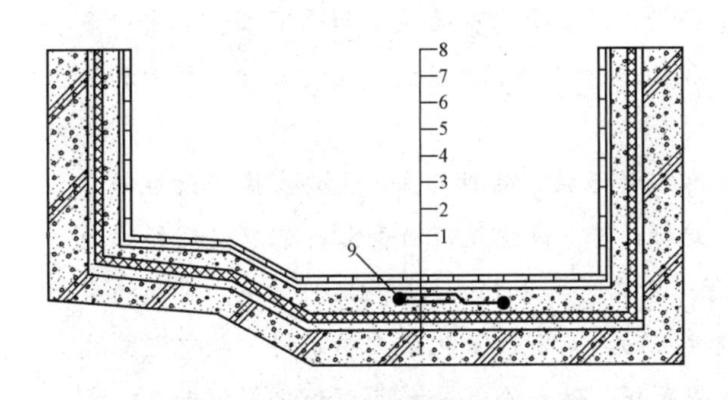

图 7-23　楼层地面或屋顶游泳池防水构造

1—现浇防水混凝土结构；2—水泥砂浆找平层；
3—聚氨酯涂膜防水层；4—三元乙丙橡胶卷材防水层；
5—卷材附加补强层；6—细石混凝土保护层；
7—瓷砖胶粘剂；8—瓷砖面层；9—嵌缝密封膏

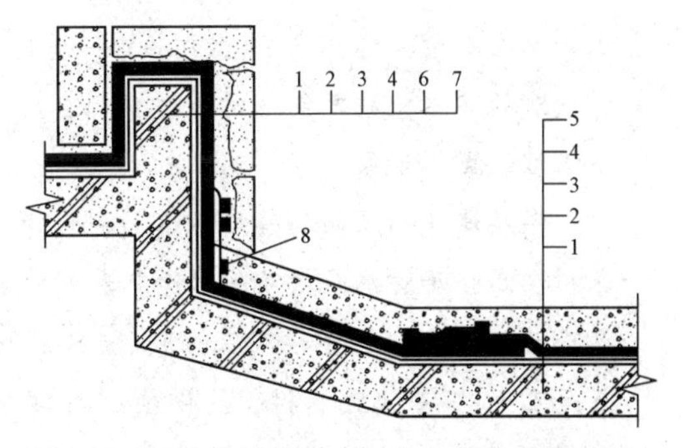

图 7-24　楼层地面或屋顶喷水池池沿防水构造

1—现浇防水混凝土结构；2—水泥砂浆找平层；
3—聚氨酯涂膜防水层；4—三元乙丙橡胶卷材防水层；
5—细石混凝土保护层；6—水泥砂浆粘结层；
7—花岗石护壁饰面层；8—嵌缝密封膏

2. 施工要点

(1)对基层的要求及处理。楼层地面或屋顶游泳池、喷水池、花园等基层应为全现浇的整体防水混凝土结构，其表面要抹水泥砂浆找平层，要求抹平压光，不允许有空鼓、起砂、掉灰等缺陷存在，凡穿过楼层地面或立墙的管件(如进出水管、水底灯电线管、池壁爬梯、池内挂钩、制浪喷头、水下音响及排水口等)，都必须安装牢固、收头圆滑。做防水层施工前，基层表面应全面泛白无水印，并要将基层表面的尘土、杂物彻底清扫干净。

(2)涂膜防水层的施工。涂膜防水层应选用无污染的石油沥青聚氨酯防水涂料施工，该品种的材料固化形成的涂膜防水层不但无毒无味，而且各项技术性能指标均优于煤焦型聚氨酯涂膜。

(3)三元乙丙橡胶卷材防水层的施工。在聚氨酯涂膜防水层施工完毕并完全固化后，把排水口和进出水管等管道全部关闭，放水至游泳池或喷水池的正常使用水位，蓄水 24 h以上，经认真检查确无渗漏现象后，即可把水全部排放掉。待涂膜表面完全干燥，再按合成高分子卷材防水施工的工艺，进行三元乙丙橡胶卷材防水层的施工。

(4)细石混凝土保护层与瓷砖饰面层的施工。在涂膜与卷材复合防水层施工完毕，经质监部门认真检查验收合格后，即可按照设计要求或标准的规定，浇筑细石混凝土保护层，并抹平压光，待其固化干燥后，再选用耐水性好、抗渗能力强和粘结强度高的专用胶粘剂粘贴瓷砖饰面层。

要特别注意的是，在进行保护层施工的过程中，绝对不能损坏复合防水层，以免留下渗漏的隐患。

知识小贴士

高层建筑的屋面、楼层和基础地下室防水工程，从热作业逐步向冷作业发展。在地下水水位较深的工程中，广泛应用在混凝土中加UEA等膨胀剂的做法，或在密实自防水混凝土外侧涂刷聚氨酯。从20世纪90年代中期开始，对重要工程的屋面和地下工程都实行多道设防的防水措施，包括材料防水、自防水和构造防水等多种做法，大大减少了屋面和地下工程的渗漏现象。

高层建筑的屋面和楼层防水材料，近几年发展很快，品种繁多，主要有橡胶改性沥青卷材、高分子防水卷材及防水涂料和嵌缝密封材料等。橡胶改性沥青卷材是以聚酯纤维无纺布为胎基、以热塑性丁苯橡胶(SBS)-沥青为面基。高分子防水卷材品种较多，常用的有三元乙丙-丁基橡胶卷材、氯化聚乙烯-橡胶共混防水卷材、氯化聚乙烯卷材、硫化型橡胶卷材和以氯丁橡胶为主要成分的BX-702橡胶卷材。防水涂料分水乳型和溶剂型两类，常用的有氯丁胶乳沥青防水涂料(水轧型)、聚氨酯涂膜(双组分溶剂型)和丙烯酸涂料等；嵌缝密封材料常用的有双组分聚氨酯弹性密封膏、双组分聚硫橡胶密封膏和由丙烯酸乳液为胶粘剂的YJ-5型水乳型建筑密封膏等。此外，还有诸如“永凝液”等渗透性的防水涂料，这类涂料涂在混凝土表面以后，就渗入混凝土内，填充了混凝土中的微小孔隙后，很快形成结晶体堵塞了孔隙，从而起到防水作用，全国从20世纪90年代后期已经开始使用。

学习笔记

模块小结

防水工程是高层建筑施工的一个重要组成部分，具有材料多样，工艺多样，施工中稍有不慎就将造成严重隐患的特点。本模块主要介绍地下室工程防水施工、外墙及厕所防水施工、屋面及特殊建筑部位的防水施工。

复习与提高

一、单项选择题

1. 高层建筑采用箱形基础时，地下室一般多采用(　　)。

A. 整体全外包防水　B. 自粘法　C. 冷粘法　D. 热粘法

2. (　　)是以工程结构本身的密实性和抗裂性来实现防水功能的一种防水做法，它使结构承重和防水合为一体。

A. 合成高分子类防水卷材　B. 高聚物改性沥青类防水卷材

C. 混凝土结构自防水　D. 涂膜防水

3. 地下工程的防水卷材的设置与施工宜采用(　　)法。

A. 外防外贴　B. 外防内贴　C. 内防外贴　D. 内防内贴

4. 地下卷材防水层未作保护结构，应保持地下水水位低于卷材底部不少于(　　)mm。

A. 200　B. 300　C. 500　D. 1 000

5. 对地下卷材防水层的保护层，以下说法不正确的是(　　)。

A. 顶板防水层上用厚度不少于 70 mm 的细石混凝土保护

B. 底板防水层上用厚度不少于 40 mm 的细石混凝土保护

C. 侧墙防水层可用软保护

D. 侧墙防水层可铺抹 20 mm 厚 1∶3 水泥砂浆保护

6. 当屋面坡度大于 15%或受震动时，沥青防水卷材的铺贴方向应(　　)。

A. 平行于屋脊　B. 垂直于屋脊

C. 与屋脊呈 45°角　D. 上下层相互垂直

7. 对屋面是同一坡面的防水卷材，最后铺贴的应为(　　)。

A. 水落口部位　B. 天沟部位　C. 沉降缝部位　D. 大屋面

二、多项选择题

1. 合成高分子卷材的铺贴方法可用(　　)。

A. 热熔法　B. 冷粘法　C. 自粘法

D. 热风焊接法　E. 冷嵌法

2. 目前防水涂料的种类较多，按涂料类型可分为(　　)。

A. 溶剂型　　B. 水乳型　　C. 反应型　　D. 粉末型

E. 粘结型

3. 后浇缝主要用于大面积混凝土结构，是一种混凝土刚性接缝，施工时应注意(　　)。

A. 后浇缝留设的位置及宽度应符合设计要求，缝内的结构钢筋断开

B. 后浇缝可留成平直缝、阶梯缝或企口缝

C. 后浇缝混凝土应在其两侧混凝土浇筑完毕，待主体结构达到标高或间隔六个星期后，再用补偿收缩混凝土进行浇筑

D. 后浇缝必须选用补偿收缩混凝土浇筑，其强度等级应与两侧混凝土相同

4. 常用的外墙板板缝防水构造有(　　)。

A. 垂直缝　　B. 水平缝　　C. 十字缝　　D. 凹凸缝

三、简答题

1. 铺贴各类地下防水卷材应符合的规定有哪些?
2. 简述胶乳水泥砂浆的施工要点。
3. 简述聚氨酯涂膜防水施工程序。
4. 简述阳台、雨罩板部位防水施工要点。
5. 简述屋面沥青防水卷材施工工艺。

参考文献

[1] 中国建筑科学研究院. JGJ 120—2012 建筑基坑支护技术规程[S]. 北京：中国建筑工业出版社，2012.

[2] 中华人民共和国住房和城乡建设部. GB 50497—2019 建筑基坑工程监测技术标准[S]. 北京：中国计划出版社，2019.

[3] 中华人民共和国住房和城乡建设部. GB 50496—2018 大体积混凝土施工标准[S]. 北京：中国计划出版社，2018.

[4] 中华人民共和国住房和城乡建设部. JGJ 202—2010 建筑施工工具式脚手架安全技术规范[S]. 北京：中国建筑工业出版社，2010.

[5] 中华人民共和国住房和城乡建设部. JGJ 107—2016 钢筋机械连接技术规程[S]. 北京：中国建筑工业出版社，2016.

[6] 祁佳睿，车文鹏，陈娟浓. 高层建筑施工[M]. 北京：清华大学出版社，2015.

[7] 程和平. 高层建筑施工[M]. 北京：机械工业出版社，2015.

[8] 吴俊臣. 高层建筑施工[M]. 北京：北京大学出版社，2017.